黄河水利工程管理与养护施工

主　编　李新生　陈素美
副主编　柴军涛　杨　萍　王　磊
　　　　侣传胜　孙卫华

黄河水利出版社
·郑州·

内 容 提 要

水管体制改革以来,黄河水利工程管理与维修养护受到高度重视,"重建轻管"问题得到解决,工程抗洪强度显著增强,这与工程管理水平的提高和高标准的维修养护密不可分。本书针对黄河下游堤防、河道、涵闸三大水利工程,阐述了工程管理的概念、思路及搞好工程管理的措施,并从工程的观测检查,到维修养护采取的措施,以及工程管理目标考核等多方位进行分析研究,可供广大工程管理和维修养护人员参考。

图书在版编目(CIP)数据

黄河水利工程管理与养护施工/李新生,陈素美主
编. —郑州:黄河水利出版社,2011.12
 ISBN 978 - 7 - 5509 - 0165 - 0

Ⅰ.①黄… Ⅱ.①李… ②陈… Ⅲ.①黄河 - 水利
枢纽 - 水利工程管理 Ⅳ.①TV632.613

中国版本图书馆 CIP 数据核字(2011)第 264829 号

组稿编辑:简群 电话:0371 - 66026749 E-mail:w_jq001@163.com

出 版 社:黄河水利出版社
　　　　地址:河南省郑州市顺河路黄委会综合楼14层　　邮政编码:450003
发行单位:黄河水利出版社
　　　　发行部电话:0371 - 66026940、66020550、66028024、66022620(传真)
　　　　E-mail:hhslcbs@126.com
承印单位:河南地质彩印厂
开本:787 mm × 1 092 mm 　 1/16
印张:14.5
字数:300 千字　　　　　　　　　　　　　　印数:1—1 000
版次:2011 年 12 月第 1 版　　　　　　　　　印次:2011 年 12 月第 1 次印刷

定价:38.00 元

前　言

　　黄河是中华民族的摇篮,是孕育中华民族的母亲河。历史上黄河是一条多灾多难的害河,以"善淤、善决、善徙"闻名于世,每次决口都给黄淮海平原广大人民的生命、财产造成巨大损失。为了驯服黄河,变害为利,中华民族进行了长期持久的斗争。特别是新中国成立后,党和政府高度重视黄河的治理与开发,投入了大量人力、物力、财力进行治理,初步形成了"上拦下排,两岸分滞"的防洪工程体系,彻底改变了"三年两决口,百年一改道"的险恶局面,取得了人民治黄连年安澜的巨大成就。黄河安澜的背后,防汛与水利工程管理作出了卓越的贡献。

　　但是,黄河的洪水、泥沙尚未得到有效控制,防洪减灾依然任重道远,河防工程需要进一步加强。特别是现在治黄科技人员短缺,迫切要求我们全面地学习、继承以往的防汛与工程管理经验,尽快提高治黄科技水平,以适应黄河防洪与工程管理的需要。

　　防洪工程是防汛和工程管理的物质基础,工程管理是保证防洪工程设计功能得以充分发挥的重要手段,也是防汛的重要基础工作。通过防汛检验工程在防洪中存在的问题,可以进一步加强工程管理工作,提高管理水平。防汛与工程管理相辅相成,不可分割。

　　随着时代的发展与科技的进步,黄河防汛与工程管理水平有了很大提高,防汛与工程管理的科技含量也大为提高。

　　进入 21 世纪,发展依然是我国改革与建设的主题。新世纪的防汛与工程管理工作要紧紧围绕"以确保防洪安全为中心,以管理体制改革和运行机制改革为动力,以科技进步为支撑,以追求工程综合效益的最大化为目标,全面提高管理水平"的工作指导思想,抓住机遇,勇于进取,始终以体制创新和科技创新为动力,引导和组织防汛与管理技术的研究开发,加速科技成果向现实生产力的转化,特别是要研究解决一些如防汛调度、根石探摸、隐患探测、深水堵漏、管理信息的快速传递等重大实用性课题,使黄河防汛与工程管理水平有一个新的跨越。

　　本书作者拥有多年在黄河基层一线单位参与防汛工作,以及水管体制改革以来工程管理与养护施工的经验,齐心协力共同编写了这本书,希望该书的出版能够为广大防汛、工程管理、养护施工人员提供有益的帮助。

全书由濮阳第一河务局李新生、陈素美担任主编,由濮阳第一河务局柴军涛、杨萍、佀传胜、孙卫华及黄河勘测规划设计有限公司王磊担任副主编。具体分工如下:柴军涛编写第一章,杨萍编写第二至第四章,李新生编写第五至第七章,陈素美编写第八至第十章,王磊编写第十一、十二章,佀传胜编写第十三至第十六章,孙卫华编写第十七至第十九章。

由于编者水平有限,书中难免有疏谬或不足之处,敬请读者批评指正。

作　者
2011 年 7 月 3 日

目　录

第一章　黄河水利工程

　　黄河发源于青海省巴颜喀拉山北麓海拔 4 500 m 的约古宗列盆地,流经青海、四川、甘肃、宁夏、内蒙古、山西、陕西、河南、山东等 9 省(区),在山东省垦利县注入渤海,干流河道全长 5 464 km,流域面积 79.5 万 km^2(包括内流区 4.2 万 km^2)。无论是河道长度,还是流域面积,黄河在我国七大江河中都占第二位,是我国的第二大河。

　　黄河流域是中华民族的摇篮,是中华文明的发源地,南宋以前的都城多分布于此。在我国历史上,各朝代都把发展水利事业、增加农业产量,以及为运输,特别是为漕运创造条件当做社会发展与政治斗争的重要手段和有力武器,从而促进了黄河流域经济的繁荣,使之成为我国最早的经济区。

　　黄河流域地域辽阔,气候变化较大,降水量从东南向西北递减,水旱灾害频繁,历史上曾经多次发生遍及数省、连续几年的旱灾,造成赤地千里、饿殍遍地。

　　据历史文献记载,自周定王五年(公元前 602 年)至 1938 年的 2 540 年中,黄河下游决口的年份达 543 年,平均约 4 年半一次,有的一年中决溢多次,总计 1 590 多次,并有多次大的改道和迁徙。决溢范围北抵天津,南达江淮,纵横 25 万 km^2。每次决口,水沙俱下,河渠淤塞,良田沙化,生态环境长期难以恢复。目前,黄河流域及下游防洪保护区共有人口 1.72 亿人,其中黄河下游防洪保护区涉及豫、鲁、皖、苏、冀 5 省,范围达 12 万 km^2,人口 8 755 万人。黄河流域暴雨多、强度大,洪水多由暴雨形成,主要来自上游兰州以上和中游河口镇至龙门、龙门至三门峡、三门峡至花园口及汶河流域 5 个地区。黄河流域冬季较为寒冷,宁夏和内蒙古河段都要封河,下游为不稳定封冻河段,龙门至潼关河段在少数年份也有封河现象。春季开河时形成冰凌洪水,常常造成凌汛威胁。黄河中游流经世界上面积最大的黄土高原。因黄土高原土质疏松,地形支离破碎,暴雨频繁且强度大,水土流失极为严重,不仅影响当地工农业的发展,而且大量泥沙流入黄河,使黄河成为世界上泥沙含量最多的河流。由于泥沙的淤积,黄河下游的河道已成为"地上悬河",是世界上最复杂难治的河流。

　　黄河流域大致位于北纬 32°~42°、东经 96°~119°之间,西起巴颜喀拉山,东临渤海,北界阴山,南至秦岭,中有六盘山、吕梁山等群山起伏,并有世界上最大的黄土高原,横跨青藏高原、内蒙古高原、黄土高原和华北平原等 4 个地貌单元,东西长约 1 900 km,南北宽约 1 100 km。

黄河与其他江河不同,流域面积集中在上、中游地区,下游长达 800 多 km 的河道高悬地上,集水面积很小。两岸平原大部分属淮河及海河流域,但长期遭受黄河水患危害,现在及将来又依靠黄河供水。广大平原地区的安危兴衰、社会经济的发展,都与黄河紧密相关,其历来属于黄河流域经济区的组成部分。因此,黄河下游是黄河防洪的重点。

第一节 工程的历史沿革

堤防是我国人民长期以来防御洪水的主要工程措施。早在春秋时期,黄河下游就已修筑堤防,历代不断改建、加固与完善,逐步形成黄河堤防系统,在抗洪斗争中发挥了重要作用。

黄河上、中游多为山区河流,只在部分受洪水威胁的河段有堤防;下游处在冲积平原上,为保护沿岸平原安全,除右岸东平湖至济南为山岭外,其余两岸均修有堤防。

一、黄河下游堤防

历史上,黄河下游不断发生决口泛滥。因此,下游是黄河防洪的重点河段,堤防工程也兴建最早。据《汉书·沟洫志》记载:"盖堤防之作,近起战国。"考诸史籍,黄河下游堤防,春秋时(公元前 770 ~ 前 476 年)已有修筑。《管子·度地》篇中已有"下则堤之"的记载。明代潘季驯治河时,黄河下游堤防布设颇为周备,分为遥堤、缕堤、格堤及月堤四种。

(一)古堤

1. 西汉堤

左堤,起自河南武陟县,中经获嘉、新乡、卫辉、滑县、内黄入河北大名县境,经馆陶、临清至德州北止,现有残堤 7 段;右堤,起自河南原阳县,中经延津、滑县、浚县、濮阳、清丰、南乐入河北大名县东境,并向北经馆陶入山东冠县,至今平原县西止,现有残堤 5 段。

2. 东汉堤

左堤,起自河南清丰吴堤口,向东入山东莘县境内,经樱桃园(现范县城)北,至武堤口村东北止,现仅有吴堤口至曹营 40 余 km 保存较好;右堤,起自河南濮阳县城南,蜿蜒至高堤口入山东莘县,下经孙堤口、古城南等入阳谷境,经子路堤向北,至金斗营止。该堤清光绪元年(1875 年)改作黄河遥堤,1951 年改作北金堤滞洪区的北围堤。

3. 明清堤

左堤,现还存两段:

(1)柞城至丰县故堤。起自河南延津县北的柞城,"历滑县、长垣、东明、曹州、曹县抵虞城,共三百三十四里",又称"太行堤"。1855 年河决兰阳铜瓦厢,中间一段被河水冲毁,今存上下两段。上段起自延津魏丘,至长垣大车集止,长 44 km,堤身完整;下段起自山东东明县阎家滩,经曹县至江苏丰县玉神庙止。

(2)河南兰考至江苏滨海故堤。起自河南兰考袁寨,经山东曹县,河南民权,山东曹县、单县入安徽砀山,经江苏丰县、铜山、宿迁、泗阳、淮阴、涟水、响水至滨海县程圩村。此堤与今河南武陟马营至贯台一段北堤和兰考曹集至古营一段南堤为一整体,其中封丘于店至兰考小宋集一段为明堤。1855 年铜瓦厢决口后,贯台至今东坝头一段被河水冲失。

右堤,起自河南兰考三义寨,经民权、商丘、虞城,安徽砀山,江苏铜山、睢宁、宿迁、泗阳、淮阴、淮安、阜宁至滨海县于庄村。此堤主要是明嘉靖、隆庆年间修建的。今兰考三义寨以东渠堤至商丘吴楼西还存一段故堤,堤高 3 ~ 8 m,为阿桂改河时新修的堤防。

(二)现行堤防

黄河下游现行河道两岸,已修筑成了一个比较完整的堤防系统。主要堤防长 1 460.64 km,其中左岸长 795.48 km,右岸长 665.16 km。

1. 临黄左堤

左岸堤防长 715.66 km,分上、中、下三段。上段,起自河南孟县中曹坡,经温县、武陟、原阳至封丘县鹅湾村,长 171.05 km。其中孟州、温县境内的堤防,分别修于清乾隆二十一年(1756 年)和二十三年(1758 年);原阳、封丘县的堤防,系明弘治三年至七年(1490 ~ 1494 年)先后由白昂、刘大夏所修。武陟沁河口至东唐郭一段是清嘉庆二十一年(1816 年)在民埝基础上加修而成;沁河口至詹店一段修筑于清雍正元年(1723 年)。中段,起自长垣大车集,经濮阳、范县、台前至山东阳谷县陶城铺,长 194.48 km。下段,由陶城铺下经东阿、齐河、天桥、历城、济阳、惠民、滨州,至利津四段村,长 350.13 km(按堤线改直后的长度计)。中、下两段是清咸丰五年(1855 年)兰阳铜瓦厢决口改道后修建的。当时正值太平军和捻军起义,清廷无力顾及,民众筑埝自卫,至咸丰十一年(1861 年),张秋以东自鱼山至利津河口皆修有民埝。同治四年(1865 年)长垣大车集修民埝 60 余里,光绪三年(1877 年)又接修楼州、范县一段民埝,以后至 1918 年改为官堤。

2. 临黄右堤

右岸堤防长 616.24 km,分为上、中、下三段。上段孟津堤,自河南孟津县牛庄至和家庙,长 7.6 km,为清同治十二年(1873 年)及其后所修民埝,初为保护汉光武帝陵,1938 年改为官堤。和家庙以下至郑州,系邙山山崖,无堤防。中段,自郑州邙山,经中牟、开封,于兰考四明堂入山东境,经东明、菏泽、鄄城、郓城至梁山国那里,长 340.18 km。下段,自济南宋庄,经济南市槐荫、天桥、历城、章丘、邹平、高青、滨州、博兴、东营至垦利二十一户村,长 249.13 km。另有国那里至陈山口黄河与东平湖共用堤 19.33 km。郑州保合寨至兰考东坝头为明清黄河旧堤。保合寨以上原无堤防,1946 年、1955 年、1976 年三次向西接修至邙山东侧。保合寨至中牟杨桥一段为清康熙二十一年至三十八年(1682~1699 年)所修;中牟的九堡至东坝头修于明嘉靖中期;东坝头至袁寨一段,原为明清黄河北堤,1855 年黄河在铜瓦厢决口改道后,改作南堤。袁寨以下至河口均为改道后的新堤,其中兰考袁寨至东明谢寨为清光绪二年(1876 年)修筑,谢寨以下修于光绪元年至八年(1875~1882 年)。

3. 贯孟堤

民国十年(1921 年),河南灾区救济会(后改为华洋义赈会)为避免封丘贯台至长垣大车集之间近河居民遭受黄河水灾,用以工代赈的方法修筑贯孟堤,亦称华洋小堤。1933 年被洪水冲毁,1934 年又修复。原计划自封丘贯台修至长垣孟岗,故名贯孟堤。后因南岸绅民反对,故修至长垣县姜堂而终止,长21.12 km。

4. 北金堤

北金堤是一个古老大堤,它修建于汉代。在宋庆历八年(1048 年),黄河改道北徙之前北金堤原为黄河的南堤。1855 年铜瓦厢决口后的 20 年间,黄河又泛滥于长、濮、范北金堤以南的广阔平原,而后逐渐修守民埝(现在这段河道的北岸大堤),但由于民埝的冲决,对北金堤还是有很大威胁。据初步了解,在此期间(1886~1914 年),北金堤初步查得决口 8 次。据调查,北金堤决口多是由漏洞造成的。堤基质量差,隐患较严重。如 1933 年的洪水,在长垣大车集至石头庄决口 33 处,洪水进入北金堤滞洪区,洪水沿北金堤至陶城铺归入黄河,北金堤在濮阳发生漏洞 12 处,莘县段(70+920—71+500)发生漏洞 10 余处,阳谷段发生渗水 23 段,长 3 600 km。1949 年临黄堤枣包楼决口,贾海以下堤段渗水 6段,计 1 507 m。1963 年金堤河大水,北金堤发生渗水 6 段,计 2 970 m。1975 年金堤河涨水,张庄闸关门 15 d,贾海以下渗水 7 段(103+800—119+500),计 2 150 m。

北金堤险工主要修建于 1915 年,即濮阳双合岭决口后三年未堵口,溜势沿金堤刷成深河,当时葛楼、姬楼、斗虎店、贾海、曹堤口因溜势急冲刷严重,修筑了秸埽或乱石坝,自濮阳合龙后逐年加以整修。现有险工 18 处(河南 5 处、山东

13 处),坝垛护岸 151 道(河南 68 道、山东 83 道),工程长度 30.02 km(河南 9.10 km、山东 20.92 km)。

北金堤在濮阳以上为自然堤,濮阳至陶城铺全长 123.335 km,于 1935 年进行一次培修,土方约 165 万 m³(竣工后堤顶高出 1933 年洪水位 1.3 m)。新中国成立后,经过 50、60 年代加高培修,完成土方近 2 000 万 m³。1974 年起再次加高培修,大堤标准超高 2.5 m,堤顶宽 10 m,按规划加高加固,共计土方 1 208 万 m³(河南 158 万 m³、山东 1 050 万 m³),到 1979 年底,累计完成 724 万 m³(河南 109 万 m³、山东 615 万 m³)。河南堤段在 40 +000 以上长约 20 km,山东堤段自上界至贾海长约 15 km,实际高程较设计高程分别低 0.3 ~ 0.5 m、1.5 m。同时,北金堤下端 37 km 堤段后戗尚未修筑,张秋以下引黄淤背固堤。备防石到 1982 年底存放有 3.6 万 m³。

(三)宁夏堤防

宁夏黄河自古以来就有灌溉和通航之利,素有"天下黄河富宁夏"之称,但每遇洪水却有不同程度的淹没灾害。清雍正年间为防止河水泛涨,冲决惠农渠,沿河修堤长 175 km。清乾隆三年(1738 年)因地震堤防被毁,又筑堤长 160 km。历史上沿河群众多自发修堤坝,挡拦洪水,保护农田、村庄。新中国成立后,在群众自发修筑的局部小堤的基础上,逐渐发展成为防洪的主要大堤。1964 年春,组织沿河 11 个县、市,按统一标准修筑堤防长 280 km。1981 年 9 月大水到来之前,又对 257 km 的堤防进行了加固加高,并新修堤防 167 km。依靠堤防战胜了洪水,减轻了灾害。1982 年,将原堤加高培厚,裁弯取直,进行了全面整修,并在需要筑堤之外筑起了新堤。为了提高堤防的防洪能力,1994 年编制了《黄河宁夏段河道治理可行性研究报告》,在 20 世纪 90 年代后期再行加修。

黄河干流宁夏河段自中卫县南长滩翠柳沟至石嘴山头道坎麻黄沟,穿越 12 个市、县(区),全长 397 km,流域面积 5 万 km²,区内人口 537 万人。该河段由峡谷段、库区段和平原段三部分组成。峡谷段由黑山峡峡谷段和石嘴山峡谷段组成,总长 86.12 km。其中黑山峡峡谷段规划有大柳树水利枢纽和沙坡头水利枢纽;库区段为青铜峡水库及回水区段,自中宁枣园至青铜峡枢纽坝址,全长 44.14 km;平原段总长 266.74 km,均为冲积性平原河道。

黄河宁夏河段堤防保护范围 1 208.9 km²,耕地 135 万亩,人口 75.5 万人。河段堤防设计标准为 20 年一遇,堤防工程级别为 4 级,考虑到青铜峡至仁存渡河段右岸堤防的重要性,将该段堤防工程等级提高至 3 级。设计洪水流量 5 620 m³/s。河段共规划干流堤防 453.62 km,已建成 434.765 km,其分布情况为:左岸 280.828 km(其中下河沿至仁存渡 121.580 km,仁存渡至头道墩 79.608 km,头道墩至石嘴山 79.640 km);右岸 153.937 km(其中下河沿至仁存渡 119.070 km,仁存渡至头道墩 27.970 km,头道墩至石嘴山 6.897 km)。

宁夏河段堤防均为土堤,大堤高度一般为 1～14 km,堤顶宽 4～6 m,临背坡坡度为 1:1.5～1:2。设计堤顶高程为防洪水位加设计超高,设计超高下河沿至仁存渡为 1.5 m,仁存渡至石嘴山为 1.8 m。

20 世纪 50 年代以来,宁夏黄河防洪建设从未间断,取得了巨大的防洪效益。1981 年大洪水后,又进行了较大规模的防洪工程建设,先后修建防洪堤397.75 km 和各类整治工程 821 道,但因布局不合理等诸多因素,仍不能满足防洪要求。目前,黄河宁夏河段堤防还存在较多问题:有 348 km 堤防高度不足,有60.49 km 堤防宽度不足,且存在较多隐患;河道整治工程少,河势未能得到有效控制,主流摆动频繁,中常洪水严重威胁堤防安全;穿堤建筑物多且标准低,已成为防洪安全的重大隐患;堤防风蚀严重。

(四)内蒙古堤防

黄河自宁夏石嘴山市以西巴音陶河乡流入该区,蜿蜒曲折行 830 km,至鄂尔多斯市准格尔旗马栅乡出境。其中石嘴山至三盛公枢纽,河长 145.5 km,为峡谷型河道;三盛公至四科河头,河长 156.6 km,堤距 3～6 km;四科河头至喇嘛湾,河长 397.1 km,堤距 2.4～6.9 km;喇嘛湾至河曲,河长 130.8 km,为峡谷型河道。

内蒙古河套平原,从清代中期至民国年间,修建有小段防洪堤坝,以保护重要城镇、村庄和渠道。1950 年初,绥远省政府鉴于历史上洪水灾害频繁及当年凌汛事态发展,决定逐年修建黄河两岸堤防。经过 1951～1952 年、1954 年、1964～1974 年、1975～1985 年等阶段的整修加固和新修,堤防长度达 976 km,累计完成土方 4 132 万 m³。

堤防的设计标准和防洪标准不断修正完善。1955 年确定以防御渡口堂站洪峰流量 6 000 m³/s(相当于 50 年一遇)为防洪标准,左岸堤防为 3 级,右岸堤防为 2 级。两岸堤距一般为 900～5 500 km,平均 2 500 km,堤顶宽一般为 6～8 m,堤防高 2～5 m,临水边坡 1:2～1:3,背河边坡 1:3,堤顶超高为 1.5～2.0 m。

1994 年编制了《宁夏、内蒙古黄河防洪防凌近期工程可行性研究报告》,在20 世纪 90 年代后期两河段已开始陆续加高加培。

二、重要支流堤防

黄河流域面积在 1 000 km² 以上的一级支流有 76 条,其中上游 43 条,因其流经峡谷山区,自古至今没有堤防;中游 30 条,流经区域上段支流为黄土高原,下段为秦岭和豫西山区,仅汾河、渭河、洛河、沁河等有堤防;下游横贯于华北大平原上,河床悬高,汇入支流甚少,仅有天然文岩渠、金堤河和汶河 3 条。中游下段的汾河、洛河堤防矮小,渭河和沁河下游堤防较为正规。

(一)汾河河口堤防

汾河发源于山西省宁武县管海山,在万荣县注入黄河。干流长 710 km,流域面积 39 471 km²。受黄河淤积、河道摆动的影响,入黄口不稳定。汾河河口是指河津县苍底汾河大桥到万荣县庙前一段。历史上多灾害,1815 年,大水淹没房舍无数。1954 年 9 月 3 日黄河龙门水文站流量 16 400 m³/s,9 月 6 日汾河河口水文站流量 3 320 m³/s,黄、汾滩地全部受淹。河口段在明万历末年(1620 年)已有堤防。

1975 年,以河津水文站 2 010 m³/s(相当于 20 年一遇)洪峰流量为设防标准,按堤距 3 000 m,左岸自太原尖草坪至河津修起了 431.5 km 堤防,右岸自太原尖草坪至万荣修起了 435.5 km 堤防,堤防安全超高 1～1.5 km,顶宽一般为 4～8 m。

(二)渭河下游堤防

渭河发源于甘肃省渭源县鸟鼠山,在潼关流入黄河,全长 818 km,流域面积 13.5 万 km²,较大支流有泾河、北洛河。渭河无论是流域面积、年水量还是输沙量,在黄河众支流中均名列第一。渭河下游自陕西省咸阳陇海铁路桥至潼关,长 208 km。渭河下游长期以来处于基本冲淤平衡状态,是一条地下河,一般没有洪水灾害,没有堤防。自 1960 年 9 月三门峡水库建成运用后,渭河下游河道发生严重淤积,防洪任务日趋严重。1960 年 4 月,经水电部批准,库区各县开始陆续修筑渭河防护堤。

渭河下游咸阳铁路桥至耿镇河段属游荡型河段,长 37 km,河道比降为 6‰,河床较建库前淤高 1～2 m,河宽 1.2～1.5 km;耿镇桥至赤水河口河段属游荡型向弯曲型过渡的过渡型河段,长 63 km,河道比降为 3.5‰左右,河床较建库前淤高 2～3 m,河宽 1.2～3.0 km;赤水河口至潼关段属弯曲型河段,长 108 km,河道比降为 1.0‰左右,河床较建库前淤高 3.0～4.5 km,河宽 3.0～3.8 km,其中方山河以下河段长 58 km,属三门峡库区。

渭河下游涉及咸阳、西安、渭南 3(市、区),人口 150 万人,耕地 220 万亩,其中耿镇桥以上 35 万人,耕地 20 万亩,耿镇桥以下耕地 200 万亩。

渭河下游干流堤防共计 245.796 km(包括围堤 51.209 km),其中左岸堤防 120.314 km,右岸堤防 125.482 km。渭河防护大堤设防标准为 50 年一遇,相应流量为 10 300 m³/s(华县站);移民围堤设防标准为 5 年一遇(华县站相应流量为 5 500 m³/s)。临渭区、华县南山支流堤防共计 53.62 km,设防标准为 20 年一遇;华阴南山支流堤防 56.75 km,设防标准为 10 年一遇。

(三)洛河堤防

洛河堤防包括洛河、伊河堤防两部分。洛河属山区性河流,支流伊河在偃师杨村汇入,流域面积 18 881 km²,全长 447 km,其中汇合口至入黄口长 37 km。洛河、伊河流经山区,地形地貌概括为"五山四岭一分川",川地仅有 1 503 km²。洛河是黄河洪水的重要来源之一。

魏文帝黄初四年(公元 223 年)伊河发生特大洪水,据调查,龙门镇的洪峰流量接近 2 000 m³/s;后唐庄宗同光三年(公元 925 年)"洛水猛,巩县河二破,坏版仓";明初"洛河泛滥宜阳,设修宜阳堤防"。1931 年,洛河、伊河发生大水之后,普遍筑堤,堤防高 1 m 左右,且不连续。1950～1964 年,偃师县对伊河后石坝至回龙湾、洛河西石桥至岳滩堤防进行了加高培厚,1958 年黑石关水文站9 450 m³/s 的洪水后,对汇合口以下两岸堤防重新进行了整修。目前,洛河、伊河堤防长 469.6 km(其中伊河 212.1 km),堤顶宽 3 m 左右,边坡 1∶2。防御标准为,伊河龙门镇水文站流量 4 700 m³/s,防洪水位 153.4 m;洛河白马寺水文站流量 4 600 m³/s,防洪水位 124.0 m;黑石关水文站流量 7 000 m³/s,防洪水位114.3 m。

(四)沁河堤防

沁河发源于山西省沁河县太岳山南麓,流经陕西省沁源、安泽、沁水、阳城、晋城和河南省济源、沁阳、博爱、温县、武陟 2 省 10 县(市),于武陟县白马泉一带汇入黄河,河道全长 485.5 km,流域面积 13 532 km²,是黄河洪水的重要来源之一。其中河南境内流域面积 1 228 km²。武陟小董控制站多年平均天然径流量 18.2 亿 m³。

沁河的最大支流是丹河,于沁阳市的北金村注入沁河,河道全长 120 km,流域面积 3 152 km²。

沁河于河南济源五龙口出峡谷进入平原,至入黄口长 89.5 km,为下游,涉及河南省济源、沁阳、温县、博爱、武陟 5 个县(市),是重要的防洪河段,与黄河下游防洪息息相关,常有"沁黄并溢"之说。历史上,沁河灾害频繁,自三国魏景初元年(公元 237 年)至 1948 年的 1 712 年间,有 117 年决溢,计 293 次,洪泛范围北至卫河,南至黄河。

沁河筑堤年代较早,《金史·王兢传》载金天眷年间(1138～1140 年)王兢任河内(沁阳)令时,"沁水泛滥,岁发民筑堤",说明沁阳城已有堤,距今有约900 年的历史。明、清及民国有民堤,也有官堤,但标准不高。1949～1954 年、1955～1973 年、1974～1983 年,除加高加固已有堤防外,还将右岸堤防自沁阳向上延伸至济源五龙口,堤线总长达 161.626 km。左堤自济源远村,经沁阳、博爱至武陟白马泉与黄河左堤相接,长 76.285 km;右堤自济源五龙口,经沁阳、温县至武陟方陵接黄河右堤,长 85.341 km。

现状堤防总长度 157.567 km,右堤从济源五龙口到武陟方陵,长 85.366 km;左堤从沁阳逯村到武陟南贾,长 72.201 km。沁河下游河道两岸堤距 800 ~ 1 200 m。丹河口以上左岸堤防有龙泉、阳华两个自然缺口,宽度分别为 5 010 m 和 1 891 m,通过缺口段,洪水可进入面积为 41.2 km² 的自然溢洪区,当沁河五龙口水文站流量超过 2 500 m³/s 时可自然溢出分洪。

(五)汶河堤防

汶河,古称汶水,位于黄河右岸山东省境内,干流长 211 km,流域面积 9 069 km²。大汶口以上为上游,源流众多,多为山区丘陵;大汶口至东平县的戴村坝为中游,两岸有堤防;戴村坝至入黄口为下游,又称大清河。据历史记载,临汶水文站 1918 年和 1921 年曾分别出现过 10 300 m³/s 和 9 600 m³/s 的洪峰;1964 年戴村坝水文站洪峰流量为 6 900 m³/s。

汶河中游段长约 60 km,"金大定二十六年(1186 年)汶决考城十余里,邑人作揖之",两岸逐渐设防。经过多次整修培厚,形成了南北岸堤防。两岸共有堤防长 111.7 km,其中北堤长 60 km,南堤长 51.7 km。堤防设计标准:堤顶宽 5 m,边坡 1:2.5,北堤超高 1.5 m,南堤超高 2.0 m。其中汶上县自松山进水闸至戴村坝一段标准较高,顶宽 8 m,超高 2.5 ~ 3.0 m,边坡 1:3。下游即大清河段,全长 29 km。由于清末以前汶水大部南流济运,两岸堤防多由沿岸群众为护田舍自发修筑,残缺不全,民国以来虽多次加修,但仍为民办公助性质。新中国成立后,按防御尚流泽水文站 7 000 m³/s 洪水多次培修,堤防计长 46.97 km,其中右堤长 17.76 km,左堤长 29.21 km。堤防设计标准:左、右堤超高分别为 2.0 km 和 1.5 km,顶宽分别为 6 m 和 5 m,边坡为 1:2.5。

三、险工历史沿革

据《汉书·沟洫志》记载,西汉成帝时(公元前 32 ~ 前 6 年),黄河下游"从河内北至黎阳为石堤,激使东抵东郡平刚;又为石堤,使西北抵黎阳、观下;又为石堤,使东北抵东郡津北;又为石堤,使西北抵魏郡昭阳;又为石堤……"又据《水经·河水注》载,东汉永初七年(公元 113 年),在黄河荥口石门以东修筑八激堤,"积石八所,皆如小山,以捍衝波",所有这些石堤,都是当时黄河的险工。北宋时,险要堤段都修有柴草土石混合结构的防护建筑,名之为"埽"。宋天禧、天圣年间(1017 ~ 1023 年),黄河下游两岸共有埽 44 处,孟州(今孟县)有河南、河北 2 埽,澶州(今濮阳北)有激阳、大韩、大吴、商胡、王楚、横隆、曹村、依仁、大北、冈村、陈固、明公、王八等 13 埽,大名府(今河北大名县)有孙杜、侯村 2 埽,濮州有任村及东、西、北 4 埽,郓州有博陵、张秋、关山、子路、王陵、竹口 6 埽,齐州有采金山、史家涡 2 埽,滨州(今滨县旧城)有平河、安定 2 埽,橡州(今惠民县东南)有聂家、梭堤、锯牙、阳城 4 埽。每一埽就是一处大堤险工。

金初黄河南流入淮,建立埽工。大定前后,沿河共有埽工 24 处,分布在河阴以下者有雄武、荥泽、原武、阳武、延津 5 埽,在孟州、怀州境者有怀州、孟津、孟州及城北 4 埽,在新乡以下者有崇福上、下及卫南、漠上 4 埽,在滑州境者有武城、白马、书城、教城 4 埽,在东明以下者有东明、西佳、重华、凌城 4 埽,在定陶以东者有济北、寒山、金山 3 埽。

明代中期,河南河段险工较多。南岸有荥泽县小院村,中牟县黄练集,祥符县瓦子坡、槐疙疸、刘兽医口、陶家店、张家湾、时和驿、兔伯、埽头集,陈留县王家楼,兰阳县赵皮寨,仪封县李景高口、普安营,商丘县杨先口;北岸有荥泽县甄家庄、郭家潭,阳武县脾沙,原武县庙王口,封丘县于家主店、中栾城、荆隆口,祥符县黄陵岗、陈桥、贯舍、鸟家口、陈留寨,兰阳县铜瓦厢、板厂、樊家庄、张村集、马坊营,仪封县洼泥河、炼城口、荣花树、三家庄,考城县陈隆庄、芝麻庄、孝城口。山东河段有险工 2 处:曹县的吴家坝和王家坝。淮北河段的险工仅有丰县邵家大坝和宿迁桃源间的归仁石堤。以后山东、江苏河段,险工逐渐增多。

清咸丰五年(1855 年)六月,黄河自兰阳铜瓦厢改道由山东利津入海,铜瓦厢以上老河因决口后形成的溯源冲刷,两岸出现高滩,旧有的堤防险工,除部分仍发挥作用外,其他由于长期不靠河而废弃。铜瓦厢决口以下,随着新河堤防的日益形成,堤防险工也相应建立起来。咸丰七年(1857 年)首先修建白龙湾险工。光绪四年(1878 年)南岸贾庄大坝一带形势严峻,"并以上之张河口亦见塌滩坐险,北岸则王河渠、吴家堆、李家桥、满庄、张忠方庄、自家楼等处多见贴溜顶冲,情形岌岌,均赶紧做厢埽坝,竭力救护"。光绪七年(1881 年)修建东明县高村险工,其后又修建路那里、陶城铺、国那里、刘庄 4 处险工。至光绪十六年(1890 年),杨庄、簸箕李、梯子坝、路家庄、河套圈、大王庙、南坦、于庄、程官庄、阴河、韩刘、官庄、憔庄、王庄、赵庄、派口、傅家庄等险工也先后修筑完竣。光绪二十五年(1899 年)时,铜瓦厢以下新河堤防险工共计有 91 处。

民国期间,原有黄河堤防险工的数量、分布和名称又有新的变化。据民国二十六年(1937 年)以前的统计,南北岸共计有险工 64 处,全长 220.7 km,其中河南省境 9 处,长 46 km;河北省境 3 处,长 33.4 km;山东省境 52 处,长 141.3 km。

四、河道整治工程建设

(一)险工修复

1938 年 6 月至 1947 年 3 月,花园口决口夺淮入海,在此期间,豫、鲁旧河险工多遭破坏。1947 年 3 月 15 日,花园口口门堵复合龙,黄河回归故道。在此之

前,为使黄河归故安全下泄,自1946年起,冀鲁豫和渤海解放区人民政府广泛发
动沿河群众,在修复两岸堤防的同时,也修复了堤防险工。当时因国民党军队封
锁和军事进攻,物资匮乏,特别是缺少石料。为了解决石料紧缺问题,冀鲁豫和
渤海解放区都先后在群众中开展了献砖献石活动。人民群众为了革命的胜利,
把废砖、碎石自动贡献出来。不少乡村建立起收集砖石小组,把村里村外的废砖
石收集起来,肩挑人抬,小车推,大车拉,自动送到大堤险工上。有的将多年积攒
盖新房的砖石,老太太的锤布石都献出来。一年就献砖石15万 m³,同时还筹集
各种秸杂料1 500万 kg。利用这些材料,整修了残破不堪的险工铺坝479道,护
岸559段。1949年,黄河下游实有堤防险工共147处,其中河南省境22处、山东
省境125处。1950~1952年,黄河堤防险工得到了进一步整修加固,部分险工
由于河势的变化还进行了临时抢修和调整。调整后共有险工118处,计长
256.01 km,其中河南河段18处(不含御坝险工),长70.01 km;山东河段100
处,长186 km。

(二)加高改建

黄河堤防先后进行了3次大规模培修,堤防险工也随之进行了3次加高改
建。第一次险工加高改建自1952年开始。加高改建的标准,以1933年洪水位
为坝高的控制指标,南岸以兰封东坝头为界,北岸以鹅湾为界。东坝头、鹅湾以
上,主坝超高2 m,一般坝超高1.5 m;东坝头、鹅湾以下,主坝超高1.5 m,一般
坝超高1 m。此次整修,主要是增工石化。根据工程基础情况,分别采用石料干
砌、平扣、丁扣、排垒、散抛法护坡,用铅丝笼或铅丝网片护底固根。坦石坡度,因
砌筑方法不同而异,砌石坡1:0.3,丁扣石坡1:1,散抛乱石坡1:1.5。根石顶高,
主坝低于设计洪水位(1933年洪水位)1~2 m,一般坝低于主坝0.5 m。根石顶
宽0.5~1.5 m,根石坡度1:1~1:1.5。整修方法也分为干砌、平扣、丁扣、排垒、
散抛等数种。到1957年险工整修工程全部完成,所有秸埽均改修为石护工程。
在此期间,根据河势发展变化,还相继修建了10余处新险工,其中河南省有兰考
四明堂、长垣小苏庄、濮阳青庄、范县邢庙、台前影堂与石桥;山东省有东明县黄
寨、霍寨、乔口,郭程县伟庄,梁山县程那里,垦利县义和庄等。

第二次险工加高改建开始于1964年。此次险工加高改建,以防御花园口
22 000 m³/s洪水为标准,相应孙口流量为16 000 m³/s,艾山以下以防御
13 000 m³/s洪水为标准。河南河段加高改建的工程,主要分布在东坝头以下,
一般加高0.51~1 m。由于加高高度不大,均按照坝垛的实际情况,顺坡往上接
修。山东河段险工坝岸加高1~2 m,土坝基低于大堤顶0.5 m,高出坝岸顶
0.3~0.5 m,顶宽8~12 m,边坡1:2。砌石坝大部分挖槽顺坡戴帽加高,外坡
1:0.35,内坡1:0.2,斜插原坝身,顶宽1 m。此次险工加高改建至1966年基本

完工,河南河段原计划加高改建的 48 道坝,均按计划完成,并新建险工坝岸 21 段,共用石料 11.6 万 m³;山东河段共计加高改建险工坝岸 2 600 多段,新建险工坝岸 300 多段,共用石料 48 万 m³。

1974~1985 年,根据第三次大修堤的要求,对险工坝岸又进行了一次全面的加高改建。为了统一加高改建方案,黄河水利委员会(简称黄委)经过调查研究和对坝岸的稳定分析计算,于 1978 年 7 月印发了《黄河下游险工坝岸加高改建意见》的通知。对坝岸加高改建的原则、标准、方法及施工质量要求都作了明确规定。豫、鲁两省黄河河务局据此结合具体情况,制定了各种坝岸的标准断面(包括根石)。加高改建工程仍以防御花园口站 22 000 m³/s 洪水为目标。河南河段险工改建的工程标准以渠村分洪闸为界,渠村分洪闸以上超出设计防洪水位 2 m,渠村分洪闸以下至张庄为 1.5 m。坝基顶宽 9~11 m,扣石坝和乱石坝坦石顶宽 0.7~1 m,超出设计防洪水位 0.8~1.5 m。坦石坡度因坝型不同而异,砌石坝为 1:0.3~1:0.54,扣石坝和乱石坝一般为 1:1 或加大至 1:1.5。根石顶宽 1~1.5 m,超出枯水位 1~2 m;根石坡度 1:1.1~1:1.5。此外,考虑今后再次进行加高的需要,铺底宽度按上述设计坝顶再加 2 m 实施。加高改建的标准:丁扣护岸,顺坡加高,根石也相应抬高;丁扣坝和乱石坝,外坡保持不变,内坡加陡,以增加填石,一般从原设计洪水位进行拆改,拆改起点处填石厚 30~50 cm,根石亦相应加高;砌石坝,可以顺坡加高,外坡不变,内边抽槽加厚 50~100 cm,抽槽深 4 m 左右,根石相应加高。浆砌石坝也可改为丁扣坝或乱石坝。凡是接高根石台的,一律遵守退坦加高根石的原则。

山东河段加高改建的标准:高村以上超出 1983 年设计洪水位 2 m;高村至艾山超出设计洪水位 1.5 m;艾山以下超出设计洪水位 1.1 m。根石标准:砌石主坝根石顶超出设计枯水位 2~2.5 m,次坝根石顶超出设计枯水位 1.5~2 m;扣石坝和乱石坝根石顶超出设计枯水位 1~2 m。砌石坝拆除改建外坡 1:0.35~1:0.4,内坡 1:0.2,顶宽 1.5~2 m,基础要求拆至设计根石台顶以下 0.5~1 m,戴帽加高,内外坡平行,均为 1:0.35~1:0.4,顶宽 1.5~2 m。扣石坝拆除改建外坡 1:1,内坡 1:0.8,顶宽 1~1.5 m,顺坡加高,内外坡平行,均为 1:1,顶宽 1~1.5 m。乱石坝顺坡加高,内外坡平行,均为 1:1~1:1.5。根石不分砌筑方式,顶宽一律为 1~1.5 m,外坡 1:1.1~1:1.5。

第三次险工加高改建过程中,山东王家梨行险工 8~11 号砌石坝,东阿井圈险工 40~44 号砌石护岸,河南曹岗险工 4 道砌石坝以及黑岗口险工 5 道乱石坝,均发生了不同程度的垮坝;山东大王庙险工 35 号砌石坝,盖家沟险工 21 号砌石坝出现了严重裂缝险情。主要原因是:加高坝岸时根石前进,新抛的根石修在沙滩上,根基深度不够;改建采用的断面不合理,有的砌石坝几经加高,头重脚轻,抗滑稳定安全系数小;有些坝施工质量不好。黄河下游险工坝岸需随着河道不断淤积而加高,采用坡缓的乱石坝和扣石坝比较适宜。因此,第三次险工坝岸加高改建中,部分砌石坝已改建为扣石坝或乱石坝。

随着第四次堤防加高加培的试验,险工加高改建已于 1998 年相继展开,截至 2001 年底,黄河下游临黄大堤计有险工 143 处,坝垛护岸 5 362 道,工程长度近 335.500 km。人民治黄以来,已将所有旧的秸埽全部改为石坝,使堤防险工数量和质量都得到全面提高,增强了堤防的抗洪能力。

第二节　水利工程现状

人民治黄以来,党和政府对黄河防洪十分重视,为控制洪水,减少灾害,先后4 次加高培厚了黄河下游大堤,较为系统地进行了河道整治工程建设;在干支流上修建了三门峡、小浪底、故县和陆浑水库,开辟了东平湖、北金堤等滞洪区,初步形成了"上拦下排,两岸分滞"的防洪工程体系。同时,还加强了水文测报、通信、信息网络等防洪非工程措施的建设。依靠这些措施和沿黄广大军民的严密防守,保证了黄河的岁岁安澜。

一、黄河下游防洪工程体系

人民治黄 60 多年来,黄河下游先后兴建了以干支流水库、堤防、河道整治工程、分滞洪区为主体的"上拦下排,两岸分滞"的防洪工程体系,同时水文、通信、信息网络及防洪组织管理等非工程措施也得到了进一步加强,初步形成了较为完善的黄河下游防洪体系。

上拦工程有干流的三门峡水库、伊河的陆浑水库、洛河的故县水库以及干流的小浪底水库。

下排工程主要是黄河两岸大堤、支流堤防和河道整治工程。

两岸分滞洪工程有东平湖水库、北金堤滞洪区、大功分洪区、封丘倒灌区、齐河展宽区(北展)、垦利展宽区(南展)等。

非工程措施主要有防汛组织体系、防汛通信系统、水文测报预报系统、防汛信息采集系统、滩区分滞洪区的管理、工程抢险及防灾救灾等。

(一)上拦工程

1. 三门峡水库

三门峡水库坝址位于河南省三门峡市与山西省平陆县交界的黄河干流上,控制黄河流域面积 68.8 万 m^2,占全流域面积的 91.5%。水库大坝为混凝土重力坝,最大坝高 106 m(大沽高程,下同),主坝长 713 m,坝顶宽 6.5~22.6 m,坝顶高程 353 m。现状条件下防洪运用水位为 335.0 m,相应库容为 55.67 m³。汛期有 27 个孔、洞(即 12 深孔 + 12 底孔 + 2 隧洞 + 1 钢管)投入运用,现状启闭设备条件下连续开启或关闭一次约需 8 h。

三门峡水库防洪运用原则是根据 1969 年"四省会议"确定的,即当上游发生特大洪水时,敞开闸门泄洪;当下游花园口站可能发生超过 22 000 m³/s 洪水时,应根据上、下游来水情况,关闭部分或全部闸门。增建的泄水孔,原则上应提前关闭。水库非汛期控制水位 310 m;汛期平水时按控制水位 305～300 m 运用,一般洪水时敞开闸门泄洪,以利于水库的排沙和降低潼关高程。

2. 小浪底水库

小浪底水利枢纽位于河南省洛阳市以北 40 km 处的黄河干流上,上距三门峡水利枢纽 128 km,下距郑州花园口水文站 130 km。坝址控制流域面积 69.4 万 km²,占花园口以上流域面积的 95.1%。小浪底水库的开发任务是以防洪(防凌)、减淤为主,兼顾供水、灌溉和发电。水库设计正常蓄水位 275 m(黄海标高),万年一遇校核洪水位 275 m,千年一遇设计洪水位 274 m。设计总库容 126.5 亿 m³,包括拦沙库容 75.5 亿 m³,防洪库容 40.5 亿 m³,调水调沙库容 10.5 亿 m³。兴利库容可重复利用防洪库容和调水调沙库容。设计安装 6 台 30 万 kW 混流式水轮发电机组,总装机容量 180 万 kW,年发电量 51 亿 kWh。

水库大坝于 1997 年 10 月 2 日截流,1999 年 10 月 25 日下闸蓄水,2000 年 6 月 26 日主坝封顶(坝顶高程 281 m),水库工程 2001 年 12 月已全部完工,所有泄水建筑物达到设计运用标准。

汛期投入运用的泄洪建筑物有 3 条明流洞、3 条排沙洞、3 条孔板洞和正常溢洪道。孔板洞进口高程 175 m,运用高程 200 m 以上。其中 1 号孔板洞在水位超过 250 m 时不能使用(工程设计要求)。排沙洞口高程 175 m,运用高程 186 m 以上。1 号、2 号、3 号明流洞进口高程分别为 195 m、209 m、225 m。正常溢洪道堰顶高程为 258 m。各泄水建筑物闸门启闭设施均系一门一机,各泄洪洞闸门启闭时间不超过 30 min。

3. 故县水库

故县水库位于洛河中游河南省洛宁县境内,是一座防洪、灌溉、发电、供水等综合利用的大型水库,按千年一遇设计、万年一遇校核标准兴建。坝址控制流域面积 5 370 km²,占洛河流域面积的 45%,占三门峡至花园口区间流域面积的 12.9%。设计总库容 11.75 亿 m³。故县水库大坝为混凝土重力坝,主要泄水建筑物有 2 个泄流底孔、1 个泄流中孔、3 台发电机组和 5 孔溢洪道。

故县水库主要配合三门峡、小浪底、陆浑等水库以减轻黄河下游洪水威胁,同时提高洛阳市防洪标准。运用原则是:当库水位为 520.0～535.0 m(20 年一遇)时,控泄流量为 1 000 m³/s;当库水位高于 535.0 m 时,敞开所有闸门泄洪;当库水位涨至 548 m 时,分两种情况泄洪,在入库流量小于泄洪能力时按入库流量泄洪,在入库流量大于泄洪能力时按泄洪能力泄洪。预报花园口流量(预见期 8 h)达 12 000 m³/s 且有上涨趋势时,关闸停止泄洪。当库水位达到设计洪水位 548.5 m 时,为了保证大坝安全,水库开闸泄洪。泄洪时以 1 h 为时段,控泄流量为 200 m³/s、400 m³/s、800 m³/s 时逐渐开启底孔。1996 年确定近期 7 月、8 月防汛限制水位为 515 m,蓄洪限制水位为 548 m;9 月防洪限制水位为 527.3 m;10 月防洪限制水位为 534.0 m。另外,当库水位低于 528.0 m 时,由于中孔挑流距离近,对大坝坝体安全有一定影响,故不能启用。

4. 陆浑水库

陆浑水库位于伊河中游的河南嵩县,控制流域面积 3 492 km²,占该河流域面积 6 029 km² 的 57.9%,占三门峡至花园口区间流域面积的 8.4%,总库容 12.9 亿 m³,是以防洪为主,结合灌溉、发电、养鱼等综合利用的水库。水库主要建筑物有黏土斜墙砂卵石大坝、溢洪道、输水洞、泄洪洞、灌溉洞、电站等。

陆浑水库的主要作用是配合三门峡水库削减三门峡至花园口区间的洪峰流量,以减轻黄河下游的防洪负担。陆浑水库采用千年一遇洪水设计、万年一遇洪水校核,设计洪水位 327.50 m,校核洪水位为 331.80 m。水库的运用原则是:当库水位为 315.5 ~ 319.97 m(20 年一遇)时,控泄流量为 1 000 m³/s;库水位为 319.97 ~ 322.74 m(100 年一遇)时,灌溉洞、输水洞、泄洪洞、溢洪道闸门全开泄洪。预报花园口流量(预见期 8 h)达 12 000 m³/s 且有上涨趋势时,关闸停止泄洪。当库水位达到设计水位或发现大坝有问题时,开启所有闸门泄洪,以保大坝安全。

(二)下排工程

1. 堤防工程

黄河下游堤防是防御洪水的主要屏障。人民治黄以来,黄河下游共经过 4 次较大规模的修堤,第一次为 1950 ~ 1959 年,第二次为 1962 ~ 1965 年,第三次为 1974 ~ 1985 年,第四次为 1990 年至今。经过 4 次对堤防加高加固,大大增强了堤防的抗洪能力。

2. 险工及控导工程

黄河下游的河道整治工程主要包括险工和控导护滩工程两类,险工依附大堤,修筑有坝、垛和护岸,具有控导河势和保护大堤的功能;控导护滩工程修建在滩地前沿,修筑有坝、垛、护岸,具有控导河势和护滩保堤的作用。

截至 2001 年底,黄河下游共有险工 143 处,坝、垛、护岸计 5 362 道,工程长 335.500 km;河道控导护滩工程 227 处,坝垛 4 453 道,工程长 425.118 km;滚河防护工程坝岸 79 处,防护坝 405 道,裹护长 40. 903 km;沁河险工 50 处,坝、垛、护岸计 776 道,工程长 479. 830 km;大清河险工、控导工程坝岸 8 处,坝、垛、护岸计 34 道,工程长 4 380 km;北金堤险工 18 处,坝、护岸计 151 道,工程长 32. 336 km。

3. 黄河下游河道

黄河下游河道自河南省孟津铁谢至山东省垦利入海,河道全长 878 km。河道上宽下窄,比降上陡下缓,山东陶城铺以上宽河段两岸堤距 1.4 ~ 20 km,陶城铺以下窄河段堤距 0.5 ~ 5.0 km。河槽一般为复式河槽,平面外形呈宽窄相间的藕节状,收缩段与开阔段交替出现,开阔段两岸有宽阔的滩地,有利于滞洪削峰。

下游河道总面积 4 674 km² (包括封丘倒灌区 407 km²),其中滩地面积 3 956 km²,占河道总面积的 85%。

(三)分滞洪工程

1. 东平湖水库

东平湖水库是黄河下游的重要分洪工程。水库位于山东省境内,距黄河干流三门峡水库约 585 km,总面积 627 km²。近期防洪运用水位 44.5 m,相应总库容 30.5 亿 m³,其中新湖区库容 21.6 亿 m³,老湖区库容 8.9 亿 m³。

1)运用原则

东平湖水库的主要作用是解决艾山以下窄河段的防洪问题,控制艾山下泄流量不超过 10 000 m³/s,以确保济南市、津浦铁路、艾山以下黄河两岸广大地区的防洪安全,同时还承担着调蓄汶河全部洪水的任务。调度运用原则按三种情况考虑:若黄河、汶河洪水不遭遇,尽量运用老湖调蓄;若黄河、汶河洪水遭遇,形成较大洪水,一般采用先老湖后新湖或新湖、老湖分别运用的方式;若黄河、汶河洪水严重遭遇,依照来水过程,分别利用老湖、新湖滞洪(老湖蓄汶河来水,新湖蓄黄河来水),视分洪情况适时破除二级湖堤,合理调度。当预报孙口站流量超过 10 000 m³/s 且后续洪水有上涨趋势时,东平湖水库做好运用准备。具体运用时,由黄河防总根据洪水情况商山东省人民政府确定,并由山东省防汛指挥部组织实施。

2)1982 年 8 月东平湖水库分洪运用

1982 年 8 月花园口水文站出现 15 300 m³/s 流量,洪峰 7 日洪量 49.7 亿 m³,是新中国成立以来仅次于 1958 年的大洪水。山东省委、省政府根据国家防汛抗旱总指挥部的意见,为确保下游及泺口铁桥的安全,确定孙口水文站流量超过 8 500 m³/s 时运用老湖分洪,控制泺口流量不超过 8 000 m³/s。根据孙口水文站预报测量,于 6 日 22 时 6 分首先开启了林辛闸,于 7 日 11 时

10 分开启十里堡闸分洪，到 9 日 21 时至 23 时先后关闭两闸，分洪历时分别为 71 h 与 60 h。两闸最大分洪 2 400 m³/s（林辛闸 1 070 m³/s，十里堡闸 1 330 m³/s），分洪水量近 4 亿 m³（分洪前老湖水位 39.08 m，分洪时未发生径流加水），运用最高水位 42.11 m，孙口水文站最大流量 10 100 m³/s，经两闸分洪和滩区滞洪后，艾山水文站最大削减至 7 430 m³/s，泺口水文站为 6 010 m³/s，大大减轻了艾山以下的防洪负担。分洪时孙口水文站日平均含沙量为 12～16 kg/m³，进湖沙量约 500 万 m³，闸后 2 km 范围内一般淤积厚度 0.5～1.0 m。闸后最大淤厚：林辛闸为 2 m，十里堡闸为 1.5 m。淤积绝大部分为粗细沙或粉沙，不能耕种的沙化面积约 418 hm²。其余一般淤积厚度 0.15 m 左右，土质多为两合土、红黏土。

2. 北金堤滞洪区

北金堤滞洪区位于郑州花园口下游约 190 km 左岸临黄堤与北金堤之间的区域，1951 年由国务院批准兴建，是防御黄河下游超标准洪水的重要工程措施之一。滞洪区有效分洪水量 20 亿 m³，面积 2 316 km²，涉及豫、鲁两省 7 个县（市），67 个乡，2 166 个自然村，约 164.2 万人。

北金堤滞洪区运用原则：当花园口水文站发生 22 000 m³/s 以上洪水，三门峡、故县、陆浑水库拦洪，东平湖水库充分运用后仍无法解决时，报请国务院批准，运用北金堤滞洪区滞洪（计算中考虑金堤河来水 7 亿 m³）。分洪时机一般控制在高村水文站流量涨至 20 000 m³/s 时，分洪后大河流量一般控制在 16 000～18 000 m³/s。分洪后主流沿回木沟、三里店沟直达濮阳南关，然后顺金堤河向下演进，由台前张庄闸和闸下游大堤顶预留口门相继退水入黄河。

3. 齐河展宽区

齐河展宽区的主要作用是解决济南窄河段的凌洪威胁，当黄河发生特大洪水时，用以滞蓄部分洪水。该区面积 106 km²，有效滞洪库容 3.9 亿 m³。临黄大堤上建有豆腐窝分洪闸，设计分洪流量 2 000 m³/s。展宽新堤下段建有大吴泄洪闸，设计泄洪能力 500 m³/s。

4. 垦利展宽区

垦利展宽区是以防凌为主，结合防洪、放淤和灌溉，以保障两岸人民群众的生命安全，保障油田的开发和发展农业而兴建的。临黄堤上修建麻湾和曹店两座分凌闸，设计流量分别为 2 350 m³/s、1 090 m³/s，在章丘屋子修建退水闸一座，设计退水流量 530 m³/s。

区内面积 123.33 km²，滞洪水位 13.0 m，相应库容 3.27 亿 m³。

5. 大功分洪区

为防御大洪水，1956 年开辟大功分洪区。1960 年三门峡水库建成后，当时认为黄河洪水基本上得到了控制,该分洪区也被停用。1975 年淮河大水后,经分析计算,黄河花园口水文站仍有发生 30 000 m³/s 以上特大洪水的可能。因此,1985 年国务院批准重新使用大功分洪区。

大功分洪区位于河南省新乡市东南黄河北岸大堤与北金堤之间,分洪区南北宽平均 24 km,东西长 85 km,面积 2 040 km²,涉及河南省封丘、长垣、延津和滑县的部分地区。该区分洪后大部洪水将穿越太行堤进入北金堤滞洪区,由台前县张庄退入黄河,同时部分洪水将顺太行堤至长垣大车集回归黄河。

大功分洪区只有 1956 年在封丘县大功村南临黄堤前 100 m 滩面上修筑的封丘大功简易溢洪堰,堰身宽 1 500 m,溢流向长 40 m,堰顶高程 78 m,堰身用铅丝笼装块石砌成,工程上下游各做有深 1.5 m、宽 1.0 m 的铅丝笼块石隔墙一道,两端筑有裹头工程。目前区内无其他任何避洪设施,一旦启用,问题较多。

大功分洪区的主要任务是防御花园口 30 000 m³/s 以上特大洪水。该分洪区是应对黄河下游超标准洪水的一项应急措施。小浪底水库建成后,黄河下游千年一遇洪水花园口洪峰流量 22 600 m³/s,万年一遇洪水花园口洪峰流量 27 400 m³/s,即万年一遇洪水花园口洪峰流量也不足 30 000 m³/s。大功分洪区使用的概率小于万年一遇。因此,不再使用大功分洪区处理黄河下游洪水。

二、防洪工程现状

黄河下游现行河道经过了一系列演变过程。孟津白鹤至武陟秦厂属禹河故道,南岸受邙山、北岸受清风岭及堤防制约,河道变化不大。左岸从沁河口、右岸从邙山根至兰考东坝头河段 130 多 km 属明清河道,现已行河 500 余年;自明代到 1855 年,该河段两岸堤防决口约 190 次之多,因 1855 年铜瓦厢决口造成东坝头到武陟河道的溯源冲刷,河道下切,滩槽高差增大,低滩变成高滩,一般洪水多不出槽,堤防等防护工程也得到相应加高培厚。东坝头以下河段是铜瓦厢决口改道后形成的新河,黄河初入山东夺大清河流路入海,大清河原河道仅 10 余丈(1 丈 = 3.333 3 m),至 1871 年"大清河自东阿鱼山到利津河道,已刷宽半里余,冬春水涸,尚深二三丈,岸高水面又二三丈,是大汛时,河槽能容五六丈"。1875 年以后堤防已初步形成,河流得到约束,泥沙淤积增加,河道已变成地上河。河口河道从 1855 年经由铁门至肖神庙东之牡蛎嘴入海(铁门关故道)开始,共改道 10 次,1949 年以来大的改道有 4 次,先后为甜水沟、宋春荣沟、神仙沟及 1976 年人工改道的清水沟流路,防护工程也随之完善。

(一)下游堤防工程

黄河下游现行河道两岸黄委直管的堤防包括临黄堤、东平湖堤、河口堤、北金堤、展宽堤(包括南展宽堤和北展宽堤)和支流沁河五龙口以下堤防及大清河戴村坝以下堤防等各类堤防,长 2 290.851 km,其中设防堤防 1 960.206 km,不设防堤防 330.645 km。临黄堤防 1 371.227 km,分滞洪区堤防 313.842 km,支流堤防 195.367 km,渔洼以下河口堤防 146.210 km(见表 1-1)。

表 1-1　黄河下游堤防长度汇总

河段	堤防类型	堤防名称	长度(km)
孟津白鹤—垦利渔洼	设防堤	临黄堤	1 371.227
		分滞洪区堤	313.842
		支流堤	195.367
		小计	1 880.436
	不设防堤	小计	264.205
	合计		2 144.641
渔洼以下	设防堤	小计	79.770
	不设防堤	小计	66.440
	合计		146.210
总计	设防堤	小计	1 960.206
	不设防堤	小计	330.645
	合计		2 290.851

人民治黄以来,黄河下游经过 4 次较大规模的加高加固大堤,形成了目前的状况。黄河下游临黄大堤高度一般为 7 ~ 11 m,最高达 14 m,临背河地面高差 4 ~ 6 m,最大 10 m 以上,堤防断面顶宽 7 ~ 15 m。临、背河边坡,艾山以上均为 1:3,艾山以下临河边坡 1:2.5、背河边坡 1:3。

按照防御 2000 水平年花园口水文站 22 000 m^3/s 设防标准,高度不足值在 0.5 m 以上的堤段经过 1998 年以来加高,目前已经达到标准。

1970 年黄河下游开始实施放淤固堤,设计标准为淤宽平工 50 m,险工 100 m,淤高至设计水位,截至 2004 年底,共完成土方约 5 亿 m^3,加固黄河堤防 899 km,其中临黄堤 887 km。目前,采用截渗墙加固堤防长度 56.6 km,其中临黄堤 51.3 km;采用前后戗加固堤防 373 km,其中临黄堤 269 km。

(二)水闸虹吸工程

黄河下游豫、鲁两省临黄大堤上,截至 2004 年计有引黄水闸 95 座(河南 32 座,山东 63 座),设计引水流量 4 170 m^3/s,虹吸 6 处,设计引水能力22.44 m^3/s。据近年统计,年引水量 100 多亿 m^3,抗旱、灌溉面积达 200 多万 hm^2。分泄洪闸 13 座,设计分洪流量 29 330 m^3/s。

另外,沁河堤防上有穿堤涵闸 31 座,设计引(排)水流量 83.4 m^3/s;大清河堤、东平湖堤计有 17 座水闸,设计引(排)水能力 281 m^3/s;北金堤有 8 座水闸,设计引(排)水能力 129 m³/s;齐河北展堤及垦利南展堤上还有排灌闸 17 座,设计引(排)水能力 447 m³/s;其他有睦里、垦东排水闸,排水能力 15 m³/s。

(三)防汛路工程

黄河下游防汛抢险道路包括堤顶道路、沿黄乡镇或公路通往大堤的上堤防汛道路、通往滩区的控导工程防汛道路等。

1. 堤顶道路

黄河下游临黄堤、沁河堤、东平湖围坝及湖堤、大清河堤等,总长度 1 680 km,需要按堤防"抢险交通线"进行建设,其中以临黄堤标准化建设为重点将逐步硬化,参照平原微丘三级公路标准修筑。至 2010 年底,临黄大堤硬化道路全部建成。

2. 上堤防汛道路

黄河下游共有上堤防汛道路(硬化道路)324 条,长 1 940 km,平均每 5.19 km堤防有 1 条上堤防汛道路。

3. 控导工程防汛道路

黄河下游 168 处主要控导工程,长 360 km,计有防汛道路 190 条,长 85 km。已硬化 84 条,长 368.2 km;土路 106 条,长 482 km。控导工程联坝长度 360 km,已硬化 22 处,长度 37.79 km。

(四)黄河小北干流工程

黄河小北干流河段,历史上基本没有河道整治工程。20 世纪 60 年代以前,当地沿河群众为防止高岸坍塌、护村、护站等,自筹资金修过一些小型堤坝,因多属土堤,无根石保护,且河势又极不稳定,已被冲毁。

1968 年,经水电部批准,晋、陕两省修建了禹门口、汾河口、城西、芝川、合阳、朝邑、潼关等 7 处工程。此后,在 20 世纪 70 年代初期至 80 年代,未经水利部、黄委批准,两岸各自相继修建了多处河道整治工程。工程修建后,虽然保护了一些高岸不再坍塌,沿河滩地得到了开发利用,对控导主流、稳定河势起到了一定的积极作用,发挥了较大利益,但是,由于治理缺乏统一规划,有些工程平面布设不够合理,严重的还产生阻水挑流;有些工程过度占压河道行洪断面,工程对峙,影响河道行洪;有的工程不利于对岸机电灌站正常引水等。这种状况不仅加剧了两省的水事纠纷,而且严重浪费了大量的人力、物力及建设资金。对此,国务院、水利部极为重视,20 世纪 50~90 年代曾多次做过指示、批复及批示,但由于种种原因,一直未能很好地解决。

为了减少晋、陕两省的水事纠纷,经国务院国函〔1982〕229 号文批准,黄河禹门口至潼关河段两岸河道工程由黄委实行统一管理。1985 年初黄委对两岸工程进行了接管。由于种种原因,少数工程仍由地方管理。1990 年,国务院以

国函〔1990〕26 号文明确批复"两岸严重阻水挑流的工程必须拆除"。经黄委
1993 年 4 月核查，黄河禹潼河段两岸现有超出治导控制线的河道工程共计 10
处，总长度 11.20 km。其中左岸山西侧有 6 处，工程长度 6.10 km；右岸陕西侧
有 4 处，工程长度 5.10 km。这些超线工程中，国函〔1990〕26 号文指出的 6 处工
程应拆迁除 5.07 km。其中山西侧 3 处，长 2.57 km，分别是小石嘴工程 0.67
km，屈村工程下段 0.45 km，城西工程下段 1.45 km；陕西侧 3 处，长 2.50 km，分
别是太里工程下段 1.00 km，华原工程下段 1.20 km，牛毛湾工程下段 0.30 km。

国函〔1990〕26 号文批复后，由于两省未严格按文件执行，未经黄委同意又
擅自修建了部分阻水挑流工程，因而造成 6 处阻水挑流工程实际应拆除总长度
增加至 8.07 km（增加 3.0 km），坝垛 58 道。其中，山西侧在城西工程增加
1.5 km，陕西侧在牛毛湾工程下段增加 1.5 km。

1994 年，国家防办以国汛办电〔1994〕14 号《关于抓紧黄河小北干流清障的
紧急通知》电告山西、陕西防汛指挥部及黄委，要求"黄河小北干流治导线内的
挑流工程务于 7 月 25 日前拆除"。

依据"紧急通知"精神，由黄委组织，在晋、陕两省防汛办公室及有关部门大
力支持配合下，国务院国函〔1990〕26 号文指出的 6 处工程阻水挑流部分
8.07 km 终于在 1994 年下半年拆除。

截至 2000 年统计，两岸共有已建工程 35 处，工程长度 146.988 km（黄委所
属（以下简称委管或直管）118.720 km，地方所属（以下简称地管）28.268 km），
坝垛 1 029 道。其中，左岸 22 处，工程长度 83.605 km（委管 67.976 km，地管
15.629 km），坝垛 509 道。按工程分类统计，工程总长度 146.988 km 中，控导工
程 64.665 km（左岸 37.247 km，右岸 27.418 km）；护岸工程 74.043 km（左岸
41.178 km，右岸 32.865 km）；护滩工程 5.150 km（左岸 3.150 km，右岸
2.000 km）；未计入伸入治导控制线以内的 3.130 km。

山西、陕西黄河小北干流计有防汛道路 37 条，长度 128.85 km。其中，山西
19 条，长度 91.02 km；陕西 18 条，长度 37.83 km。

（五）三门峡库区工程

三门峡库区主要淹没与影响区包括潼关至三门峡大坝 113.5 km、渭河咸阳
铁桥以下 208 km 及北洛河洑头以下 138 km 河段。

1. 渭河下游

渭河下游堤防始建于 20 世纪六七十年代，质量差，标准低，宽度、坡比均达
不到设计要求，且高程不足，实际防汛能力普遍达不到设计标准，其中耿镇桥以
下渭河防护大堤实际防洪能力只能达到 7 660 m³/s，约为 12 年一遇标准；加之
渭河下游河床不断淤高，临背差不断增大，造成大堤防洪能力不断下降。

渭河下游堤防经过多次加高培厚曾达到防御渭河华县水文站 10 800 m³/s（50 年一遇）洪水标准，一般堤顶 3 ~ 6 m，超高 1.8 ~ 2.0 m，临河坡 1:2.5 ~ 1:3.0，背河坡 1:2.0。但由于河道不断淤积，防洪标准随之降低，堤防有待进一步加高。

2. 潼关至三门峡河段

潼关至三门峡河段属山区峡谷型河道，建库前沿河部分村镇遭受洪害，仅局部进行防护。建库后，该河段成为库区，既是河道型水库，又是常用库容范围。蓄水运用后，库区两岸坍塌严重，高岸的坍塌，造成耕地流失，迫使一些村庄迁移，群众的生命财产安全受到威胁。1969 年"四省会议"明确了三门峡水库运用原则，枢纽经过改建后，水库采用"蓄清排浑"运用方式，水库蓄水位较原蓄水运用初期有所降低，蓄水时间大大缩短，原高蓄水位运用时淤积形成的高滩，常年或大部分年内不受蓄水影响，或受影响较小，成为良田，是两岸群众，特别是建库后因塌岸后靠的移民安置生产的好地方。大部分滩地可种一季，少部分滩地可种两季。但自 1960 年三门峡水库运用以来渭河下游淤积日趋严重，至 1998 年已淤积泥沙 16.89 亿 t，潼关高程淤高约 5 m，下游比降由 1/5 000 减缓至近 1/10 000，溯源淤积上延至咸阳，支流河口阻塞，改变了干支流原来的天然平衡关系。河槽萎缩，行洪能力由建库前的 5 000 m³/s 不出槽到现在 2 000 m³/s 大片滩地受淹。在过去的 50 多年里，曾多次加固、加高堤防，而不断淤高的渭河下游已成为"地上悬河"，目前堤防防洪标准约 12 年一遇，稍遇大水就会决堤。

据统计，至 2004 年，潼（关）三（门峡）段库区两岸共修建护岸工程 42 处，工程长度 78 810 m。其中，河南省（右岸）23 处，坝、垛 241 座，护岸 29 段，工程长度 39 109 m；山西省（左岸）19 处，丁坝 18 座，垛 65 座，护岸 19 段，工程长度 39 701 m。

另外，三门峡库区潼三段计有防汛道路 43 条，长度 189.1 km。其中，左岸山西侧 20 条，长度 94.8 km；右岸河南侧 23 条，长度 94.3 km。路面有柏油、沙石等结构形式。

第三节 工程设计标准

一、黄河下游工程设计标准

（一）堤防工程设计标准

1. 防洪标准及级别

黄河右岸孟津堤段防洪标准为 50 年一遇，级别为 2 级；左岸孟县堤段防洪标准为 25 年一遇,级别为 4 级;其他临黄堤防洪标准均在 100 年一遇以上,相应的堤防级别为 1 级。

设防流量仍按国务院批准的防御花园口 22 000 m³/s 洪水,考虑到河道沿程滞洪和东平湖滞洪区分滞洪作用,以及支流加水情况,沿程主要断面设防流量为夹河滩 21 500 m³/s,高村 20 000 m³/s,孙口 17 500 m³/s,艾山以下 11 000 m³/s。

2. 堤防基本断面设计标准

黄河下游临黄大堤基本断面设计标准见表 1-2。

表 1-2　黄河下游临黄大堤基本断面设计标准

岸别	堤段	级别	超高（m）	顶宽（m）	临背河边坡	说明
左岸	孟县中曹坡—温县单庄	4	2.1	6	1:3	太行堤下段（0+000～10+000）,顶宽为 12 m,上段（10+000～22+000）,顶宽为 10 m
	温县南平皋—武陟方陵	1	2.5	10	1:3	
	武陟白马皋—封丘鹅湾	1	3.0	12	1:3	
	贯孟堤	1	3.0	10	1:3	
	太行堤段	1	3.0	10～12	1:3	
	长垣大车集—濮阳渠村闸	1	3.0	12	1:3	
	濮阳渠村闸—东阿艾山	1	2.5	12	1:3	
	东阿艾山—利津南宋庄	1	2.1	12	1:3	
	利津南宋庄—四段	1	2.1	10	1:3	
右岸	孟津堤	2	2.3	8	1:3	东平湖附近 8 段临黄山口隔堤包括银马、石庙、郑铁、子路、班清、班围、两闸隔堤、青龙堤
	郑州邙山根—东明高村	1	3.0	12	1:3	
	东明高村—梁山徐庄	1	2.5	12	1:3	
	东平湖附近 8 段临黄山口隔堤	1	2.5	10	1:3	
	济南宋家庄—垦利南展上界	1	2.1	12	1:3	
	垦利南展上界—二十一户	1	2.1	10	1:3	

3. 放淤固堤的建设标准

据《黄河下游近期防洪工程建设可行性研究报告》的分析论证,目前黄河下游放淤固堤,左岸沁河至原阳箕张庄、右岸郑州邙山至兰考东坝头、济南城郊等重点确保堤段及部分险要堤段的放淤固堤采用淤宽一般为 100 m,其余堤段采用的标准为淤区宽度 8 m 左右,顶部高程高于 2000 年设计洪水位 1 m;花园口、柳园口、泺口等"窗口"堤段淤区顶高与堤顶平。为防风固沙,采用黏性土对淤背体进行包边盖顶,盖顶厚 0.5 m,包边水平厚度 1 m。包边盖顶后植树种草。

（二）河道整治工程设计标准

1. 险工设计标准

险工是依附于大堤修建的坝垛护岸工程,其主要作用是直接保护堤防,顶部高程低于堤顶 1 m。纳入整治规划的险工,经过调整改造,具有控导河势的作用。

1)设计标准及建筑物级别

坝顶设计高程比 2000 年水平设计堤顶高程低 1 m。

根石台设计高程主要考虑坝体稳定和中水观测、抢险需要,并减少投资,根石台高程与 2000 年水平 3 000 m³/s 流量对应的水位平。

险工沿堤防修建,属堤防的一部分,按 1 级建筑物设计。

2)平面布置形式

险工丁坝坝长一般为 100 m 左右,有托溜外移、保护堤岸的作用。垛的轴线长度较丁坝短,一般仅 10~30 m,起迎托水流、削减水势的作用。垛的轴线长度为零时即为护岸,护岸是顺堤修建的防冲建筑物,起防止正流、回流及风浪对堤防的冲刷作用。

3)结构形式

(1)坝型。

黄河下游险工坝垛现有 3 种结构形式:重力式的砌石坝和护坡式的扣石坝及乱石坝。乱石坝、扣石坝均属缓坡坝,外坡 1:1.0~1:1.5,主要区别在于护面石砌垒方式不同。乱石坝护面石一般用乱石粗排或散抛捡平而成;扣石坝护面石属陡坡坝,外坡 1:0.35~1:0.4,护面石亦用经过一定程度加工的料石或大块石砌垒而成,与扣石坝的主要区别在于护面石的砌筑方式为平砌而不是斜砌。

乱石坝的主要优点是坡度缓,稳定性好,结构简单,施工方便,能适应根石下蛰变形而随时加固,险情易于发现和抢护,因而是险工坝垛的主要结构形式;其缺点是坝坡透水性强,坝胎土易于流失,维修量大,管理不便。

扣石坝护面石长轴垂直于坝面,坡面平滑,主要优点是坝坦坡度平缓,稳定性好,水泥砂浆勾缝后外形美观,坝胎土不易被河水淘刷,管理方便;其缺点是对基础变形的适应性差,拆坦改建投资较大。

砌石坝护面石为水平方向砌筑,坝面呈阶梯状。砌石坝因受石料长度的限制坡度较陡,属重力式,分浆砌、干砌两种。浆砌石坝护面石一般用石灰砂浆砌垒,水泥砂浆勾缝,腹石不灌浆。砌石坝的主要优点是坝身封闭较严,外形美观,坝胎土不易被河水淘刷,管理方便,加高后对坝顶面缩窄较少;其缺点是坝坡陡,易出现突然滑塌险情,不易抢护。

(2)标准断面。

①坦石。扣石坝和乱石坝坦石厚度考虑了风流、浮冰的作用力以及高水位时水流对坝胎土的冲刷,坦石顶宽采用水平宽度 1.0 m,外坡为 1:1.5,内坡为 1:1.3。

②土坝体。考虑抢险、存放备防石等需要,土坝体顶宽采用 12～15 m,非裹护部分边坡采用 1:2.0,裹护部分边坡采用 1:1.3。坝体和坦石之间设有水平宽度 1 m 的黏土胎,主要作用是防止河水、渗水、雨水的冲刷或渗透破坏。

③根石。根石台顶宽考虑坝体稳定及抢险需要定为 2.0 m,根石坡度为 1:1.5,根石深度取稳定冲刷深度 12 m。

2. 控导护滩工程设计标准

1)高程标准

控导工程顶部高程,陶城铺以上为 2000 年水平 4 000 m³/s 流量对应水位加 1 m 超高,陶城铺以下为当地滩面高程加 0.5 m 超高。

2)结构形式

(1)柳石结构。其由土坝体及裹护体组成,平均坝长 100 m,裹护长度 100 m。土坝体顶宽 15 m(含 1 m 坦石),非裹护部分边坡 1:2;裹护体顶宽 1 m,内坡 1:1.3,外坡 1:1.5。

(2)铅丝笼沉排坝。其由下部铅丝笼沉排及上部传统坝体两部分组成,沉排与坝体之间利用钢筋混凝土镇墩铰链连接。铅丝笼沉排采用钢筋作框架,用铅丝将铅丝笼相互连接固定于钢筋框架上,形成一个整体,平铺于预控的基槽内。沉排宽度 30 m(垂直于坝体方向),长度 100 m,厚度 1 m。上部坝体为土坝体外围裹护体,与柳石结构相同。

(3)长管袋沉排坝。坝体用冲沙长管袋堆砌坝体,边坡用厚 1 m 的土工网块石笼护坡,坝顶用厚 1.5 m 的土工网块石压重。坝前排面宽度为 35 m,坝后沉排宽为 15 m。土工网笼选用单层无纺布,与长管袋坝体之间铺设土工布隔离,防止坝体长管袋被笼石顶破、撕裂,土工布选用单层无纺布。

(4)混凝土桩坝。混凝土桩为灌注桩,桩径 0.8 m,桩长 29 m,桩之间中心距 1.1 m,净间距 0.3 m。

3)标准断面

(1)坦石。扣石坝和乱石坝坦石顶宽采用水平宽度 1.0 m。坦石采用顺坡或退坦加高。如改建坝的坦石质量较好,坡度为 1:1.5,根石坚固,可顺坡加高;否则退坦加高,并将外边坡放缓至 1:1.5,内坡按 1:1.3。

(2)土坝体。考虑抢险、存放备防石等需要,土坝体顶宽采用 12～15 m,非裹护部分边坡采用 1:2.0,裹护部分边坡按 1:1.3。坝体和坦石之间设水平宽度 1 m 的黏土胎,主要作用是防止河水、渗水、雨水的冲刷或渗透破坏。

(3)根石。根石台顶宽考虑坝体稳定及抢险需要定为 2.0 m,根石坡度根据稳定分析成果结合目前实际情况定为 1:1.5。

目前,黄河下游共有控导护滩工程 207 处,坝垛、护岸 4 534 道,工程长度

446.85 km;堤防险工 143 处,坝、垛、护岸 5 372 道,工程长度 336.5 km。另有顺堤行洪防护坝工程 79 处,坝 405 道,裹护长度 40.9 km。

黄河下游陶城铺以下窄河段经过整治主流已基本得到控制。高村至陶城铺过渡型河段的主流也初步得到控制;高村以上游荡型河段主流摆动范围有所缩窄,但在局部河段因工程不配套、不完整,控导主流能力很差,需要断续加强整治。

(三)沁河下游工程标准

1. 堤防工程

沁河下游的治理按确保小董水文站 4 000 m³/s 洪水时堤防安全为标准。左岸丹河口以下为 1 级堤防,防洪标准为 100 年一遇,其中丹河口至老龙湾段堤防超高采用 2.0 m,老龙湾以下采用 3.0 m;丹河口以上为 4 级堤防,防洪标准为 25 年一遇,超高采用 1.0 m。右岸为 2 级堤防,防洪标准为 50 年一遇,设计超高除沁河马坡至温县上界因保护沁阳市安全而采用 1.5 m 外,其余堤段采用 1.0 m。顶宽:左岸丹河口以上为 6 m,丹河口至老龙湾为 10 m,老龙湾以下为 12 m;右岸为 8 m。堤防内外边坡均为 1:3。沁河下游堤防工程设计断面指标见表 1-3。

表 1-3 沁河下游堤防工程设计断面指标

岸别	起止地点	计算超高（m）	采用超高（m）	顶宽（m）	边坡临河	背河
左岸	丹河口以上	1.15	1.0	6		
	丹河口—老龙湾	2.00	2.0	10	1:3	1:3
	老龙湾以下	2.40	3.0	12		
右岸	五龙口—沁阳马坡	1.50	1.0			
	沁阳马坡—温县上界	1.76	1.5	8	1:3	1:3
	温县上界—沁河口	1.84	1.0			

后戗戗台宽 6 m,边坡 1:1.5,当设置多级后戗时,相邻两级戗顶高差为 2 m,戗台顶宽及边坡同一级后戗。

2. 险工

坝垛顶部高程与所在堤段设计堤顶高程相同,坦石顶宽采用水平宽度 1 m,外坡 1:1.5,内坡 1:1.3,坦顶低于坝顶 0.1 m。土坝体顶宽采用 10 m,非裹护段水上边坡 1:2,裹护段边坡 1:1.5,根石台顶宽 0.2 m,根石边坡采用 1:1.5。

(四)涵闸、虹吸工程设计标准

1. 建筑物等级

临黄大堤上的涵闸、虹吸工程均属 1 级建筑物。

2. 设计防洪水位

涵闸、虹吸工程均以防御花园口水文站 22 000 m³/s 的洪水为设计标准。考虑河道淤积抬高,涵闸工程以建成后第三十年为设计水平年;虹吸工程以建成后第十年为设计水平年。均以工程修建时前三年黄河防总颁布的设计防洪水位的平均值作为设计防洪起算水位。各河段洪水位的年平均升高值见表 1-4(该升高值是在小浪底水库修建以前确定的)。

表 1-4 各河段洪水位的年平均升高值

河段	花园口—高村	高村—艾山	艾山—河口
年平均升高值(m)	0.08	0.096	0.126

3. 校核防洪水位

涵闸、虹吸工程分别采用设计防洪水位加 1.0 m 和 0.5 m 作为校核防洪水位。

4. 防渗标准

涵闸工程地下不透水轮廓长度 $L(m)$,用公式 $L = C \cdot \Delta H$ 近似估算。式中,ΔH 为设计水头差(m);C 为渗透系数,根据不同地基土质按表 1-5 选定。

表 1-5 不同地基土质的渗透系数

土壤类别	细沙、沙壤土	中沙、粗沙、壤土
渗透系数	910	8

对所有涵闸,其地下轮廓应根据地基情况进行渗流设计计算以及电拟试验论证确定。

引黄涵闸工程挡水超高见表 1-6。

表 1-6 引黄涵闸工程挡水超高

河段	沁河口以上	沁河口—渠村	渠村—陶城铺	陶城铺以下
挡水超高(m)	2.5	3.0	2.5	2.1

设计引水标准设计引水位相应大河流量见表 1-7。

表 1-7 设计引水标准设计引水位相应大河流量

控制站	花园口	夹河滩	高村	孙口	艾山	泺口	利津
流量(m³/s)	600	500	450	400	350	200	100

按表 1-7 中所列各站流量内插求出拟建涵闸处的大河流量,以其相应水位作为设计引水位。设计引水位应采用工程修建时前三年设计水位的平均值。

二、黄河小北干流工程设计标准

黄河小北干流属无堤防河段,其河道整治工程按设计标准划分为控导工程和护岸工程两类。控导工程主要是控制河势变化,沿滩内治导控制线修建,坝顶高程较低;护岸工程主要是防止高岸坍塌,同时也起控制河势摆动的作用,在高岸前 300 m 范围内修建,坝顶高程较高。

控导工程设防标准按 4 000 m³/s,对有保护重要设施、重点文物作用的可以适当提高到 5 年一遇标准,包括左岸清涧湾调弯、小石嘴工程及右岸下峪口等工程。

护岸工程多偎高岸或由围堤作依托,有的就高岸维护修建。护岸工程设防标准按防御黄河龙门水文站 20 年一遇 20 000 m³/s 洪水确定。

(一)坝顶高程

控导、护岸工程的坝顶高程均按相应 2010 年设防水位加安全超高确定。

控导、护岸工程超高值和安全超高值对续建、新建及加高工程均按 1.0 m 考虑。

(二)冲刷深度

考虑河道特性、冲刷状况等因素,平均冲刷水深按坝前 4 000 m³/s 水面线以下 12.0 m 确定。

(三)工程平面布置形式

黄河上现有河道整治工程的平面布置形式大体上可分为凸出型、平顺型和凹入型,遵循"上平下缓中间陡"的布置原则。也就是说,弯道上段弯曲半径要大,以迎多方向来溜,适应多种流量级的河势变化;中段弯曲半径要小些,但不能太陡,并且工程长度要较长,能够调整水流,控导溜势;下段弯曲半径要较中段稍大,以便稳定送溜出弯。具体运用还要因地制宜,合理选择。

(四)坝型

目前,黄河禹潼河段已建河道整治工程主要有坝、垛和护岸三种。

1. 坝、垛

坝、垛长度:新建、续建工程以短丁坝、雁翅坝为主,丁坝长一般取 38 ~ 65 m;垛长取 20 ~ 35 m,半径均采用 15 m,以迎托水流,保护弯道。坝、垛之间由护岸连接。坝垛平面布置形式:丁坝平面采用下挑式,一般为直线形,坝头形状有流线和圆头形;垛的平面形状有月牙形、磨盘形、雁翅形、鱼鳞形、人字形。

坝的方位和间距:坝的方位是指联坝中心线与坝中心线的夹角。该河段取 30°~40°。两坝之间的间距,已建工程为 80 m、100 m、120 m、150 m、200 m 不等,新建工程按 50~85 m 布置护岸工程。

裹护标准:对丁坝,其裹护范围从临坡坝根到坝圆头下跨角与背坡直线交接处,联坝迎水面裹护范围从下一道丁坝向上游铺砌,然后由上一道丁坝坝头做一与该丁坝轴线垂直的线,该线与联坝相交处即是铺砌终端;考虑到垛对联坝的掩护范围较小,垛及联坝直接迎流,故垛和联坝迎水面全部护砌。

2. 护岸

护岸工程一般就岸修筑,主要起护村、护站、护高岸,防止主流直接顶冲高岸或围堤,防止高岸坍塌,保护沿河村庄及电灌站安全,或防止围堤溃决、主流改道等作用。垂直高岸距离 300 m 以内的工程按护岸标准修建。

(五)断面结构形式

新建、续建工程和老工程加高,仍采用黄河上常用的土石混合结构,即土坝基加裹护体。水中进占施工时,考虑用柳石搂厢作为进占体;旱地施工采用坝前挖槽 2 m 深,自槽底开始裹护。加高工程原则上按顺坡加高设计。

1. 土坝基

控导、护岸工程无论是新建、续建工程或老工程加高,其联坝、丁坝及垛的土坝基,坝顶宽均为 10 m,裹护部分边坡 1:1.3,非裹护部分边坡 1:2.0,土坝基采用壤土填筑。土坝基背水坡考虑草皮护坡,并做好坝面排水。

2. 裹护体

裹护体顶宽控导、护岸工程均按 1 m,外坡按 1:1.5,内坡(和土坝基相邻)取 1:1.3。

3. 进占体

进占体采用柳石搂厢,宽为 4 m,高出施工水位 0.5 m,高度平均为 3.0 m 左右。临水坡坡比为 1:1.3,背水坡坡比为 1:1。

三、三门峡库区防护工程设计标准

(一)渭河下游

根据国家计委 1996 年批复的《陕西省三门峡库区渭、洛河下游治理规划》,渭河下游堤防设防标准为 50 年一遇洪水,渭河下游设计洪水位按照潼关高程 328 m + 0.5 m 和 50 年一遇潼关洪峰流量 23 600 m³/s 的相应水位 333.94 m 确定。

渭河下游防洪保护区内有人口 171.69 万人,耕地 3.17 hm²,有西安、咸阳、渭南等大中城市。根据不同的保护对象,确定各堤段设防标准及堤防级别。除耿镇、北田堤段保护区较小,防洪标准为 20 年一遇洪水外,其他堤段防洪标准均为 50 年一遇洪水。相应华县水文站 20 年一遇和 50 年一遇设防流量分别为 8 530 m³/s 和 10 300 m³/s,堤防级别分别为 4 级和 2 级。

渭河下游各堤段的设计超高,左岸咸阳至高陵和临渭区至大荔为 2.0 m,高陵至临潼区为 1.5 m;右岸咸阳至西安和临渭区至华县为 2.0 m,西安至临潼区为 1.5 m。堤顶宽度采用 6.0 m。堤防边坡采用 1:3.0。

三门峡库区返迁移民安全建设工程防护范围为 335 m 高程以下的黄河、渭河临水库区,包括大荔县黄河库区、渭河沙苑库区、渭河华阴库区。华阴围堤设防标准为渭河华县水文站 5 年一遇洪水位加 0.5 m 超高。沙苑围堤设防标准:临渭河堤段为渭河华县水文站 5 年一遇洪水位,临北洛河堤段为北洛河朝邑水文站 5 年一遇洪水位加 0.6 m 超高。朝邑围堤设防标准:临黄河堤段为相应黄河龙门水文站 5 年一遇洪水位,临北洛河堤段为北洛河朝邑水文站 5 年一遇洪水位加 1.0 m 超高。

渭河下游河道整治多年来一直采用微弯型方案治理,取得一定成效,河道主流基本得到控制,说明微弯型方案符合渭河河床的演变规律,规划仍采用微弯型治理方案。

整治流量:咸阳铁路桥至耿镇河段采用 1 800 m³/s,耿镇桥至赤水河口河段采用 3 500 m³/s,赤水河口以下河段采用 3 000 m³/s。

整治河宽:耿镇桥以上河段 700 m,耿镇桥至赤水河口河段 600 m,赤水河口至渭淤 6 断面 500 m,渭淤 6 断面以下 400 m。

控导、护滩工程坝顶高程按滩面高程加 0.5 m。根石冲刷深度,耿镇桥以上按 2.0 m,耿镇桥以下按 2.5 m;加固工程,耿镇桥以上按 1.0 m,耿镇桥以下按 1.5 m。渭河下游有防汛道路 27 条,长度 125.625 km;撤退道路 10 条,长度 11.36 km。上述道路多结合地方群众的交通状况修筑,柏油、碎石面层居多,没有统一的设计标准。

(二)潼三段

三门峡库区潼三段属于峡谷型河道,长度 113.5 km,河宽 1～4 km,河床比降 2.3‰～1.7‰,既有库区特点,又有自然河道的特性。工程从功能上讲主要分为防冲、防浪两种类型。

现状工程存在的主要问题有两个:一是工程布局不合理,没按统一规划治导线建设,有的工程已废弃,不能控制河势,库区上段河道仍处于游荡状态;二是已建工程多为抢险时仓促修建,工程标准不足。

1. 工程设计标准

设计水平年为 2000 年。

1)工程顶部高程

河道整治工程丁坝(含护岸裹护体)顶部高程为 2000 年 5 000 m³/s 流量时的水位加超高。超高由弯道横比降壅高和风浪爬高两部分组成,计算超高为0.84 m,设计采用超高 1.0 m。联坝和护岸顶部高程按 20 年一遇洪水位加 1 m超高设计。

2)冲刷深度

坝、岸冲刷深度采用水面以下平均冲刷深度 11 m,若顶部高程低于滩面,取与滩面平。

2. 防浪工程

根据水利部 1993 年颁布的《堤防工程技术规范》(SL 51—93),防浪工程属5 级建筑物,防洪标准为 20 年一遇。根据 2000 年 20 年一遇设计洪水水面线推算结果,库区中下段洪水位低于最高防凌水位 326 m,故防浪工程设计水位取326 m。考虑到 20 世纪 80 年代以来三门峡水库实际防凌蓄水位高于 324 m 的天数不多(仅 27 d),小浪底水库建成后,高于上述水位的概率更小,故防浪工程顶部高程按最高防凌水位 326 m 设计,不考虑超高。

干砌石护坡:干砌石水平厚度 1.0 m,内、外边坡均 1:2,下衬水平厚度为0.35 m 的反滤层,底部设 1.0~1.3 m 厚干砌石护脚,护脚埋于土中,当护坡高度大于 10 m 时,设 2 m 宽戗台。

浆砌石护坡:浆砌石水平厚度 0.60 m,内、外坡均 1:1.5,下衬水平厚度为0.20 m 的碎石垫层,底部设 1 m×1 m 的浆石基础,基础埋于土中,每隔 2~4 m设一道沥青伸缩缝,当高度大于 10 m 时,设 2 m 宽戗台。

3. 防冲工程

防冲工程采用的护岸形式为就岸建筑,大致可分为紧靠高岸设定高程、顶部与滩面平或顶部低于滩面三种情况。裹护部分断面形式及尺寸与库区上段河道整治工程的护岸相同,多为水中进占,进占体高出施工水位 1 m,其尺寸因地而异。对于紧靠高岸的工程,利用高岸削坡来填筑,高岸削坡坡度 1:0.5,工程顶部设 5 m 宽戗台,以利于工程抢险及维护;如顶部高程低于滩面,裹护体设计顶部高程按 2000 年 5 000 m³/s 流量时的水位加 1 m 超高计,以下尺寸同河道整治工程,以上内、外边坡均为 1:1,水平宽度 1 m,裹护至与扭面齐平。

4. 防护工程

双防工程由防冲、防浪两部分组成,防冲部分设计标准同防冲工程,防浪部分的设计标准同防浪工程。下部结构形式同防冲工程,顶部高程为 2000 年5 000 m³/s 流量时的水位加 1 m 超高,设 5 m 戗台;上部结构形式同防浪工程。

第四节　标准化堤防工程建设

一、标准化堤防的含义

标准化堤防建设不是提高堤防的防洪标准,而是按照现有堤防设计标准一次配套建成具有堤防标准化断面、堤顶道路、生物工程措施及附属设施等的堤防工程,概括为防洪保障线、抢险交通线和生态景观线。防洪保障线强调防洪保安全是标准化堤防建设的首要任务,即按照防洪设计标准建设顶宽 12 m,内、外边坡均 1:3 的标准堤防断面,临河种植 30~50 m 宽的防浪林,背河淤筑 80~100 m 宽的加固淤背体;抢险交通线是在堤防上参照微丘三级公路标准修筑硬化堤顶道路,用于防汛抢险车辆的交通运输;生态景观线,即在大堤两侧堤肩种植行道林,在淤区种植适生林,在背河护堤地进行抢险取材林建设,同时满足生态景观要求等。

二、标准化堤防发展沿革

黄河下游堤防是在历代民埝基础上逐步加培修筑而成的,由公元前 722 年的堆土堤防发展到现代依据防洪标准、堤防设计与管理规范等要求建设的标准化堤防,经历了漫长的历史过程。

事物都在发展变化,黄河下游堤防也不例外,经新中国成立后 4 次较大规模的加高培厚,干支流上修建了一系列水库工程,加上黄土高原水土保持工作的进行,上中游来水来沙得到一定控制,下游水沙过程向有利方面转化,加上多年堤防建设,使标准化堤防修筑具备了必要的客观条件。因此,把建设标准化堤防提上日程是客观事物发展的必然结果。现在实施黄河下游标准化堤防设计,目的在于促使堤防设计的标准化,促进工程设计的完整性,提高工程建设质量,少走弯路,为工程长期的管理运行创造条件,有利于不断提高工程现代化管理水平。

20 世纪 70 年代黄河堤防开始实行工程管理达标制度。通过堤防补残加固、整修堤身断面形态,结合堤防加培加固逐步使堤身裁弯取直,并归顺堤顶堤坡,划定护堤地,种植防浪林、堤肩行道林及背河抢险取材林。80 年代中期开始,随着工程管理达标制度的完善,同时考虑防汛抢险的需要,废除堤坡植树,堤防、涵闸、河道整治工程标准化建设得到进一步加强,工程面貌得到明显改善,抗洪能力也不断加强。进入 90 年代,水利部颁发了《河道目标管理考评办法》,对堤防、河道整治工程规范化管理提出了 5 个方面 30 项 1 000 分的综合考评要求,黄河各级河道管理部门全面开展了目标管理考评升级活动。同时完善了

"月检查、季评比、半年初评年终总评"制度,尤其是"三江"大水后,黄河下游开展了大规模的防洪工程建设、防浪林建设、堤顶道路硬化、挖河固堤、淤背区生态林种植以及险工坝(岸)加高改建等,黄河下游 1 960.206 km 的设防大堤标准化初具雏形。2002 年,黄委适时提出了建设标准化堤防的战略决策,对增强堤防的抗洪强度,提高防洪工程的管理水平,确保黄河长治久安具有重大意义。

黄河是多泥沙河流,下游河床逐年淤积抬高,约束洪水的堤防也必须随着不断加高。在此条件下,黄河下游不可能建设标准化堤防。由于黄河下游堤防发生以下三个方面的重大变化,才有可能建设标准化堤防:

(1)黄河下游堤防是从明清老堤改革而来的,人民治黄后,经过对老堤的加高加固,形成了具备防御 2000 年水平花园口水文站 22 000 m³/s 防洪标准的现代堤防。

(2)新中国成立 60 余年来,黄河上中游及主要支流上建成了一系列水库工程,同时水土保持工作的进行减少了黄土高原的水土流失。

(3)改革开放使我国经济实力和科技水平显著提高,过去无力实施的建设项目,现在具备了实施条件。

三、黄河下游标准化堤防设计的原则

黄河下游标准化堤防的设计, 首先必须符合中华人民共和国标准《堤防工程设计规范》(GB 50286—98) 和水利行业标准《堤防工程管理设计规范》(SL 171—96)的有关技术规定,并应贯彻因地制宜、就地取材的原则,积极慎重地采用新技术、新工艺、新材料,做到技术先进、经济合理、安全适用。其内容有以下四个方面。

(一)应满足堤防安全的要求

在堤防自身安全方面,应满足稳定、渗流、变形、地震等方面的要求。黄河下游堤防经多次稳定分析计算,概括地说,1:3 边坡的堤防其稳定安全系数均达到规定要求,仅山东境内临河 1:2.5 边坡堤防,在水位骤降时其稳定安全系数不足。从多年防洪实践来看,黄河下游堤防在堤段曾多次发生渗透变形,背水堤坡发生渗水脱坡,背水堤脚、坡脚以外地面发生管涌、流土。根据资料,黄河下游堤防险点总数中属渗透问题者约占一半以上,说明渗透破坏是黄河下游堤防存在的主要问题之一。黄河下游堤防位于 7 度地震区域内的有郑州、开封、菏泽、济南、河口区等,以上堤段处于黄河冲积区,地基由粉细沙组成,经试验属于液化土壤,一遇地震将会发生堤基液化,造成裂缝、深陷、滑坡,堤基产生流土、管涌、湿陷等险情,对堤防安全威胁很大。

历史上黄河下游发生过多次地震,如 1937 年、1969 年等,堤防受地震威胁

很大,此乃黄河下游堤防存在的主要问题之二。黄河下游堤防是在明清老堤和民埝基础上加高培厚修成的,由于当时施工技术水平较低,又经多年的自然和人为的影响,堤身内部存在很多裂缝、洞穴、松土层等隐患,这是黄河下游堤防存在的主要问题之三。在堤防背河侧设置淤背体是防止堤基液化行之有效的方法,又是《堤防工程设计规范》(GB 50286—98)中规定的处理多层堤基防止渗透变形的工程措施,同时淤背体直接加大了堤身断面,对堤身稳定和防洪抢险是有益的。

为了基本覆盖背河地面经常出现险情的范围,保证堤身背河侧不再发生漏洞、滑坡等,结合黄河建设"相对地下河"的要求,按设计标准加固现有堤防;改建加固险工,在易发生顺堤行洪的堤段修建和加高加固防护坝。总之,黄河下游堤防在堤身安全上存在的主要问题有渗透、隐患、地震三个方面。防渗和抗震可采用放淤固堤措施,隐患处理用灌浆法较有效,在老口门堤段宜采用截渗墙处理甚至裁弯取直。

(二)应满足防汛抢险要求

标准化堤防按防汛抢险的要求,首先应满足防汛抢险交通道路的需要。《堤防工程设计规范》(GB 50286—98)规定 1 级堤防的堤顶宽度不宜小于 8 m。黄河下游堤防属 1 级堤防,并且是地上悬河堤防,其重要性、危害性都比地下河堤防大,所以黄河下游堤顶宽度宜为 10~12 m。因此,加大堤顶宽度对堤身稳定、防汛抢险、抗震,特别是游荡型河流地上悬河的黄河下游堤防益处很大。

国务院已批复的《黄河近期重点治理开发规划》(2002 年)明确规定要进行标准化堤防建设。根据黄河下游防洪需要,规划黄河下游堤防顶宽达到 12 m,参照三级公路标准,按 6 m 宽度对堤顶进行硬化。

其次为满足抢险备料的需要,应在大堤沿线每隔一定距离集中备放土料、石料等抢险料物,在临河种植防浪林,在淤背体顶部营造生态林带。

(三)应满足堤防工程管理的要求

堤防工程观测设施是监测堤防工程的运用和安全状况,检验工程设计是否正确合理,为堤防工程科学技术开发积累资料的主要手段。结合黄河下游堤防的特点,宜设置堤身沉降、水位、堤身浸润线、渗透压力、表面观测(包括堤身堤基的裂缝、洞穴、滑动、隆起及管涌、渗透、变形等)。必要时有的堤段还应设置近岸河床冲淤变化、水流形态及河道变化等观测项目。在交通方面,沿堤线每隔 10~15 km 应设置一条上堤道路,道路交叉口应设置交通管理标牌和拦车卡。在维护管理设施方面,堤顶设置的千米里程碑、界碑、界标、工程标牌等应标准一致,尺寸、颜色、位置全河统一,标牌的设计制作可参照高速公路规范。

(四)应满足生态景观要求

在靠近城镇的堤段,应加宽堤顶宽度,开发生态景区,种草、种树、种花,设置健身娱乐设施,供沿黄群众观赏使用。其他流域在这方面已有比较成熟的经验,这也是一项改善人类生存环境、提高人民生活水平的永久性工程。

四、标准化堤防建设考虑的因素

(一)设计方面

1. 堤顶堤坡种树

堤顶堤坡种树对堤防安全有两种危害:一是暴风时树干摇动会引起堤防土体结构松动,使堤身产生裂缝;二是树林老化或被大风吹倒、砍伐以后,部分树根留在堤身内部,当有机质死亡、树根腐朽后,会形成空洞,成为渗水通道。若把树根彻底挖除,则堤防的排水设施和硬化路面将被破坏。《堤防工程管理设计规范》(SL 171—96)规定"堤身和戗堤基脚范围内,不宜种植树木。对已栽种树木的堤防工程,应进行必要的技术安全认证,确定是否保留"。黄委已论证确定堤坡不植树,但考虑堤防靠水机遇少及生态工程建设的需要,堤肩宜适当种植花木,对堤肩植树行数、品种及坝顶植树要认真分析对待。

2. 管护基地建设

目前,每隔500 m一座的防汛屋已经拆除,为适应"管养分离"实施后维修养护专业队伍的管理需要,已经依据《堤防工程设计规范》(GB 50286—98)标准建设管护基地。管护基地沿堤防工程全程每隔8~10 km建造一处。除设置管护基地外,堤防高度应尽量与大堤同高,同时设置仓库、停车场、存料场等,以备维护人员、防汛人员抢险期间指挥、开会、办公、休息等使用。

3. 备用土料石料堆放

为了适应现代防汛抢险和堤防养护修理的需要,沿线堤顶的土料石料存放,要考虑堤防断面的标准化设计理念、料物存放整齐美观的要求及便于就近取料、争取时间的原则,土料、石料的存放位置、布局、间距应按照工程管理的有关规定存放于坝顶或淤区,改堤坡存放土料为淤区存放,并按500~1 000 m间距整齐堆置。

4. 堤身排水沟

修筑堤身纵、横向排沟,其断面布置、结构形式等要依据规范并考虑各堤段堤顶宽度、堤身高度等具体情况确定;堤身高度小、堤顶宽度小的堤防,宜采用分散排水方式,不修排水沟。堤身横向排水沟按临、背各100 m间错布置,并设置挡水子堰或纵向排水沟。

堤顶纵向排水沟的优点为排水畅顺,雨水不易冲刷堤坡,可保护堤顶和堤坡。应考虑堤顶临、背堤肩设两条纵向排水沟,宽度约 1 m,若布置距堤轴线近,则排水沟容易被堤顶运输车辆压坏,影响防汛抢险交通运输。硬化堤顶若设置纵向排水沟设施,应优化堤顶横断面总体设计,并与硬化道路同步施工,采用现场预制混凝土槽,建成一体化工程,或修筑路缘石做挡水堰与横向排水沟相通的排水系统。

5. 上下堤辅道

上下堤辅道对防汛抢险运输和人民生产、生活都很必要,由于辅道坡较陡,土路面容易被雨水冲刷,引起堤顶宽度变小,破坏堤身完整性,降低抗洪强度,因此设计时应在辅道与堤肩相交处适当加大堤顶宽度,两侧各 0.3 ~ 1.0 m,并设永久性路面结构,以防雨水冲刷及车辆压损。

(二)建设方面

1. "三线"的作用和地位

在防洪保障线、抢险交通线、生态景观线中防洪保障线是第一位的,具体落脚点是堤防按标准断面进行帮宽加高、除险加固,按规划布局种植丛柳、高柳防浪林。抢险交通线是第二位的,主要是为满足抢险交通要求,方便对堤顶道路的维护管理,道路设计宽度、布置等参照国家三级公路建设标准实施,抢险时既要保证抢险运输车辆通行,又要满足履带抢险车的通行、会车;同时为提高强降雨条件下的通行保障能力,将道路、辅道路口一并硬化等。生态景观线是第三位的,主要是 80 ~ 100 m 宽淤背体上种植品种的选择、布局以及生态环境与社会效益的发挥等,同样非常重要;同时还包括历史警示牌、人文景观介绍等内容,为宣传黄河文化奠定基础。

2. 如何建好、管好标准化堤防

搞好"三线"建设为今后长期安全运行创造条件,要靠严格周密的设计、建设和管理。关于黄河下游标准化堤防工程建设标准,黄委已对堤防顶宽、堤防道路、堤防防护、防浪林、险工加高改建、淤背区开发、背河取材林、堤防铭牌标志、"三口"建设及运行管理等均有明确的意见,应严格依据标准搞好设计、建设与管理,做到审查不漏项、建设高质量、配套附属设施完善。

3. 管理附属设施

(1)标志牌配置。工程标志牌是管理规范化建设的一项重要内容,主要包括险工标志牌、控导工程标志牌、分泄洪闸标志牌、引黄涵闸标志牌、历史堤防决口处警示教育石碑、交通管理警示牌、界牌、界桩、坝号桩、高程桩、根石断面桩、公里桩、百米桩以及管理责任牌等。标志牌的设置应醒目、合理、规格统一,以不影响抢险交通为宜。目前堤防上各类标志牌存在数量不足、标准不统一等问题,难以适应标准化堤防建设的要求。

（2）充分发挥窗口的宣传作用。以标准化堤防建设为契机，积极开展工程管理示范段建设，尤其是位于黄河下游的郑州花园口、开封柳园口和济南泺口，它们是宣传黄河文化、向世人展示治黄伟大成就的窗口，同时也是开展爱国主义教育的重要基地。为充分开发利用现有的土地资源，使世人了解黄河人文景观，增强热爱祖国、奉献黄河的精神，应高起点建设与美化"三口"环境。

4. 生物工程建设

（1）防浪林建设。《黄河下游防浪林建设规划》是根据黄河实际反复论证，并借鉴长江防浪林试验而确定的。建设应严格按照种植标准进行，并随着种植规模不断扩大，制定出台相应的维护管理办法。

（2）草皮护坡。多年来已先后引进了中华结缕草、龙须草、马尼拉、铁板芽等多个护坡品种，但受干旱与土地瘠薄等因素制约，一些品种已被淘汰。草皮种类应选择矮茎蔓延的爬根草，不宜选用茎高叶疏的草，同时还应根据黄河土壤瘠薄、易干旱的特点，确定合理的种植密度，提高覆盖率，保证防护效果。

（3）堤肩行道林。宜选择树干低矮、根系不发达的风景树种。临河种植以不影响防洪抢险为原则；背河护堤地还应坚持传统的有效做法，种植柳树等取材林，保证抢险所需。

（4）淤背区生态林。以保护堤防工程、改善生态环境为目的，而不是经营开发。应结合当地实际，选择多样性的树木、花草，间错种植，以减少病虫害发生。

（5）灌溉配套设施建设。其包括防浪林、生态林、取材林及护坡草皮的灌溉。苗木繁育、种植、养护管理等都需要灌溉措施来保证，取水方式、地点应以保证堤防安全为基础，有条件的应在安全范围外打井或抽引河水，严禁在堤身范围内打井灌溉，应积极推广渠灌、滴灌、喷灌、渗灌等新技术。

5. 工程抢险与管理维护

（1）险工坝（岸）顶高程。现行设计坝顶高程按设计水平年设防流量的相应水位再加安全超高确定。超高值为高村以上 2 m，高村至艾山 1.5 m，艾山以下 1.1 m。设计坝顶高程也可按低于现状堤顶高程 1 m 确定。险工坝顶低于堤顶，既增加工程管理维护工程量，又不利于抢险车辆通行，因此建议将险工坝（岸）的顶部高程提高到与现行堤防标准同高。

（2）备石摆放。根据近年来机动抢险队的装备情况及抢险时限要求，险工坝（岸）顶摆放大量备石不利于抢险机械的顺利通过。对于长丁坝险工，有条件的可以在坝裆部位加淤备石平台；对于短坝垛险工，应尽量减少坝备石，可在背河淤区沿堤摆放。

（3）堤顶道路硬化。标准化堤防顶宽设计为 12 m，硬化路面参照平原微丘三级公路标准执行，顶宽 6 m，路肩各 0.75 m。为满足抢险运输车辆与履带式抢险机械同时通行,硬化路面不应布置在堤防中部,而应布置在靠近背河侧;临河侧未硬化部分可满足履带抢险车辆通过及未来堤防灌浆加固的需要,宽度不宜小于4.5 m。

五、标准化堤防的管理对策

标准化堤防建设将大大改善黄河工程管理面貌,但标准化堤防又赋予了工程管理新的内容,管理体制、机制与要求要与之相适应,需要理清思路,才能使黄河堤防管理朝着健康有效的现代化方向发展。

(一)搞好配套法规建设

政策法规是搞好工程管理的重要保障,因此需要修订反映综合管理成效的堤防、河道、涵闸工程目标管理考评办法和河道内建设项目管理规定,制定出台工程管理机具配置标准、防洪工程管理标志牌制作标准、防浪林管理办法、硬化道路管理办法、淤背区开发管理办法等。

(二)建立适应标准化堤防管理的运行机制

(1)水利管理单位"管养分离"改革的实质是体制改革与机制转换,必然涉及机构调整、职工岗位变动与利益分配。结合标准化堤防建设,黄委已研究制订了适应标准化堤防管理的"管养分离"实施方案,包括政策措施、管理规程、定额标准、人员定岗等,为标准化堤防管理提供组织保证。

(2)核算管理经费来源。堤防工程作为国家纯公益性固定资产,其管理维护经费由国家财政负担,对堤防工程大修等应纳入基本建设规划。应按照当前专业队伍管理的要求,研究制定管理维护规程,明确管理内容,进而制定黄河工程管理定额标准,核算维护工程量与投资总额,然后再把国有土地开发与规费收入应分摊的维护管理费计列清楚,客观地向国家反映实际所需,争取国家拨付经费。

(3)建立堤防管理段,实现专业化管理。随着社会主义市场经济体制改革的不断深入,应改变过去专管与群管相结合的管理模式,建立堤防管理段,实现专业化管理。在人员配置上应引入竞争机制,实行竞争上岗,双向选择,优化管理队伍,拓宽人才引进、培训、流动渠道,切实提高人员素质,为实现现代化管理提供人力保障。

(三)不断提高工程管理的科技水平

标准化堤防建设,必然要求更加规范、更具现代化要求的管理机制,只有不断增加管理科技含量,管理才能上层次、高效率。当前应加快堤防、涵闸、河道整治及水库工程的安全监测、探测研究与新技术引进,寻求局部突破。建立防洪工程维护管理系统,实时查询防洪工程的最新运行状态,实现工程更新维护体系的决策支持;研究建立快速查询基础信息及有关地图信息,为工程运行维护、防洪规划、工程设计、工程施工及科学研究等提供快捷准确的服务。

黄河下游标准化堤防设计应从堤身安全、防洪抢险、工程管理、生态景观等多方面长远考虑,不能只看眼前,以免给工程留下后患,这将有利于黄河防洪工程运行管理和综合经济效益的最大发挥。

第二章　工程管理概述

　　黄河水利工程有着数千年的悠久历史。伴随着黄河水利工程的建设,工程管理也是一直在进行。黄河下游的河防,历史上就是关系治国大局的要事。明代以前,河防由各地行政长官负责,各自为政;明代开始成立专门的治河机构,加强了河务管理。1933年成立黄河水利委员会,河防由流域机构统一负责,是黄河管理体制的一次重大改革。在新中国成立以前的漫长年代里,工程管理作为一项重要内容,包括在治河、河防的业务内,专业地位不明显。由于封建社会的闭关自守和科学技术的落后,在治黄科学研究方面不可能有大的进步,更谈不上工程管理专业研究的发展。

第一节　基本概念

一、工程管理

　　自有人类以来,就存在管理。但管理作为一门科学,还只有100多年的历史。它起源于美国,以后推广到西欧、日本,现在已普遍受到各国重视。管理是一门实用性较强的科学,它不仅运用于工商管理,也用于医院、学校、科研单位,以及军队、机关。它的目的是运用有限的人力、物力、财力,取得最大的效益。

　　工程管理,顾名思义就是管理者对工程实施管理。管理者是人,管理的对象是工程。工程管理的基本概念可定义为:管理者通过行政、经济、法律法规、技术等手段,实行以专业管理为主、群众管理为辅,专业管理与群众管理相结合,采取一系列维修、养护、检查、观测等措施,保障工程安全及有关设施完整,运用有限的人力、物力、财力,充分发挥工程的设计功能及效益的经常性工作。主要内容包括组建管理组织,健全管理制度,制定经常性管养办法及管养工作规程,贯彻管理政策,进行工作检查、评比、考核、奖励等。

　　以上是工程管理的狭义概念。从广义上讲,随着时代的发展,工程管理的概念必将与时俱进,进一步发展变化。比如现在的工程管理,从体制上由原来的专业管理与群众管理相结合向以专业管理为主过渡;从管理内容上由原来的单纯工程管理向河道管理、水利管理发展;从手段上,许多新技术、新工艺、新材料的不断出现,使管理更加现代化。

二、工程管理单位

黄河的工程管理任务具体由河南黄河河务局、山东黄河河务局、陕西黄河河务局、山西黄河河务局所属的基层河务局（闸管所）以及三门峡水利枢纽管理局（包括故县水利枢纽管理局）承担。这些单位同时还承担着水利行政管理、水资源管理、黄河防洪工程建设、防汛管理等任务。因此，黄委所属的基层河务局不是纯粹的工程管理单位，工程管理只是其一项主要职能。

目前，黄委下属具体承担工程管理任务的基层单位共有 79 个。其中，县级河务局（管理）局 61 个，独立核算的闸管所 12 个，独立核算的专业机动抢险队 4 个（还有 16 个在基层河务局，属内部独立核算），2 个水利枢纽管理局。

三、工程管理的职能

（一）宏观控制职能

工程管理工作是一个庞大的体系，要使其成为一个各自权责分明、运行自如，又便于整体协调和统一指挥，构成一个严密的整体，需要统筹兼顾，宏观调控。针对黄河河道工程的实际情况和黄河河势、工情特点，制定工程管理工作总体规划、年度实施目标任务，实施目标管理责任制，实现有限资金的最佳安排、管理人员的最佳调配，设施和设备效益的最大发挥等，均须从微观入手，宏观考虑。

（二）协调组织职能

工程管理与设计、基建施工、财务计划、科教、水政、防汛、经营以及地方政府有关职能部门等方面有着密切的联系，只有强化协调组织功能，才能发挥整体效应。没有协调，独木难撑大厦；没有组织，不能成为强有力的整体。千斤重担大家挑，才会充满活力，运转自如。

（三）指令监督职能

指令监督职能体现在：保证国家方针、政策、法令、法规以及上级主管部门的指示、规定的贯彻执行，目标任务、项目措施的制定、下达和落实，各种规章制度的制定、修订和颁发施行。

（四）科技管理职能

黄河河道管理工作，目前仍采用较为传统和陈旧落后的管理方式，与现代管理的要求相差较远。现代管理是以科学管理（以美国泰罗为代表，法国法约尔、德国韦伯等著名管理科学家完善补充所提出的管理阶段、管理理论和管理制度的总称）为基础，以电子计算机为手段，运用系统工程理论进行系统管理，广泛采用现代自然科学新成果、现代管理方法和手段，注重人才开发、培养及合理使用，重视行为科学的研究和应用，充分调动人的积极性，突出战略与决策问题，不断地进行新的项目研究和技术改造,提高科学技术水平。为实现黄河河道技术管理现代化,必须加强河道工程科研管理,收集、推广科研新成果及先进的管理经验,筹措科研经费,组织技术攻关等。

(五)服务职能

防洪工程管理是公益性事业,其性质就决定了它的服务性。从大的方面讲,搞好工程管理,确保防洪安全,服务于社会发展和国民经济建设;从小的方面讲,搞好工程管理、灌溉放水、放淤改土及工程绿化建设,可以造福一方。

第二节　管理体制、法规及目标

一、管理体制

新中国成立后,国家设立了治河专管机构,并实行专管与群管相结合的体制,县级以下建立群众性护堤组织,实行统一领导、分级分段管理。

黄委在黄河中下游沿黄各省、地、县均设有机构,负责所辖河段堤防的建设与管理。为了加强防洪工程的管理,1982 年后各县(市)河务部门先后建立了公安派出所并聘请了公安特派员。1988 年《中华人民共和国水法》颁发后,从黄委至各级河务部门均设立了水政机构,形成了"一文一武"相结合的执法管理体系。

沿黄的县、乡、村各级均设立了护堤委员会或管理小组。护堤委员会由公安、民政、教育、交通、当地黄河河务局等部门的负责人组成,由地方政府负责人兼任管理委员会主任。其主要任务是负责组织、协调、检查、监督辖区内的堤防管理工作。

黄河下游堤防每 5~10 km 配备 1 名专职堤防管理人员,每 0.5~1 km 配备 1 名群众护堤员。

二、法规制度

黄河下游堤防管理工作的各项规章制度,是由黄委以及沿黄各省、地、县政府或河务部门根据各个时期的工程情况和管理需要制定与颁发的。如堤防工程管理的通令、布告、条例、办法等。

(一)主要管理法规和要点

1949 年冀鲁豫行署颁发的《保护黄河大堤公约》是新中国成立后制定的第一个具有规章性质的保护大堤安全的政令。1950 年平原省政府颁发了《保护黄河、沁河大堤办法》,山东省政府对巩固堤防、消灭隐患有关事项发布了公告。

20 世纪 60 年代,河南省政府颁发了《河南黄、沁河堤防工程管理养护办法》,山东黄河河务局制定了堤防养护和管理办法。70 年代,为贯彻全国水利管理会议精神,河南省颁发了《河南省黄(沁)河堤防工程管理办法》,黄委制定了《黄河下游工程管理条例》。1980 年山东黄河河务局制定了《山东省黄河工程管理办法》,河南省五届人大常委会第十六次会议于 1982 年 6 月 26 日通过了《河南省黄河工程管理办法》。90 年代,为贯彻《中华人民共和国水法》和《中华人民共和国河道管理条例》,河南省政府于 1992 年 7 月 21 日第二十一次常务会议通过《河南省黄河河道管理办法》。之后山东省政府也颁发了《山东省黄河河道管理办法》。1994 年 4 月 28 日河南省八届人大常委会第七次会议通过了《河南省黄河工程管理条例》。1997 年 12 月 13 日山东省八届人大常委会第三十一次会议通过了《山东省黄河河道管理条例》。

上述管理办法和条例,明确规定堤防工程是防洪屏障,必须加强管理,经常保持工程完整坚固,实行统一领导、分级管理;组织和发动群众捕捉害堤动物,经常查处隐患;严禁在堤身和柳荫地区取土、放牧;黄河大堤临河 50 m、背河 100 m 以内不准打井(包括水井、油井、汽井)、挖沟、挖窑、建房、建窑和埋葬及修建其他危害堤身安全的工程或进行危害堤防安全的活动,不准在大堤两侧各 200 m 安全区范围内放炮物探;禁止在堤顶行驶履带机动车和其他铁轮车辆,雨雪泥泞期间,除防汛抢险车辆外,禁止其他车辆通行;另外,还明确了堤防管理委员会及护堤员的任务和职责等。

(二)堤防检测制度和办法

1950 年汛前,黄委根据 1949 年洪水时堤防出险情况,按照国家防总的要求,在下游全面部署了堤防抢险工作。山东省防汛指挥部制定了《重点检查堤防办法》,河南黄河河务局制定了发现隐患、实行奖励规定等,从而开展了大堤普查工作。

1955 年根据黄委关于调查堤身及基础情况和黄河下游堤防观测办法,山东黄河河务局制定了《堤防普查重点钻探观测办法》。山东、河南两局各修防处、段利用洛阳铲、螺旋取土钻、打井工具等对堤身土质进行普查,绘制出纵、横断面土质柱状图,并对老口门、薄弱堤段重点进行土质钻探和土质分析,在河南詹店、西格堤、渠村和山东四隆村、颜营、东平湖、马扎子、济阳、王庄等重点断面安设测压管进行堤防浸润线观测。1988 年又在河南花园口、柳园口、曹岗和山东郓城杨集、济阳沟阳家安设观测管,进行常年观测。1964 年结合开展大堤埽、坝普查鉴定,进行了一次大规模的工程普查鉴定。1978 年按照全国水利管理会议的要求,进行了一次大规模的工程大检查;通过检查,基本上弄清了黄河下游工程中存在的问题。1980 年以后形成了每年汛前进行工程检查的制度,一直沿用至今。

(三)严格履行审批制度

在黄河堤防上修建工程,除按基本建设程序外,还必须严格履行破堤审批制度,规定汛期不准破堤施工,破堤修建工程必须经黄委批准。1985年后改由山东、河南黄河河务局负责审批。批准后的破堤工程,施工时应当接受当地黄河河道主管机关对施工质量的监督;跨汛期施工的项目,施工作业方案经黄河河道主管机关验收合格后方可启用,并必须服从黄河河道主管机关的安全管理。

(四)考核评比

黄河下游堤防检查评比开展已久,并逐步统一标准,形成制度。1982年,黄委颁发了《黄河下游工程管理考核标准(试行)》,考核内容主要包括:①堤顶平整,堤身完整坚固;②工程标志齐全,管理、观测设置良好;③树草茂盛,工程效益好;④组织健全稳定,规章制度完善;⑤无违章建筑物,无牲畜危害堤防等。

1984年,河南、山东黄河河务局先后制定了《黄河工程管理检查评比试行办法》。河南黄河河务局规定:修防段实行月检查、季评比,修防处实行半年初评;山东黄河河务局按照修防段管辖堤防的长短,分甲、乙两组进行检查评比。1980年以来,黄委每3~5年召开一次工程管理会议,并进行检查评比。

三、堤防管理目标

黄河下游堤防管理目标总的要求是:加强工程管理,经常保持工程完整,监测运行状态,不断提高抗洪能力,保证工程防洪安全。随着治黄事业的发展,不同时期侧重面有所不同。1946年至20世纪50年代,大力培修加固堤防,处理隐患,维修养护工程,初步改变了堤防工程面貌;20世纪50~70年代,逐步建立健全了管理组织和规章制度,但仍存在"重建设,轻管理;重骨干,轻配套;重工程,轻实效"的问题。

(一)"六五"时期目标

"六五"时期(1981~1985年)工程管理工作的指导思想是:以安全为中心,以消灭险点隐患为重点,加强经营管理,讲究经济效益,提高科学管理水平,不断增强抗洪能力,保证防洪安全,充分发挥工程效益,积极开展综合经营,把管理工作提高到新的水平。

主要目标是:全面完成补残加固;重点薄弱的堤段普遍采用压力灌浆;消除有碍防洪安全的违章建筑;完善排水工程,大搞草皮植被,提高防雨冲刷能力,逐步做到降暴雨不出大的水沟浪窝;达到堤顶平坦,堤身完整,堤肩林木整齐美观,树草齐全茂盛,并把可绿化面积全面绿化起来,树木保有量达到1 700万株,苗圃达到每7.5 km大堤1 hm²,实现树苗自给;河产收入以省局为单位,每年平均每公顷宜林面积收入(国家分成部分)达到 150 元。

(二)"七五"时期目标

"七五"时期(1986～1990 年)工程管理工作的指导思想是:以安全为中心,以巩固工程强度为重点,提高抗洪能力,全面加强技术管理,各项工作努力达到规范化、标准化,积极开展综合经营和征收消费,充分发挥工程效益,以改革的精神把工程管理工作提高到一个新的水平。

主要目标是:基本完成现有险点、薄弱堤段的加固处理任务;清除近堤潭坑及严重渗水、管涌堤段,采取压力灌浆、抽水闷堤等多种措施,争取把第三次修堤质量比较差的堤段处理一遍;淤背区凡已达到计划高度的全部包坡盖顶,开发利用;堤身防暴雨冲刷的能力达到日降雨 100 mm 不出现 1 m³ 以上的水沟浪窝;河产收入以省局为单位,每年平均每公顷宜林面积总收入达到 300 元。

(三)"八五"时期目标

"八五"时期(1991～1995 年)工程管理工作总的指导思想是:以安全为中心,以除险加固为重点,坚持依法管理,确保防洪安全,充分发挥工程的综合效益。

主要目标是:初步建立起水法、水管理和水利执法三个体系,主要配套法规的建设基本完成,走上依法治水、依法管理的轨道;逐步建立"修、防、管、营"四位一体具有良性循环的管理运行机制;全面实现工程管理的正规化、规范化,整体管理水平有较大的提高。

上述目标,除未安排投资的项目外,基本上得以实现。

(四)"九五"时期目标

"九五"时期(1995～2000 年)工程管理工作总的指导思想是:以安全为中心,以除险加固为重点,坚持依法管理,确保防洪安全,充分发挥工程的综合效益。

主要目标是:全部消除委编号险点;全面完成土地确权划界工作;争取 50% 以上管理单位达到二级及二级以上河道目标管理水平,其余达到三级管理水平;临河护堤地逐步形成二级或三级防浪林,消灭临背河护堤地种植空白段;加强管理科学技术研究,积极进行管理新技术、新设备、新工艺的引进、推广和应用;引黄涵闸保证适时放水和安全运用,按标准全额计收水费。

(五)"十五"时期目标

"十五"时期(2000～2005 年)工程管理工作总的指导思想是:以确保防洪安全为中心,以管理体制改革为动力,以科技进步为支撑,以追求工程综合效益最大化为目标,全面提高管理水平。

主要目标是:通过消除工程本身的险点隐患和工程附近的坑塘、堤河、井渠等险点隐患及强化工程内在质量,确保工程安全运用;通过工程管理体制改革,形成符合市场经济原则的工程管理运行机制;通过完善、优化河道目标管理,使依法管理和科学管理更加规范;通过增强科技含量,使工程的现代化管理有明显进步;通过工程的优化调度运用,创造历史最好的社会效益和经济效益。

(六)"十一五"时期目标

"十一五"时期(2006～2010 年)工程管理工作的指导思想是:以国家经济社会发展"十一五"规划为指导,全面贯彻落实科学发展观,坚持可持续发展的治水思路,围绕"维持黄河健康生命"的治河新理念,以水管体制改革统揽全局,不断完善运行机制,实施管理创新战略,全面提高黄河工程管理现代化水平,确保工程运用安全,充分发挥工程的综合效益。

主要目标是:全面完成水管单位体制改革任务,建立与完善符合市场经济发展要求的工程管理运行机制;以防洪安全为中心,强化日常管理,保持工程完整,确保工程运用安全;加快"数字建管"系统建设,不断增加科技含量,全面提高工程管理现代化水平;继续开展"示范工程"体系建设,以点带面促进工程面貌的不断改善;完善工程管理考核体系,积极开展国家级水管单位创建;坚持依法管理,科学管理,进一步促进工程管理法制化、规范化;积极推动土地确权划界工作,为工程运行管理提供保障。

(七)"十二五"时期目标

2010 年 11 月 10 日,在黄河工程管理工作会议上,黄委明确了"十二五"(2011～2015 年)工程管理目标任务。

"十二五"期间,黄河工程管理工作仍然要紧紧围绕安全管理工作中心,以深化改革为动力,以新技术推广为支撑,以提升工程管理水平为目标,强化经常性管理,保持良好的工程面貌,全面推进工程管理现代化建设。

四、堤防管理措施

(一)实行专管和群管相结合的体制

搞好堤防管理首先要健全组织,充实人员,依法进行管理。

(1)对堤防专管人员的要求:①负责做好所在乡及其所辖沿堤村的联系、宣传工作;②组织护堤员学习护堤政策、规定,研究堤防维修养护技术,提高技术水平;③督促与检查护堤员的护堤维修养护工作,协助做好防汛及建设工作;④开展检查评比活动,表彰与教育护堤员,并保障好护堤员的收入;⑤发动护堤员查找隐患,检举和制止违章或破坏堤防行为,并及时向当地政府和上级报告。

(2)县、乡、村堤防委员会(小组)的职责:①组织护堤员认真学习堤防管理技术知识;②经常对群众进行护堤教育,宣传有关护堤的政策和规定;③组织护堤员搞好堤防管理养护工作;④向破坏堤防的坏人坏事作斗争,协助处理违章行为。

(3)护堤员要做到:①向群众宣传护堤的意义和有关政策、规定;②保护堤防和堤上的树木、料物、通信线路、测量标志及其他附属设施,与破坏堤防行为作斗争;③经常进行堤防养护,平整堤身,整修补植树草;④经常检查工程,发现问题及时上报和处理。

(二)及时进行工程维修养护

堤防工程的维修养护主要包括堤顶、辅道、堤身补残以及填垫水沟浪窝和备积土牛等,其费用在黄河下游防汛岁修事业费中专项安排。此项工作主要由护堤员承担,根据堤身土质、气候、降雨等不同情况,采用不同的养护方法。冬、春干旱季节,沙土堤段堤顶剥蚀严重,需要洒水撒土,填垫夯实,维护堤顶平整;夏、秋季节雨水多,堤身易产生水沟浪窝,需经常填垫平整。群众总结出"平时备土雨天垫,雨后平整是关键"的经验。为减少与防止大的水沟浪窝,采取以下措施:①堤身广种葛芭草护坡,"堤上种了葛芭草,不怕雨刷浪来扫";②修做排水沟,一般间隔100 m左右,在临背河堤坡上做一条宽0.25 m的排水沟,与堤顶两侧前后戗集水沟相连,可排泄100～200 mm的日降雨,其结构形式有混凝土预制、砖砌、三合土槽及淤泥草皮排水沟等;③坚持冒雨排水制度,越是大暴雨天气,越是要上堤排水,做到"察、排、堵、补";④平整堤顶,用机械平整堤顶,拖拉机牵引刮平机平整,碾压机碾压,洒水车喷水养护,翻斗车运土等。

(三)经常普查隐患和捕捉害堤动物

黄河下游堤防隐患众多,历史上多是战壕、碉堡、老口门、旧房屋及井、红薯窖等,现在除地基渗水外,主要为堤身存在的"洞、缝、松"。每年汛前普查隐患,并在汛前进行处理。不能马上处理的隐患,要制定度汛措施。

獾、狐、地鼠、地猴、鼹鼠、地羊、黄鼠狼、地狗等害堤动物,在堤防内挖的洞穴对堤防安全造成严重威胁。如獾每年3～4月生育一次,每窝1～2只,獾洞直径20～30 cm,洞长10～20 m,獾洞有支洞并分层,洞口隐蔽,且用土屯住。为捕捉害堤动物,远在清代,就沿堤分段设有"獾兵",专职捉獾。新中国成立后,沿堤群众成立捕捉獾狐小组、专业队,利用农闲时间开展捕捉害堤动物活动。20世纪五六十年代为捕捉害堤动物的高潮。

(四)开展工程达标活动

1982年黄委下发了《黄河下游工程管理考核标准》,要求全面加强技术管理,各项工程努力达到规范化、标准化。据此,山东、河南两省河务局制定了相应的办法,主要有:①工程完整坚固;②堤防绿化、美化;③管理设施完好;④管理组织健全、队伍稳定;⑤各项资料齐全;⑥综合经营效益高。目的是把堤防达标与工程维修、堤防加固、淤背固堤结合起来,发动职工、护堤员共同开展达标活动。1996 年,结合水利部在全国开展的河道目标管理工作,黄委按照水利部颁发的《河道工程目标管理考评标准》要求,在黄河下游河南、山东两省河务局开展了河道目标管理上等级活动。

(五)植被绿化

黄河堤防植树种草由来已久。早在春秋、战国时期,就开始在堤上植树。宋代河堤植树已具规模。明代刘天河总结堤岸植柳经验,归纳为"植柳六法",即卧柳、低柳、编柳、深柳、漫柳、高柳。1964 年以来,大力提倡植树,其原则是"临河防浪,背河取林,速生根浅,乔冠结合"。堤顶两侧俗称门树,以杨树、泡桐、苦楝等高大成材树种为主;临河堤设防水位线以下不植树,临河柳荫地全部植高、低卧柳,起缓溜防浪作用;背河堤坡植草,背河护堤地以种柳为主,间植其他成材林;淤背区多以果树、桑树等经济林为主,林粮间作或种植药用作物等。植树办法是县局出钱、出树苗,包给沿堤群众种植管理。在植树中推行"春季植树,秋季验收。按照成活率 90%、保存率 80% 付资"的办法。同时要求,在一般情况下,树苗达到自育自种。1982 年,山东黄河河务局要求各单位明确专人负责,实行内部承包;河南黄河河务局规定东坝头以上堤防每千米育苗 0.1 hm^2,东坝头以下每千米育苗 0.067 hm^2,还在一部分树木、河产收入较好的村试行统包结合的堤防管理责任制。

(六)稳定群众护堤队伍

在农村实行联产承包责任制后,农民收入增加,义务性质的群众管护队伍受到了影响。为了稳定护堤员队伍,河务部门与当地乡、村结合,使护堤员收入略高于同等劳力水平。护堤员的收入大体有以下几种形式:①与生产队干部、民办教师等享受同样补贴;②定量补助粮食或现金;③从生产队河产收入中给予提成;④河产树木、堤草皮分成给护堤员;⑤多分给护堤员责任田等。后又实行堤防承包责任制,主要形式有:①集体承包,即以护堤村承包,护堤员由村选派,报酬由村支付;②联户承包,由 3～5 户群众自愿联合组成承包小组,选派护堤员负责日常维护管理工作;③单户承包,承包户负责日常管理工作;④单项承包给护堤员,双方议定适当报酬。承包期 3～5 年,也有 10～15 年的,并允许继承或转让。护堤收入国家、集体、个人按一定比例分成。上述承包办法对稳定护堤队伍、调动护堤员的积极性起到了一定作用。2003 年上半年,随着工程管理"管养分离"改革,护堤员全部下堤,河务部门新组建工程养护处和堤防养护大队,负责工程管理工作。

第三节　管养分离改革

随着社会主义市场经济体制的不断完善和黄河现代化管理的不断发展,原来的专职管理与群众管理相结合的管理体制已越来越不适应改革发展的要求。管养分离的改革新模式在黄河工程管理工作中正在被强力推行。

一、实行新运行模式的目标

实施"管养分离"就是将传统计划经济条件下工程的管理、养护、维修三者合一的模式,转变为按照社会主义市场经济条件下管理和具体工养护、维修作业相分离的模式,以适应现代管理"小政府,大社会"的需要。

实施"管养分离",就是要使政府的管理宏观高效,机构精干;使养护维修企业通过有序竞争,优胜劣汰,激活内部管理机制,降低养护维修成本,提高维修养护作业的管理水平和资金的利用效率。

将承担维修养护任务的人员从管理机构中剥离出来,通过组建专业化的维修养护队伍,参与市场竞争,实现对工程的专业管理。

二、管理、养护两者职能的界定

管养分离后,管理层的职能从原来的具体控制运用、养护维修、综合经营转变成对水利工程的资产管理、安全管理、调度方案制订、养护维修招标及养护、维修作业水平的监督检查等高层次的管理。

养护、维修(小型)的职能根据不同的地域、不同的单位有不同的内容,有一个变化的范围。基本的内容大致可概括为:堤防有堤顶平整,填垫小型雨淋沟(坑),修剪杂草,獾狐白蚁的防治,树株修剪、打药、刷白等;河道工程有坝面平整、填垫小型雨淋沟(坑),修剪杂草,獾狐白蚁的防治,坦石整理,树株修剪、打药、刷白等;涵闸有启闭机械的经常性擦洗、上油及电路的经常性检查、维护等。具体运作时要根据具体情况进行合同文件管理。

一些有实物工作量的岁修、大修以及大水时的抢修,可列入基建程序进行管理。

三、实现新模式的关键制约因素

(一)稳定的资金渠道与足够的资金额

要实现管、养、修分离的新模式,要有稳定的资金渠道和足够的资金保障,两者缺一不可。公益性水利工程不具备生产力,是为保护和促进生产力服务的,根据公共财政制度,应明确定性为事业单位,经费纳入各级财政预算,实行收支两条线。每年按财政预算编制规定,根据运行管理定额及工作量提出下年度经费预算计划,按有关程序批准执行。对综合利用的水利工程应分清职责,各级财政对公益性部分的运行管理费用进行补给。

(二)妥善安置分流人员

任何改革最终都要涉及人的问题,对分流人员的妥善安置是一个大问题。这在一些经济发达地区可能不是问题,但在贫困和欠发达地区可能就是一个大问题。有些分流到养护公司的人员可能不愿意去,怎么办? 因此,如何实现分流人员身份的转换和分流以后养护公司与原单位资产的转换,也是今后要很好地研究的课题。

四、新模式实施应注意理顺的几个关系

(一)维修养护队伍和现有施工企业的关系

在基本建设"三项制度"改革中,大部分水管单位工程公司或工程处实行企业化管理,其在技术、市场运作方面有着丰富的经验。在维修、养护分离后,分流人员不一定都要进入养护公司,可以根据实际情况统筹考虑,可将这两支队伍合并,既可承担基建施工任务,又可从事日常维修养护工作。

(二)维修养护队伍与群管队伍的关系

组建专业化的维修养护队伍,必然要对现在的群管队伍造成冲击;但专业维修养护队伍要逐步走向市场,必须考虑养护任务的投资成本。因此,对于与当地乡村关系十分密切、很分散、适宜群众管理的日常维修业务,要利用经济杠杆,促使乡村建立有一定维修能力、便于管理的维修队伍,通过合同管理方式进行管理;也可以通过组建以专职养护人员为骨干、以农民合同工为补充的维修、养护企业,将专群结合的模式赋予新的内容,以用工的形式组成一个专群结合实体。

(三)工程维修养护与防汛工作的关系

水利工程维修养护的目的是保持工程的完整,提高工程的抗洪强度,确保防洪安全。水利工程的维修养护,是防汛工作的基础。因此,要根据水利工程管理的性质与要求,把维修养护同防汛工作有机地结合起来,按照工作额度计算出合理的费用,以合同形式加以明确。即进行维修养护工作的同时,还要承担必要的防汛工作,如防汛的宣传组织、技术指导、巡堤查水、紧急险情抢护等。

(四)维修养护与土地开发的关系

水利工程的护堤地、防浪林和河道整治工程护坝地等既是工程的组成部分,同时,也具有一定的经济开发功能。因此,各单位要根据自己的实际,统筹考虑,正确处理工程维修养护与土地开发之间的关系。

第三章 工程管理基本思路及措施

第一节 存在的问题

治黄工作的发展以及宏观形势上的变化,给管理工作提供了难得的机遇,同时也提出了更高的要求和严峻的挑战。能否抓住机遇、迎接挑战,是关系到黄河工程管理可持续发展的大问题。然而,黄河工程管理工作还有不少差距,还存在一些急需解决的问题。

一是管理体制与市场经济原则严重背离。现行的工程管理体制和"专管与群管相结合"的运行机制,是长期在国家计划经济体制下逐步形成的,这种体制和机制曾发挥过重要作用,但随着我国社会主义市场经济体制的建立和治黄改革的深入,这种管理体制和运行机制越来越不适应管理工作,有很多方面已严重影响到管理工作的开展。在传统的计划经济体制下,水利工程管理体制形式单一,管理人员和维修养护人员职责不分,外部缺乏竞争压力,内部难以形成监督、激励机制。虽然管理者对此也做过许多探索,如承包管理、内部竞争上岗等,但这些改革都未从根本上解决体制和机制的问题。

现在基建工程已经完成了"三项制度"(项目法人负责制、招投标制、监理制)改革,实行事企分开,工程基本建设运行机制的变化已冲击了原有的管理体制和运行方式。队伍要挣钱吃饭,被迫建立了施工企业,而这同时也削弱了管理队伍;在资金使用方面,原来传统的做法和路子有了改变,管理中一些不规范的做法要规范化,财务管理的形式也已发生变化。事企分开后,传统的管理方式和社会主义市场经济体制会有更多的矛盾需要逐步解决,如职能的重新划分、经费渠道的调整、管理关系的理顺等。

在计划经济体制下,沿黄乡村承担着相当一部分护堤义务,群管队伍的报酬主要是靠当地政府(村队)解决;在市场经济条件下,这种运行模式的基础已不存在,护堤员的报酬无法解决,群管队伍不稳定,专管与群管相结合的管理模式受到很大冲击。

二是管理思想、管理技术手段、管理人员的素质水平远远不能适应现代管理的需要,许多单位对工程管理的任务和职能、职责存在模糊认识。黄河的重大问题及其对策研究提出了黄河的防洪问题、水资源问题、生态问题,以及近期和远期的目标。这三大问题的解决和近期、远期目标的实现将拓宽管理的内涵。将来的工程管理要在现有工作内容的基础上,按黄河的重大问题及其对策研究中赋予的任务,拓宽管理工作的内容,向效益型管理和对水资源的管理、生态的管理、环境的管理服务等外延。管理者面对的是流域性的综合性的管理,面对的是社会主义市场经济体制的管理,所以管理工作如何与黄河的重大问题及其对策研究中所提出的问题和近期、远期目标有机地结合起来,是一个新的课题。面对这样的要求,目前管理干部队伍的年龄、知识水平、管理思想、管理经验、技术手段等都很不适应。

三是依法管理、科学管理的基础薄弱。自从《中华人民共和国水法》颁发几十年来,依法管理有了快速发展,产生了质的变化。但是,从法制社会的要求来看,其基础还很薄弱,水立法、水执法方面仍需大力完善和健全。黄委系统更是如此,黄河的工程设施、管理信息的传递和查询方式都还很落后,现代科学技术在管理工作中的应用还很少。要在这些方面有所进步或改善,还有大量的基础工作要做。

四是工程管理投入、产出没有形成明晰的核算体系,经费投入严重不足问题仍未得到有效解决。有投入,就应该有产出、有收益;有耗费,就应该有补偿。防洪工程的管理运行产生的是综合效益,其主要成分是社会效益。但是这类效益没有明确的量的概念,在核算上没有严格统一的办法,受益者也不是十分明确。从理论上讲,社会公益性事业,其运行管理费用应由国家拨付。但是,由于效益的多少说不清,受益者是谁说不清,费用需要多少说不清,尤其是不能依法及时说清,也就建立不起真正意义上的投入产出、耗费补偿机制,只能是国家拨付多少使用多少。根据黄委防汛岁修费测算情况,以 1998 年工程为基数,所需的防汛岁修经费只有 2.99 亿元,但实际上国家下达黄委的防汛岁修经费只有 0.89 亿元左右,相差甚远。如果考虑到防洪工程数量的增加,所需的防汛岁修经费将大大增加,经费缺口也将更大。如何解决这个问题,也有大量的基础工作要做。

以上所分析的主要是可能对黄河工程管理持续发展有较大影响的问题。当然还有许多具体的问题,需要在今后的工作中不断加以研究、解决。

第二节　基本思路

黄河工程管理工作的基本思路,随社会的发展需求及所面临形势和存在问题不断地进行调整。根据黄河工程管理的实际情况,基本工作思路可确定为:以确保防洪安全为中心,以管理体制和运行机制改革为动力,以科技进步为支撑,以追求工程综合效益最大化为目标,全面提高管理水平。

基本工作内容是:通过消除工程本身的险点隐患和工程附近的坑塘、堤河、井渠等险点隐患及强化工程内在质量,确保工程安全运用;通过工程管理体制改革,初步形成符合市场经济原则的工程管理运行机制;通过完善、优化河道目标管理,使依法管理和科学管理更加规范;通过增强科技含量,使工程的现代化管理有明显进步;通过工程的优化调度运用,创造历史最好的社会效益和经济效益。

具体从以下几个方面做起。

一、通过消除工程本身的险点隐患和工程附近的坑塘、堤河、井渠等险点隐患及强化工程内在质量,确保工程安全运用

经过十几年的努力,委编堤身险点已基本消除,但较多的近堤坑塘等仍严重影响着工程安全,影响着查险、抢险,对防洪安全造成很大威胁。因此,在确保工程安全运行方面,工作的重点要转移到堤防两侧,按照以前处理堤身险点的思路,研究编制黄河下游堤河及近堤坑塘、渠井等防洪隐患的消除计划,区分不同情况和类别,实施分级编号管理,按轻重缓急提出实施消除的措施意见,并进行加固处理,确保工程防洪安全。加强工程内在质量管理的主要内容是:根据工程管理工作的正规化、规范化要求,在继续加强经常性管理,进一步健全、完善管理规章制度,保持工程完整和面貌良好的基础上,切实注重工程内在质量的管理,严格工程观测检查、维修养护、除险加固的标准和工作质量,在查明工程隐患和薄弱环节、消除工程险点隐患方面下工夫,以增强工程的抗洪能力。

二、通过工程管理体制改革,初步形成符合市场经济原则的工程管理运行机制

水利部在 2001 年全国水利建设管理工作会议上,对今后管理改革提出了新的思路,即探索"管养分离"的新机制,把水利工程的维修养护推向市场,对工程实行物业化管理。工程管理单位的职能,从原来的具体控制运用、维修养护、综合经营,转变为水利工程的资产管理、安全管理、调度方案制订及监督执行、组织物业管理的招投标等高一层次的管理。对管理人员落实管理岗位责任制,实行目标管理,定岗、定编、定职、定责,形成精简高效的管理机构。把维修养护的职能和有关人员从管理机构中剥离出来,按照所维修养护对象的不同,分别组建成水利物业公司或维修养护单位。各类维修养护工程,要通过具有相应资质的水电工程施工企业或组建的物业公司、维修养护单位,以及社会的维护力量,以合同管理的方式进行。通过市场公平竞争,提高工程维修养护的质量,降低养护成本。同时,要探索"专管与群管相结合"管理机制的出路,对与当地乡村关系十

分密切、很分散、适宜群众管理的日常维修业务,要促使乡村建立起有一定维修能力、便于管理的维修队伍,也要通过合同管理方式进行管理。

三、通过完善、优化河道目标管理,使依法管理和科学管理更加规范

河道目标管理是对整体管理工作方向的导向和评价。随着以后管理目标的建立以及管理思想、手段、技术的变化和提高,河道目标管理的内容也要作相应的调整,更好地为管理的主题服务。针对黄河的实际情况,对考评办法进一步完善、优化,考评的重点向管理改革、依法管理、科学管理和工程的内在质量管理方面倾斜,加大这些内容的考评权重,以深化河道目标管理考评工作。

四、通过增强科技含量,使工程的现代化管理有明显进步

要提高管理水平,不断增强管理工作的科技含量是关键。工程管理工作要牢固树立从技术进步中求安全、从技术进步中求效益、从技术进步中挖潜力的观念,依靠科技进步来振兴黄河工程管理事业。增强科技含量,要以人为本,建立竞争机制,通过岗位管理,从整体上改变管理人员不适应现代化管理的状况,切实提高管理人员的基本素质。要加强管理科学技术研究,特别要加强管理实用技术研究,同时要注重推进高新技术的应用和新技术、新成果的推广转化,引进和推广管理新技术、新设备、新材料、新工艺,瞄准 21 世纪世界科技新潮流,努力增强工程管理工作的科技含量,使工程的现代化管理有明显进步。

五、通过工程的优化调度运用,创造历史最好的社会效益和经济效益

管理工作要牢固建立起效益观念。工程的综合效益要通过工程的管理运行才能发挥出来;要发挥工程的最大效益,需要大量基础技术工作支持,通过管理基础工作为工程发挥效益创造条件。要努力通过工程的合理开发、优化调度,使工程的防洪减灾等社会效益和水、土、电开发等自身经济效益在工程管理范畴内发挥到最高水平。

第三节　搞好工程管理的措施

一、始终把保障防洪安全放在首位

黄河工程管理工作的首要目的就是确保黄河防洪安全,这是工程综合效益

中最大的效益。随着形势的发展和管理要求的不断提高,管理单位在确保工程完整的基础上,注重工程内在质量的管理,消除工程隐患。由于消除近堤存在的坑塘、堤河、井渠等隐患和工程薄弱环节的目标,涉及地方政府和广大人民群众的直接利益,社会工程量大,有相当大的难度,各级领导一定要给予充分的重视,认真做好地方政府和群众的工作,采取有效的措施,确保完成任务。工程管理的各项工作都要切实树立起把保障防洪安全放在首位的指导思想,以此为龙头,把各项工作带动起来。

二、实现管理者思维方式的转变

广大管理工作者要实现管理思维方式的转变,思想观念上要从计划经济模式转变到市场经济模式,从侧重于行政管理转变为依法管理为主体,从传统管理方式转变为现代管理方式。所有的管理者要努力学习现代管理技术、市场经济知识和政策法规,努力充实自己、提高自己,使管理队伍整体素质有一个质的飞跃。深入加强管理正规化、规范化建设,全面落实管理岗位责任制,实行岗位目标管理,引进竞争机制,实现日常管理与专业管理相结合,保持工程质量和工程面貌的完好,充分发挥其抗洪作用。

三、充分认识深化管理改革的艰巨性,以改革统览全局

管理体制和运行机制改革是管理者的重要任务。从严格意义上讲,现在管理单位的职能包括水行政管理、防洪工程建设、河道管理、河道防洪、工程管理等方面,不是纯粹的水利工程管理单位,应定位在具有水行政管理职能的事业单位上。但随着黄委整体机构和体制的改革,工程管理的"专管与群管相结合"的模式将产生根本性的变化。管养分离改革是黄委整体机构改革中的一部分,必须与整体改革相统一、相协调。由于历史形成的现状管理体制的复杂性,人员素质、专业水平以及年龄结构老化的限制,进行管养分离改革难度大,不仅仅是管理部门的事,所以要充分认识到改革任务的艰巨性、复杂性。要使改革能够顺利进行,必须有各个部门的密切配合。管养分离是今后工程管理改革的方向,管理单位要根据黄委的改革思路,结合自身实际,与整体改革步伐协调一致,积极稳妥地开展管养分离改革。

首先,要加强调查研究,认真做好改革前的基础工作。认真研究与市场运作相配套的有关规章、规范性措施,制定相关政策,如黄河工程管理定额标准以及管理技术规范、维修养护的招投标及合同管理办法、改善队伍文化素质与年龄结构的有效途径等。其次,管理单位要根据本单位情况,处理好改革与稳定的关系,深入分析可能出现的问题,以精简高效、实行宏观管理和行业管理、保证国有

资产保值和增值为原则,认真进行管养分离后管理单位职责和运作方式的研究。

四、加强管理科学研究,不断增强管理工作的科技含量,努力提高科学管理水平

首先,管理单位要加强科学技术研究,特别要加强管理实用技术研究,同时要注重推进高新技术的应用和新技术、新结构、新工艺、新机具的推广转化,逐步增加工程管理的科技含量,提高现代科学管理水平。2000 年以来,黄委开展了堤防隐患探测新技术的推广应用,取得了很好的效果,今后要从提高生产实践能力的角度,继续加强这方面的工作。要把河道整治工程根石探测技术、抢险堵漏技术、涵闸自动化控制、观测技术作为重点,在精度和时效性上争取有新的突破。

其次,要加强管理现代化建设,提高管理自动化、机械化水平。管理单位要积极配置一些现代化管理的硬件设施,同时更要注重应用软件的开发研制,充分利用计算机网络系统和办公自动化技术,大大提高管理工作水平。管理单位还要有超前的意识,在工程建设基本完成后,根据工程新的结构变化和管理的要求,积极开展与之相适应的管理维护新技术,提高管理的科学化水平。

最后,加强管理技术基础工作,进一步增加基础工作的科技含量。要组织专门的人员对一些管理方面的基本数据进行分析研究,并上升到理论高度,用于指导以后的工作。

五、加强各部门的协调合作,为工程管理工作创造良好的外部环境

黄委管理单位所从事的工作实际上是水利管理的范畴。这里的"水利"是广义的概念。也就是说,水利管理包括水管理、水工程管理、工程建设管理、防汛管理、水行政管理等多个方面。要树立大水利管理的概念,跳出单纯工程管理的小圈子,尤其要注意通过大水利管理达到水资源的优化管理配置。既然是广义上的水利管理,就需要各个部门的协同配合,才能做好工作。计划部门要做好除险加固工程项目的计划安排;财务部门要做好资金调度和防汛岁修计划的安排;水政部门要加大执法力度,加强依法管理;科技部门要进一步推动管理技术进步;人劳部门要加强管理队伍建设,努力提高管理队伍素质;新闻宣传部门要做好管理工作的宣传交流等。总之,各有关部门要围绕管理这个永恒的主题做好各项工作,为管理工作进步继续作出努力。

黄河防洪工程是公益性事业,管理部门应积极争取国家增加防汛岁修投入,根据目前物价水平,准确核算黄河防汛岁修基数,做好每年的岁修计划和预算,积极向国家申报,同时还要多渠道筹措资金,以保证管理工作的投入。

第一,要加强政策研究,加大有关政策的执行力度,积极向政策要效益。对涉及全河的河道工程修建维护管理费、黄河水资源费等重要政策,各有关部门要加大工作力度,争取早日出台。

第二,管理定额的研究是今后工程管理工作的基础之一,它不仅是进行管理运行机制的改革、实行物业化招投标管理的基本依据,还是进行工程管理经费预算、实行预算管理,确定国家投入的基本依据,一定要给予高度重视。

第三,要认真研究水利基金和特大防汛抗旱经费的使用规定与范围,对照自己的情况,及时提出使用计划。

第四,管理单位要充分利用自身水土资源和技术、人才、设备优势,因地制宜,盘活资产,以此为基础,带动其他综合经营项目的发展,开拓弥补管理经费的新渠道。

第四章　工程管理专业研究

第一节　概　况

　　新中国成立以后,随着水利事业的蓬勃开展,工程管理也有了重大发展。20世纪50年代初创建现代水利工程管理工作时,把主要管理内容归纳为"检查观测、维修养护、控制运用"三大项,从此,工程管理作为一项内容和地位明确的专业开始发挥显著作用,有力地促进了专业研究的发展。1981年底,中国水利工程学会工程管理专业委员会的成立标志着工程管理专业的一个飞跃,大大加强了工程管理专业的学术研究活动。《水利工程管理技术》刊物的出版,更推动了研究活动的开展和成果的交流。1983年11月成立的全国水利工程管理情报网拥有几百个基层和省厅管理部门等网员单位,增强了工程管理专业的信息交流和专题研究的活力。1992年中国水利工程学会工程管理专业委员会改为水利管理专业委员会,标志着水利行业管理的加强,进一步拓宽了工程管理专业领域,专业研究面临着更多新的任务。工程管理专业随着社会的进步在不断发展,专业研究作为专业发展的前导,发挥了巨大的作用。

　　黄河水利工程管理专业的研究工作除由科研单位承担一部分外,大多数是在科研管理部门的协调下,由管理单位在生产实践中完成的,专业研究内容具有极强的适用性,覆盖面较广。从专业研究发展总体情况来看,20世纪50年代和60年代在工程观测、维修加固、管理法规、调度运用等方面做了大量的工作,使各项管理工作的手段、设备、技术、规程标准很快得到改善和提高,但专业研究的整体水平还不高,领先的技术和突破性成果还不多。70年代后期,尤其是科技管理部门正式成立以来,专业研究的深度和广度有了较大的发展,除日常工作中的研究外,课题研究的数量大大增加,研究成果质量不断提高,专业研究的计划性有所加强。这些研究成果与生产实践紧密结合,推动着治黄工作的发展。

　　但是,由于工程管理专业研究尚缺乏长期发展规划,并且专业研究人员较少,还存在立项不系统、现代化技术水平不高等问题,不少迅速发展的管理技术有待于引进、研究和开发。黄河水利工程管理专业的研究任务还很重,还有许多工作需尽快完成。

第二节　研究工作的发展和技术水平

一、检查观测和安全监测

在黄河水利工程管理中,加强了工程的安全检查,使预防工作具有较高的水平。每年进行的汛前工程普查、汛期险工和控导护滩工程的定期巡查、洪水期间的巡堤查水和每年定期进行的河势查勘等,从组织、内容、程序、标准到资料整理,经过长期的总结、提高,都已产生较成熟的方法。在检查观测方面具有代表性的研究工作有以下几方面。

(一)隐患探测

物探技术广泛应用于堤坝隐患探测始于20世纪70年代末期。1978年水利部在辽宁海城举办了"堤坝暗裂电测仪应用及电测资料整理分析学习班"后,黄河大堤应用电法探测隐患的生产性试验研究一直没有中断过,引进较多的是山东省水利科学研究所研制的TZT型堤坝隐患自动探测仪、黄委设计院物探大队使用的ZWD-2型直流数字电测仪等仪器。在生产实践和试验研究中,电法探测在堤坝裂缝探测方面已取得较好的效果,但在洞穴等隐患探测方面还不够理想。

20世纪80年代初,黄委科技办从美国引进地质剖面雷达试用于堤防隐患探测。90年代以来,已将堤坝隐患探测技术的研究列入国家科技攻关课题,黄委设计院物探大队应用电法、浅层地层反映波勘探技术、瞬态面波测试技术等进行裂缝、洞穴、软弱地段及老口门位置等隐患的探索研究,已取得了初步成果。黄河水利科学研究院采用微机选频仪、微机电测仪对涵洞、历史堵口的基础、堤防洞穴、疏松土层等隐患进行测试,也取得了一定的经验。开展这些工作使黄委在隐患探测研究的广度上有了很大的发展,但与国内同专业的研究相比,还有一定的差距。在电法探测方面,探测数据与判断曲线的自动接口、数据的自动化处理已基本成功,部分单位从长期的探测实践中积累了各种土质和地质条件下判断隐患的比照参数,使探测速度和精度大为提高。

(二)根石探摸

根石探摸是险工和控导护滩工程管理的一项工作,是研究水下根石变化规律、预防出险和探明河床土质、提高险工整治可靠性的重要手段。传统的根石探摸方法有:旱地锥探法,适用于老险工和脱河工程的基础检查;水下根石岸上摸水法,用摸水杆探查近距离的根石状况;水下根石船摸法,目测平距,在船上用摸水杆或铅铊测量水深。上述方法都存在精度低、不够安全的缺陷。

在探索根石技术研究方面近年来做了大量工作。1988年济南黄河河务局研制的压力平衡式根石探摸器,利用水压转换原理,在一定程度上解决了在岸上探摸时量距较近、深度不足等问题,安全度和精度有所提高。近几年,黄委与有关单位合作,应用声纳技术研究高含沙、高流速下浑水测深仪器,并与探测机具配合测探根石状况;黄委设计院物探大队1992年利用电法勘探根石分布范围,定性研究其厚度,虽都取得了一定的成果,但研究成果在实际运用中效果并不明显。1997年黄委引进美国X – STAR水下基础剖面仪用于根石探测。1997～1998年,在花园口河段进行了三次水下探测试验,探测结果与人工锥探结果基本相符。

(三)涵闸测流测沙

引黄涵闸的水沙测验具有较高的水平。水沙测验的研究主要反映在以下方面。一是水沙测验精度和水闸设计泄流曲线精度的比例,用以检查水沙测验水平并校正涵闸的设计泄流曲线。二是测试技术的研究。目前,大多数涵闸都成功地研制改进了水沙自动化缆道测流装置,随着"数字黄河"的建设,许多涵闸仅靠一个人在室内就可以完成全部测流测沙任务,达到了较高的自动化水平。三是引水引沙资料的分析研究。通过分析涵闸引水引沙占大河同期含沙量的比例,研究引黄水沙对大河水沙及河床冲淤变化的影响。

(四)工程安全监测研究

针对险工失事多是由于根石走失而引起滑塌的情况,1991年黄委主持开始研究"险工控导工程堤岸滑塌报警系统",利用磁性材料、密封铰支撑悬摆机构和倾斜变化闭合导通信号原理制造出传感探头,终端监测仪安置在险工和管理房内,当根石垫陷探头倾斜时监测仪便立即报警。滑塌报警系统的研制对及时发现险情,预防工程失事有重大意义。另外,针对黄河大堤浸润线随水位变化的问题,在黄河大堤典型断面上安置了8组浸润线观测系统,观测与研究工作正在进行中。

二、维修养护

(一)锥探灌浆

锥探灌浆、消除堤防隐患是黄河下游工程维修养护的重要内容,其技术发展历来受到河务部门的重视。早在清代就有"签堤"措施。每年春初,用长约3尺(1尺 = 0.333 3m)、上端安有木柄的铁签"将大堤南北两坦逐细进行签试",发现情况后"令兵夫刨挖录其根底",这是历史上工程管理技术的一个创举。

1949年封丘修防段工人靳钊用钢丝钻探贯台险工坝基下河床土质,以解决跑坝问题。1950年经封丘修防段段长陈玉峰启发,靳钊将这一方法用于探查黄河大堤隐患,收到了明显效果,使这一技术很快在黄河下游推广开来。进而,又创造了锥孔灌沙消除隐患的技术,从1957年开始改为压力灌浆消除隐患,使这一技术进一步得到发展。

1970年温陟黄沁河修防段组成打锥机革新小组,并成功研制出手推式电动打锥机、悬挂式梳齿拌浆机等,初步实现了打锥灌浆机械化。经过科技人员的不懈努力,20世纪70年代成为锥探灌浆迈向机械化的年代,有效地提高了锥探灌浆的质量和速度,消除了大量隐患。

20世纪80年代是锥探灌浆技术在黄河工程管理中提高、完善的时期。黄委工务处在武陟、山东黄河河务局在济阳和鄄城等地,针对浆液配比、压力控制、灌浆程序不规范和有的堤段已灌2~3遍还继续存在吃浆量大等问题,进行了灌浆加固堤防的机制、浆液分布规律、泥浆固结过程及应力变化、终孔压力标准、灌浆施工程序等现场试验研究,并据以提出了黄河下游锥探灌浆的规程。灌浆机械研究也有了进展,济阳黄河河务局研制的组合式灌浆机械减小了体积、增强了机动性、方便了操作、提高了效率。这些成果分别获黄委、山东黄河河务局科技进步成果奖,使锥探灌浆技术的研究从内容范围到技术水平都处在全国同行业的前列。

(二)獾、鼠等害堤动物防治的研究

20世纪50年代初,黄河下游管理部门就制定了捕捉獾、鼠的奖励规定,并不断研究捕捉方法。对判别獾狐是否在洞内,以及大开膛法、截击法、烟熏法、压力灌浆(灌水)法、枪击法、毒炮法等捕捉及消灭獾狐的措施都有了较成熟的经验,并不断有研究文章、报告、总结等进行交流。1986年黄委工务处组织有关单位对獾狐害防治技术作了专题研究,对獾狐的活动特点、洞穴位置、分布及所处环境条件、处理獾狐洞存在的问题及今后的措施等作了较深入的调查,提出了《黄河下游堤防工程獾狐洞穴普查处理和捕捉害堤动物的暂行规定》,使防治獾狐工作有了统一的规范。

鼠类危害的系统研究是在1986年进行的。黄委工务处组织人员在兰考修防段堤防对堤坝上鼠类活动的鼠种分类、各鼠种的生活习性、洞穴分布规律和密度以及深度、对堤防削弱的程度和其他危害、灭鼠除洞的方法、对堤防工程设计考虑鼠洞影响的建议等进行了综合研究,首次系统地揭示了堤坝上鼠类活动的情况和危害,其成果获黄委科技进步奖。

(三)管理机械的研究革新

黄河下游防洪工程以土石材料为主,工程的维修养护需大量的体力劳动。另外,还存在远距离抛石等人工难以完全解决的问题。多年来,基层管理部门在管理机械器具的革新方面取得不少成果。

堤防管理方面从20世纪50年代的马拉耙拖平堤顶,到研制改进堤顶刮平、压实机,堤顶除雪机,堤防洒水、堤坡割草机械,结合淤区开发的简易活动泵站等,都取得了较好的效益,有的成果获黄委技术改进奖。

在险工管理方面,河南黄河河务局研制的石料机械化装船法获黄委重大科技成果四等奖。随后,河南、山东两省黄河河务局研制出的捆枕架、抛石机、简易根石探测器等设备,大大减轻了体力劳动,提高了管理水平。另外,还研制出了混凝土四脚锥体防止根石走失技术。四脚锥体在任何情况下都能维持3个脚紧贴河床表面,其优点是稳定性好、抗冲刷、透水消能作用好。

(四)涵闸管理技术

在涵闸管理方面成功地研制了测压管清污器。渗压观测是涵闸工程观测的必有项目,而测压管堵塞是渗压观测中常遇到的问题。张菜园闸管理段研制的测压管清污器,对清除测压管内的石子、泥沙、碎混凝土块、木棒和碎钢材等杂物效果良好,而且操作方便,效率高,已占有部分市场,在许多单位推广使用。此外,在刘庄、黑岗口闸研究引进的环氧砂浆粘贴橡皮止水处理涵洞接头沉陷缝的技术、闸门喷砂除锈以及喷锌、喷环氧涂料和涂刷氯代橡胶铝粉等钢部件防腐技术,都促进了涵闸工程管理技术水平的提高。

各涵闸管理单位普遍进行了闸门启闭高度指示器的研究改造工作,目前除采用直尺滑标式高度指示器外,不少单位利用启闭机传动轴末级齿轮连接一变速装置,采用指针读数法或光电转换数字显示法直接读取闸门启闭高度,使操作者在启闭机旁或集控室就能掌握涵闸启闭情况,保证了安全,提高了精度,减小了劳动强度。在涵闸管理方面,还针对黄河多泥沙的特点,研究了合理控制运用程序以减少渠道淤积、利用闸前安装拦沙板等措施减少粗颗粒床沙的进渠量等拦沙减沙技术。林辛、黑岗口闸研究成功了涵闸的集中控制。林辛分洪时期取得较好的效果。随着"数字黄河"的建设,涵闸必将率先实现现代化管理。

(五)工程老化标准的研究

研究水利工程老化的评价方法和标准及维修养护的配套规定,对于按老化、破坏、失修概念建立起工程折旧、大修等资金保证渠道,促进水利经营管理技术的进步和工程效益的发挥是非常必要的,是水利基础产业理论研究和固定资产管理中迫切需要解决的问题之一。1991年水利部水管司委托水利管理情报网联络中心组织水利工程老化研究,黄委及时由科教局立项组织力量开展工作,重点研究水利工程老化的定义、评价标准、评价方法和手段,并对部分工程做了试评价,编写了《黄河下游河道堤防工程老化评价规程》,使这项基础理论的研究处在国内同行业先进水平。

三、工程加固

(一)放淤固堤

从 20 世纪 50 年代结合引黄泥沙处理淤填背河潭坑洼地、60 年代进行有目的的放淤加固堤防试验、70 年代以来开展大规模高速度的淤背固堤,到目前研究淤背建设超级堤防,形成相对地下河方案的可行性研究,以及围绕这项工作进行的远距离输沙、新型笼头、耐磨泵、管道沙量仪等研究成果都产生了较大的经济效益,不少成果获全国及部、省、黄委科技进步奖。

(二)堤防加固技术研究

自人民治黄以来,曾采用抽槽换土、黏土斜墙、混凝土灌注桩截渗墙等措施加固大堤,收到一定的效果。为探索堤防加固新技术,1995 年黄委工务处组织了"黄河下游堤防加固新措施"的研究,对板桩灌注墙、定喷墙、潜水组合电站灌注墙、沥青混凝土斜墙、水泥土斜墙、振冲法加固加密地基和强夯法加固加密地基等方法的机具、工艺、性能、适用条件、单价及黄河大堤加固的可行性提出了建议,在一定程度上推动了黄河下游堤防加固技术的进步。

四、防洪抢险和埽工技术

(一)抢险技术和险情管理

抢险技术是工程管理专业的基础应用技术,在黄河上有着悠久的历史。1955 年黄委吸取全国各地的成熟经验,总结出黄河传统的抢险办法,编制了《黄河防汛抢险技术手册》,提出了堤防八大险情分类以及巡堤查水、险工摸水和坝埽护岸抢险方法,这是黄河抢险技术的第一次系统的研究、总结和提高。此后,各级河务部门针对各类险情做了大量的试验研究和实践总结,其中重点研究了堤防深水堵漏方法和进行堵漏演习试验。为了推广和改进抢险技术,1988 年黄委组织有关人员以现代科学理论和工器具进步状况为基础,对抢险技术进行全面的总结,编写了《防汛抢险技术手册》,在内容的推广和技术水平深度上都有了较大的提高,成果在国内部分省(区)推广使用,并获黄委科技进步奖,使抢险技术的研究发展到一个新的阶段。

1985 年黄委组织技术人员对黄河历史上遗留的工程险点的险要程度进行了分析,首次提出了黄委掌握的河道堤防工程险点的标准,并进行了规范化编号和管理,将有限的资金优先用于重点工程险点的消除上,在提高投资效益、增强加固效果方面起了积极作用。1988 年通过总结基层修防单位汛期设立机动抢险队的经验,经报水利部批准,正式组建了"黄河下游机动抢险队"。这是对抢险组织管理的一项重大改革,使抢险管理在人员合理、设备完善、技术先进、机动性强等方面有了很大的提高。黄河下游的抢险技术和管理的研究、应用水平在国内处于领先地位。

(二)埽工技术

经过劳动人民长期的实践创造和发展起来的"黄河埽工"技术,凝结着中华民族治理黄河、研究治河技术的智慧结晶。汉代就有了用薪柴堵口的记载;到宋代埽工已有了较完整的做法,并在堵口与护岸方面发挥着主导作用。

人民治黄以来,随着管理技术的发展,"埽工"的含义在扩大,新材料、新结构的研究不断深入,应用范围不限于抢险堵口和护岸,还广泛用于修建和加固工程。20世纪50年代,黄河下游曾做了不少透水木桩坝,木桩上编织柳把以缓流落淤。其后,陆续试验过以混凝土为材料的"杩槎坝"和灌注桩坝、以土工织物装土作材料的长管袋坝等,这些不同材料和结构的治河、缓流、导流工程为治黄技术的进步提供了很好的经验。

在护根方面,研究创新了黏结大块石法、铅丝笼护根法、钢丝网片护根法、土工网罩护根法、扣砌法等,以及水冲槽钢丝笼沉排的深基础护根施工技术。目前,黄河下游坝岸材料、结构、施工技术的研究方兴未艾,且已取得较大的成果。

五、生物防护技术研究

在水利工程管理专业,尤其在河道管理技术中,生物防护是工程整体中不可少的组成部分。历史上虽然未曾明确提出生物防护的概念,但对生物防护措施也是相当重视的。宋代为巩固堤防,有植树及保护"河上榆柳"的文字规定;明代刘天和总结堤岸植树经验提出了"卧柳、低柳、编柳、深柳、漫柳、高柳"的植柳六法,把堤防防护林种植技术提高了一步。

人民治黄以来,生物防护技术除堤防和坝前柳树防浪外,堤坡植草和生物堵串技术也不断发展。在植树方面,除树的品种、株行距的研究外,系统地提出了"临河防浪、背河取材、速生根浅、乔灌结合"的总体布局原则。20世纪80年代初,开封县修防段王朝珍推广的泡桐带根埋干育苗法和大官杨改造技术,获科技成果推广奖。1987年在对堤身树株根系解剖研究成果的基础上,提出了堤身不植树的改革方案,这是治黄史上工程管理专业研究的一项重大成果,使生物防护技术更加科学合理。1997年,经过技术人员分析计算,提出了黄河下游高村以上临河植柳50 m宽、高村以下临河植柳30 m宽生物防浪林的建议,并在全河实施,取得了明显的社会效益和经济效益。

植葛芭草护堤始于20世纪50年代第一次大复堤时期。80年代以来,台前修防段进行了葛芭草更新复壮的研究,中牟修防段引进龙须草探索植草防护的新出路。黄委、河南黄河河务局在水利部水管司的支持下,开展了"龙须草生物防护作用"的课题研究,取得了一定的成果。在防冲方面还试种了部分葛芭草排水沟,并与其他排水沟做了投资、维护和排水效果的对比试验,对拓宽生物防护技术的应用进行了有益的尝试。此外,其他一些县河务部门还分别引进了铁板牙、羊胡草进行试种,均取得了一定效果。

六、规章建设

管理法规、规程、标准和办法是管理专业的软件,其科学、准确、及时和可操作性是管理专业研究的重要方面,反映着工程管理水平提高的程度。1949年冀鲁豫行政公署颁发了《保护黄河大堤公约》,这是人民治黄以来制定的第一个具有法律性质的黄河工程管理的法规。新中国成立以来,法制和行业标准的研究、建设大致分为三个阶段。新中国成立初期至20世纪60年代,针对管理法规和标准缺乏的状况,管理部门投入相当大的力量开展调研、总结,颁发了一系列的规定和标准,使工程管理很快就有法可依。"文化大革命"后期至1988年《中华人民共和国水法》颁布期间,随着"拨乱反正"工作的进行,工作的重点放在规章的修订和完善上,80年代初为规章建设、恢复和提高的高潮时期。1988年《中华人民共和国水法》颁布以后,水和水利管理有了基本法律,法规修订和配套法规的建设工作作为工程管理的重点之一迅速展开。各级管理部门都投入一定力量从事该工作的研究、调查、研讨,水行政机构的成立更加强和促进了这一工作的进展。这一时期的成果主要反映在以下几个方面:一是以《中华人民共和国水法》为依据修订原有法规,如河南、山东两省河务局通过省政府颁发了《黄河工程管理条例》等;二是法规建设向流域性管理发展,如黄委颁发的《黄河流域河道管理范围内建设项目管理实施办法》,以及穿堤管线、浮桥、渡口管理办法等体现了这个特点;三是行业有偿服务和经营管理的办法不断出台,创造了一定的经济效益,如水费、采砂管理费、堤顶行车补偿费等;四是部门操作和管理规程的完善有了很大进展,水平有较大的提高,黄委颁发的《黄河下游工程管理考核标准》、《工程管理正规化、规范化暂行办法》及《关于工程设计、施工为管理创造条件的实施规定》,以及各级河务部门制定的配套办法等,对促使黄河工程管理处于全国先进水平起到很大的保障作用。

七、非工程防洪措施的研究

(一)蓄滞洪区安全建设

20世纪70年代开始滩区安全建设以来,黄委有关部门陆续研究了蓄滞洪区安全建设的标准、调度运用和迁安救护方案等。1989年黄委工务处与中国水利水电科学研究院水力学所合作,进行了"黄河北金堤滞洪区洪水演进及洪水风险分析"的研究,运用二维洪水演进数学模型对滞洪区洪水演进过程进行了模拟,对主流区位置、水传播时间等重要内容提出了改正意见。1991 年山东黄河河务局与中国水利水电科学研究院合作,对东平湖水库作了同样的数学模拟,并进行了东平湖防洪避难系统的研究。这些研究成果均获黄委科技进步奖,对提高蓄滞洪区安全建设规划和调度运用的水平起到了较大的作用。1992 年批准立项的国家"八五"科技攻关项目"黄河下游滩区及分滞洪区风险分析和减灾研究",运用二维浑水数学模型进行洪水演进计算并提高运算速度和精度,研究东平湖与孙口—艾山河道洪水联合演进的方案,并重点研究河道内滩区洪水演进的内容。这些研究工作为黄河下游滩区滞洪区安全建设、防洪减灾提供了科学的依据,使黄河洪水演进和风险分析、减灾措施的研究处于国内领先水平。

(二)防洪决策支持系统的研究

近几年,黄委投入相当大的技术力量和资金开展了"黄河防洪决策支持系统"的研究与开发,系统将在雨、水、工情信息收集处理系统,防洪工程数据库和地理社会经济信息库等外围系统的支持下,通过快速灵活的信息检索与显示、暴雨和洪水预报、防洪调度方案的设计评价和优选、工程险情分析、灾情分析和减灾方案设计、防汛组织管理分析等功能,并与各级防汛指挥部门的专家相结合,实现现代化决策技术在黄河防洪决策中的应用,提高各层次、多目标的防洪决策的精度,缩短预见期,从而达到防洪减灾的目的。这项工作在黄委领导的重视和技术人员的努力下正以较快的进度开展,研究开发目标和成果在国内处于较高的水平。

八、三门峡水利枢纽工程管理专业研究

三门峡水利枢纽管理局成立以前,黄委有关部门对枢纽的管理和调度运用做了大量的工作。根据三门峡水库承担的任务和运用后库区出现严重淤积等问题,研究并成功地实施了从蓄水拦沙、滞洪排沙到蓄清排浑的调度运用方案,为长期发挥三门峡水库的作用奠定了基础。对三门峡水库的防凌、春灌、防洪度汛和发电等年度调度运用方案进行了多年的总结,已提出较成熟的调度方案和程序。

三门峡水利枢纽管理局成立以后,进一步加强了对枢纽的工程管理工作。由于三门峡枢纽工程改建长期不断,运用和改建同时进行,工程管理的难度大。三门峡水利枢纽管理局从实际出发,抓准存在的主要问题,开展了一系列专业研究工作;建立了从检查观测到工程维修的一系列制度,扭转"重建轻管"的局面,加强工程观测和资料整编,使工程运行状况和工程面貌、管理秩序等发生了巨大的变化。1989 年开始的汛期浑水发电科学试验提高了经营管理效益,对机组磨

损、气蚀和水草处理等工程运用问题有了新认识。泄流孔全部闸门关闭的方案及演习实施,使闸门关闭的时间从 13 h 缩短为 8 h,大大提高了工程调度运用的主动权。

1990 年三门峡水利枢纽管理局提出了工程管理发展规划,全面研究了管理工作的现状、问题、对策及发展,从大坝安全监测、廊道综合管理、大坝管理自动化、防汛运用及水文泥沙观测等方面确定了发展目标和具体内容,这对三门峡水利枢纽工程管理的现代化将起到重要的作用。同时制定的“技术改造规划”中确定的由水电厂、工程管理、防汛水情测报、工业电视监视和办公系统自动化五个子系统组成的综合自动化体系,以及浑水发电科学试验、坝前尾水区泥沙淤积形态研究、左岸坝肩山体稳定度分析、双层泄流孔过流工况研究、溢流坝运行工况下静动力分析、泄流设施优化组合对过机含沙量的影响、泄流孔和机组含沙量与流量测定科研攻关课题的实施,将大大推进三门峡水利枢纽管理局工程管理科学研究的水平。

第三节　黄河水利工程管理专业研究展望

在现代科学技术迅猛发展的今天,管理行业越来越受到重视,管理理论和技术的研究一直在高速发展,管理手段不断更新换代,高新科学技术在管理领域得到广泛应用,向管理要效益已成为现代经济发展的方向之一。黄河水利工程管理专业研究也必将进一步得到各级主管部门的重视,从黄河防洪兴利的需要和黄河水利工程所处的位置出发,紧密结合国内外同行业的发展趋势,加强科研投入,使研究工作有较快的发展。

一、加强产业理论和水利工程经营管理理论与实践的研究

长期以来,水利的行业地位不稳定、不合理。水利工程的防洪除涝、灌溉供水和水电等功能的建设与管理被分割,水利产业的投入、产出脱节。在我国水资源十分紧缺的状况下,随着社会经济的不断发展,水利建设在国民经济发展和人民生活水平提高中的作用越来越得到重视。水利管理部门要从战略调度来认识水利的地位和作用,把水利作为国民经济的基础设施和基础产业加以研究。这无疑是我国水利发展的必由之路,也同时给水利工程管理提出了新的研究课题。建成并投入运用的水利工程是水利基础设施和基础产业的主体,是水利固定资产的主要组成部分。水利工程基础设施和基础产业的属性与特点、水利工程作为固定资产管理的模式和运行机制、水利发展良性循环的外部环境和配套的法规政策是水利工程经营管理理论研究的重要内容。

黄河水利工程的防洪地位十分突出,黄河下游的供水效益亦十分显著。确立黄河水利工程在国民经济发展中的地位以及水利固定资产管理的模式,充分利用水土资源开展有偿服务,是当前水利经营管理研究的重点。首先,要把基础设施和基础产业分类,研究其投资分摊的办法并分别建立固定资产,基础设施部分以国家投入和有偿服务的事业收费为主体,基础产业则以市场调节的经营收入为主体。其次,要加快水价的改革,争取尽快实现水的商品化,按价值规律确定黄河渠首工程供水价格。同时,还要抓紧对河道工程修建、维护管理费的研究,争取在不长的时间内出台试行办法。这样,黄河水利工程作为基础设施和基础产业两大类,分别建立起各自的经营管理体系,使目前黄河工程建设和维护资金短缺、工程失修、效益下降的局面逐步得到改善。

二、建立工程安全监测系统

1987 年第四十二届联合国大会确定 20 世纪的最后 10 年为"国际减轻自然灾害十年"。1990 年初,我国有关部门研究认为,为了使减灾工作取得更大的成效,有必要建立部门性的、地区性的乃至全国性的监测、信息、示警系统。黄河下游的防洪工程历来贯彻"防重于抢"的管理方针,建立防洪工程安全监测和示警系统是十分必要的。系统应包括堤坝隐患和穿堤工程土石结合部状况的探测、涵闸安全监测以及险工坝岸和堤防安全的监测体系。在隐患探测技术方面,全国的目标是对重要的隐患险段定期进行监测,并建立隐患微机诊断专家系统;同时,还应进行探测特殊隐患(如堤坝较深部位的洞穴、深层集中渗漏通道)等新技术、新方法的试验研究,在特殊隐患探测技术上有所突破。毫无疑问,黄河堤坝工程的隐患探测亦应以此为目标,以电法为主,研究开发测、读数据接口和微机数据处理技术和设备,提高布极速度,并通过一定的工作量积累适合黄河大堤土质和基础构造的介质判读比照参数。引进适合黄河堤坝使用的仪器,在河南、山东两省黄河河务局建立起几个隐患探测小组,进行技术培训,使之兼顾全堤线普查的速度和重点检查的精度,并制定隐患普查的规定,实行规范化作业并积累系统的资料。

工程安全的监测技术近年来在国内外得到了广泛的研究,已有了较成熟的经验。由现场传感器,通过计算机远程控制的自动化监控管理系统在一些大坝已经实施,比如美国路易斯所管辖的密西西比河大堤已设置远程自动化监控系统。黄河下游防洪工程安全监测的重点对象是重要险工的靠水主坝和重点堤段;主要目标是险工坝岸根石蛰动和整体失稳、堤防渗透稳定和穿堤工程土石结合部的渗流监测;主要功能包括日常状态监控、异常状态报警和数据自动化整编。近期应加强坝岸根石蛰动监测现场传感器的研究,并引进有关仪器进行生产性试验工作,争取实现主要工程的安全监测。

工程安全监测系统建成后将与黄委已开展的雨、水情自动化遥测、通信网建设等非工程措施共同组成黄河防洪的预报系统,这将大大提高战胜洪水的主动权。

三、建立起工程管理信息网系统

现代化的管理是以信息为中心的,而目前信息采集及其传播系统,以及使用信息来强化管理的概念在我国还十分薄弱。黄河工程管理也是如此,许多上下级的情况和各地的先进经验传播较慢,不能及时产生效益。在计算机技术及互联网运用已十分成熟的今天,黄委作为一个大的流域机构,应从工程管理这一直接服务、体现减灾兴利的专业着手,尽快建立起横向和纵向的信息网络,把各级、各部门分散的系统变成相互内聚的一体化系统,实现各类信息由目前的定期和不定期提供变为实时检索,在信息的收集、传输、加工、保存、维护和使用方面,以及系统的可扩充性、可压缩性、可替代性、可传输性、可扩散性和可分享性方面都达到较高的水平。要尽快研究委—局或委—局—市局的信息联网,彻底改变各级信息不能共享、先进经验不能及时传播的状况,使管理现代化水平有较大的提高。

四、以现代化手段实现工程的优化调度

在工程调度运用方面还有很多课题需要研究。首先,目前黄河下游防洪、防凌、春灌、发电等主要调度目标要逐步研究按最大效益目标为主的调度运用。同时,调度目标还要考虑减少滩地淹没,为度汛工程施工创造条件,创造临时淤滩淤串和背河放淤改土的水沙条件,提高春灌以外时期供水的质量等。要按最大效益目标的原则研究三门峡水库、小浪底水库、下游河道工程和涵闸工程等综合调度运用方案。黄委作为流域机构,还要研究流域上、中、下游水资源的综合调度利用,逐步提高按水系实时调度的水平,充分研究各阶梯水工程的联合调度,使水资源和水工程发挥综合的、连续的效益。

五、加强抢险技术和工程维护技术的研究

在相当长的一个时期,抢险技术和工程维修加固技术的研究将是黄河工程管理技术研究的重要内容。抢险技术研究的关键点是查找漏洞的方法和深水堵漏技术、堵漏机械器具和新材料,目的是提高准确性和速度。膨胀材料、速凝材料和土工织物将在堵漏技术中发挥作用。快速抢修月堤的拼装模具和土料运载填充机械将得到使用。在险工坝岸抢险技术中大体积防护材料和抛石机械将取

代目前的人工抛散石的方法,适应黄河冲刷变形的坝岸结构和材料将逐渐代替目前险工的坝型。堤坡防冲技术和生物防护措施的研究试验成果将在这几年广泛应用,从而大大减少水沟浪窝的土方流失量。小浪底水库建成运用后,堤顶路面采用不同材料,因地制宜地研究硬化措施,以提高通车质量,减少工程维修投资。将进一步加强灭除害堤动物和洞穴处理的研究,试验长效、高效的药物和器械,有效地减少隐患再生率。管理维修技术的进步将有效地加强工程强度,提高抗洪能力。随着国民经济的发展和管理技术的进步,黄河水利工程管理将代表我国江河管理的水平,实现水利部"黄河的工程管理要走在全国前列"的要求。

第五章　工程检查观测

第一节　概　述

堤防工程是河道防洪的主要工程设施之一,是江河防洪工程体系中的重要组成部分。堤防工程属于挡水建筑物,是河道防洪的屏障,其主要功能就是束范洪水。工程管理工作的基本任务是保证工程完整和安全,维持工程应有的功能不衰退,使之正常运用,发挥其应有的作用和效益。因此,搞好堤防工程管理的最终目的是保护河道防洪安全,保护人民群众生命财产安全,保护国家经济建设的安全。因而,堤防工程管理工作责任重大、任务艰巨,是一项十分重要的工作。

堤防工程一般战线很长,建设工程量巨大,因而堤防工程建设多是利用冬春农闲季节,动员农民投工投劳,千军万马齐上阵,靠人推肩挑在历史民埝的基础上逐步加修起来的,工程质量差,堤身内部存在着"洞、缝、松"等缺陷;同时,由于堤防工程长期暴露于旷野之中、工程本身的缺陷,再加上风雨的侵蚀、害堤动物的破坏、人类活动的影响等各种复杂因素,堤防工程隐患、明患都较为常见。堤防工程在复杂的自然因素作用下,其功能、状态也会逐渐发生变化,产生缺陷。因此,在管理运用中如不及时进行检查观测、养护修理,则缺陷必将逐渐发展,影响工程的安全运用,严重的甚至会导致工程失事。

工程的检查观测是做好工程维修养护的基础。通过对工程进行检查观测,对及时发现的各种异常现象,经分析研究,判断工程内部可能产生的问题,从而进一步采取适宜的检查观测、养护修理措施,以消除工程缺陷,保证工程完整和安全。因此,检查观测成果是安排工程养护修理、除险加固的依据,应高度重视工程的检查观测。

第二节　工程检查

一、检查目的

工程的损坏,常有一个从小到大、从轻到重、由量变到质变的发展过程,对工程进行经常、全面的检查,以掌握工程的工作状况和变化状态,采取有针对性的养护修理措施,防止或延缓工程损坏的发展过程,从而才能保证工程的安全运用。

但是,长期以来,在堤防工程管理中,其管理设施、管理方法和管理手段相对比较落后。由于各方面原因,大多数河道堤防管理单位并不能就应该开展的观测项目进行工程观测,有的观测项目不全,有的不能正常观测,还有的虽然有了观测资料,但不能及时整理分析,起不到应有的作用。目前,在堤防工程监测方面几乎还是空白。因此,工程的检查就显得尤为重要。

工程检查就是用眼看、耳听、脚手触摸等直觉方法或借助简单的工具对堤防进行观察,以发现工程外露的不正常现象。工程检查简单易行,及时全面,许多问题往往是通过工程检查发现的。因此,应给以足够的重视。堤防工程的检查包括工程外表检查和工程内部隐患检查;工程外表的检查又分为经常检查、定期检查、特殊检查、汛期安全检查及专项检查等。

二、经常检查

经常检查是指为保证工程设施正常运行,工程管理人员按岗位责任制要求进行的检查。经常检查的内容、次数和时间等,应根据工程的具体情况而定,一般每月应进行一次,特殊情况下可增加检查次数,必要时对可能出现险情的部位,应进行昼夜监视。经常检查应着重检查堤防险工、险段及其工程变化情况,堤身上有无雨淋沟、浪窝、洞穴、裂缝、塌坑;有无害虫、害兽的活动痕迹;堤岸有无崩坍;护坡工程有无松动、塌陷、架空现象;排水沟有无损坏、堵塞情况;堤基有无渗透破坏(渗水、管涌)现象;河道主流有无变化,对河岸、滩地有无影响;沿堤设施(各种标志、标桩、标点、通信线路、观测设施及其他附属设施等)有无损坏、丢失;护堤林、草的生长情况,有无损失等。

对在经常检查中发现的问题,应做好记录,并按规定标准及时进行修复处理。

三、定期检查

定期检查是指基层管理单位按有关规定组织进行的工程全面普查,每年汛前、汛后各进行一次。重点堤段的检查,必要时可报请上级主管部门派员参加,共同进行检查。基层管理单位对定期检查要填写检查记录,并编写检查报告报上级主管部门备案。

汛前检查一般于春季进行,应着重检查岁修工程完成情况、存在的问题,包括工程情况、河势变化情况等。对检查中发现的问题,必须于汛前组织处理完毕。对于汛前确实无法处理解决的问题,则应制订完善的应急度汛方案或措施,汛期加强防守,确保安全度汛。汛前检查还应包括防汛各项准备情况,如防汛责任制的落实,各类防汛预案(包括防御洪水方案、工程抢险、交通、通信、照明、迁安救护等)的制订,切实做好各项防汛准备工作。

汛后检查应着重检查工程在经过汛期运用后出现的问题、工程变化和工程水毁情况,并据以拟编翌年岁修工程建议计划。对于比较严重的问题,或情况比较复杂,或修复工程量、投资比较大的水毁项目,还应专题报告上级主管部门。

四、特殊检查

特殊检查是指当发现工程存在较复杂的问题,或发生重大事故,或发生特大洪水、特大暴雨、台风、地震及其他非常运用情况时需进行的检查。特殊检查一般由基层管理单位组织进行,必要时可报请上级主管部门及有关单位(如设计、科研等),邀请有关专家会同检查,亦可申请上级主管部门直接组织检查。

特殊检查要对检查的项目或问题作出准确的判断,对工程安全状况的影响作出评价,提出处理措施或处理方案,写出专题报告,报上级主管部门。

五、汛期安全检查

堤防工程的汛期安全巡查是工程安全运用的一个重要环节,是及早发现险情苗头,及早采取措施处理,消除险情于萌芽状态的前提条件。

堤防安全巡查一般采取徒步拉网式方法,即由 5~7 人(根据堤防工程情况,巡查人员可适当增加或减少),沿堤防断面一字排开,同时前行,进行排查。巡查范围包括堤身、堤岸、近堤水面、与堤防相接的各种交叉建筑物、堤防背水坡脚及坡脚外一定范围内的坑塘、洼地、水井、房屋。检查的内容包括有无裂缝、滑坡、洞穴、塌滩、塌岸、渗水、管涌、跌窝等,近堤水面有无异常,背水地面坑塘、水井有无翻沙冒水、水位升高现象,房屋有无裂缝或其他不正常现象,与堤防交叉的建筑物有无裂缝、蛰陷,与堤防结合部位有无渗漏等。

堤防巡查应注意以下几点:①加强领导,责任落实到人;②加强技术指导,统一巡查记录格式,发现险情后,记录的内容要全面,如出险时间、地点、位置、险情类别、险情描述(给出量的概念)、绘制草图,同时记录水位和天气情况,必要时进行相关测量、摄影、录像;③加强巡查人员的抢险意识,一旦发现险情,应立即采取应急措施,避免险情扩大,同时向上级部门报告;④报告的内容除前述记录的内容外,还包括采取的处理措施,下一步的措施建议,需要的人、物、工具设备及数量等;⑤要注意巡查人员的安全。

六、专项检查

专项检查主要包括隐患探查、根石探测等。

堤身内部经常发生的隐患主要有裂缝(不均匀沉陷、干缩、龟裂、施工工段接头、新旧堤结合面等)、空洞(动物洞穴、天然洞穴)、人为洞穴(藏物洞、墓穴)、松软夹层、植物腐烂形成的孔隙、堤内暗沟、废旧涵管等。

在工程检查中,除凭人的感觉进行观察外,还应采取必要的措施,进行工程探查,以及早发现并消除堤身隐患,达到保证堤防安全运用的目的。常用的方法有人工或机械锥探、地球物理勘探(主要是电法探测)。

(1)人工锥探的方法是黄河修防工人在工作实践中创造的,是了解堤身内部隐患的一种比较简单的钻探方法。

(2)机械锥探由人工锥探发展而来,由机械打锥机代替人工打锥。国内使用的打锥机械种类较多,尚无统一定型产品。其中,河南黄河河务局研制的ZK24型锥孔机和湖北省洪湖县水工机械厂研制的 PQ244 型全液压锥探机较为常用。

(3)电法探测是地球物理勘探的一种方法。它是根据地下岩土在电学性质上的差异,借助一定的仪器装置,量测其电学参数,通过分析研究岩土电学性质的变化规律,结合有关堤身土壤资料,推断堤身内部隐患存在情况。目前,国内采用地球物理勘探技术探测堤防隐患的方法主要是直流电阻率法、自然电场法、瞬变电磁法、放射性同位素示踪法、瞬态面波法、地质雷达法等。而应用比较广泛的是直流电阻率法,近年来高密度电阻率法的使用尤为普遍。

第三节　工程观测

一、堤防工程观测

(一)观测内容

堤防工程观测的内容主要有以下方面:

(1)渗流观测,包括堤身渗流(浸润线)、堤基渗流及渗流量观测。

(2)堤防临河水位观测。

(3)堤身及基础位移观测,包括垂直位移(沉陷、塌陷)观测、水平位移(堤身滑动、软弱夹层滑动等)观测,如有裂缝,还包括裂缝监测。

(4)堤身隐患探测(包括洞穴、裂缝、软弱夹层)。

(5)穿堤建筑物对堤身影响观测。

（6）近堤水流形态及河势变化观测。

（7）河道冰情观测。

（二）观测现状

堤防工程观测的目的是了解、掌握工程及附属建筑物的运用和安全状况，在工程检查的基础上，依靠对观测资料的分析研究，掌握工程在运用过程中的变化规律和变化原因，及时采取相应的工程措施，消灭工程险情于萌芽状态，防止事故发生，从而保证工程的安全运用。同时通过原型观测资料的积累，检验工程设计的正确性和合理性，为科研积累资料，提高堤防工程设计水平。

结合河流具体情况，堤防工程观测应开展的基本观测项目主要有工程变形观测，包括垂直位移（沉降、沉陷）和堤身裂缝观测；渗流观测，包括堤身浸润线和堤基渗透压力、渗流量及水质观测；水位观测等。对于重要河流，根据工程安全和运行管理的需要，还应有选择地设置堤身水平位移、河道水流形态及河势变化、河床冲淤、河岸坍塌、防浪林带消浪防冲效果、附属建筑物的水平及垂直位移、波浪、冰情等项目的观测。

目前黄河下游防洪工程观测设施设置较少，堤防、河道整治工程运行安全动态信息主要靠每年汛前的徒步拉网普查和一线管护人员日常巡视检查获得。反映河势信息的河势图主要靠眼观手描绘制；根石断面信息靠人手持竹竿探摸获得；水闸工程虽布设有测渗流的测压管和监测沉降的水准点设施，但设备起点低，且大部分已超期服役，设备陈旧、老化、损毁现象严重，测值可信度较低。从1998年起黄河下游各水管单位都采用电法探测对部分堤防进行了堤防隐患探测，但探测结果受人为解析经验不足等因素影响，隐患成果的可靠性与指导作用受到限制。

黄河堤防的安危关系到黄河健康生命，关系到黄淮海平原亿万人民群众生命财产的安全，历来为世人所瞩目。为及时掌握黄河下游各类防洪工程的实际运行状态，及时发现险情，真正做到对险情抢早抢小，保证工程安全，必须配备相应的观测设施。

1. 垂直位移观测

垂直位移观测主要观测堤身沉降量。观测断面桩点的设置可利用沿堤埋设的里程碑，也可专门设固定测量标点。地形地质条件比较复杂的堤段，应适当加密测量标点。

堤防工程竣工后，无论是运行初期还是正常运行期，都应定期进行堤身沉降量的观测。工程运行初期，堤身填土尚未固结稳定，大部分沉降量将在这一阶段发生，因此要加强对堤身沉降量的观测，以了解土体的沉降速度和稳定性。当工程进入正常运行阶段后，堤身填土逐步趋于稳定，年观测次数可以减少，但至少每年汛后要进行一次全面观测,以为工程翌年岁修提供依据。

2. 裂缝观测

裂缝观测是堤防工程常见的一种险情。它是外界因素使其内部应力作用大大超过允许值,从而使其损伤达到危险程度的集中表现,是堤防出现结构性危险的最明显的信号。有时它很可能是其他险情(如滑坡、崩岸等)的前兆。由于它的存在,雨水或洪水易于入侵堤身,常会引起其他险情。一旦发现裂缝,应分析判断裂缝类别及产生的原因,并进行观察、观测,了解其发展趋势,为采取处理措施提供依据。出现裂缝后,内部应力在各个部位重新分配,如果不能及时发现、处理,就有可能危及堤防的安全。因此,要加强对裂缝的发展情况和活动规律的观测,及时、准确地掌握裂缝活动的有关情况,才能有效地提高安全监测系统的耳目作用和预警作用,才能防患于未然。

1)裂缝的产生原因和一般分类

堤顶、堤坡和浆砌石护坡的裂缝产生的主要原因有材料、施工、使用与环境、结构及作用(荷载)和其他等5个方面。按成因分,有沉陷裂缝、滑坡裂缝和干缩裂缝;按方向分,有纵向裂缝、横向裂缝和龟裂缝。纵向裂缝(平行堤轴线或呈弧形)有两类:一类是沉陷裂缝,另一类是滑坡裂缝。沉陷裂缝和滑坡裂缝的主要区别是:沉陷裂缝的形状接近直线(多由堤基的不均匀沉陷引起),它基本上是铅垂地向堤身内部延伸,错位不大;滑坡裂缝由堤坡的滑坡引起,一般呈弧形向坡面延伸,缝的发展过程逐渐加快,跌坝明显,错距较大,在裂缝发展后期,可以发现在相应部位的坝面或坝基上有带状或椭圆状隆起。横向裂缝(垂直堤轴线):沿轴线方向的堤段由于不均匀沉陷,产生横向裂缝,这种裂缝比较危险。龟裂缝:主要由于干缩引起,其方向无规律、纵横交错,缝间距较均匀。龟裂缝一般不影响堤防的安全。裂缝按部位分有表面裂缝和内部裂缝。其中内部裂缝是堤防内部产生的裂缝,从外表看很难察觉。明确了裂缝的分类,就可以知道什么裂缝的危害性大,从而在裂缝的观测工作中抓住重点,有的放矢。

2)裂缝的观测

裂缝的观测包括位置、走向、缝宽、缝长和缝深等项目。常用的方法为人工观测,条件允许时,还可利用堤防隐患探测仪进行探测。人工观测,可在裂缝堤段以定长间隔撒白灰网格线的方法,每间隔一定时间,测记缝长和缝宽,并按适当比例绘制平面图。需要了解缝深时,一般采取坑深法,探坑的开挖经上级主管部门批准后方可进行。探坑的开挖应注意坑壁支撑,防止发生事故。事后要及时按照筑堤质量要求,分层夯实回填。

3. 渗流观测

堤防工程在汛期高水位时极易发生堤坡滑移、堤基翻沙涌水等渗透破坏现象,而这些渗透破坏所造成的后果往往是非常严重的。因此,进行渗流观测,了解浸润线的位置和变化情况,了解渗流量及渗流水质的变化情况,从而判断堤防工程运用过程中的渗流是否正常。渗流观测还应结合现场观测和实验室的渗流破坏性试验,测定和分析堤基土壤的渗流出逸坡降和允许水力坡降,判断堤基渗流的稳定性。

1)堤防浸润线观测

堤防浸润线是判断堤身稳定性的重要参数,常用的观测方法是测压管法。

(1)观测断面的布置原则。应根据堤防工程情况,在有显著地形地质弱点、堤基透水性大、渗径短、对控制渗流变化有代表性、最有可能出现异常渗流的堤段布设观测断面,埋设测压管。每个有代表性的堤段布置观测断面应不少于3个,断面间距一般为300~500 m,若堤段内地形地质条件无异常变化,间距还可适当放宽。观测断面一般应统一考虑,多项目观测结合布置。当然,视情况也可进行单一项目的观测。

(2)测压管的布置。观测断面上测压管的布置应以能反映断面上浸润线的情况为原则,其位置、数量埋深、测压管的结构等,应根据堤段的水文地质条件、堤身断面的结构形式以及采取的渗流控制措施等情况进行综合分析确定。

(3)测压管的结构组成。测压管一般由透水管、导管和管口保护设备三部分组成。透水管要求能进水滤土,起反滤作用;导管与透水管连接,引出堤表与管口保护设备连接,用于量测测压管内水位;管口保护设备用于防止杂物进入管内堵塞测压管。

(4)测压管水位观测。常采用吊索法和电测水位器法。通过量测测压管管口到水面的距离,由管口高程换算出测压管内水位。注意,为保证量测精度,应定期校测管口高程和吊索长度。

2)渗流量观测

渗流量观测主要了解堤防工程在运用过程中渗流量的大小及其变化规律,以监测堤基、堤身的渗流安全状态。观测方法一般采用容积法或量水堰法。容积法是将水渗入引水容器,量测渗水体积,根据记录时间,计算渗水流量。如果渗水流量比较大,可用量水堰法,一般采用直角三角堰或梯形堰。

正常渗流的渗水是清澈的,如果渗水中含有泥沙颗粒,或含有某种可溶盐成分,则表现为混浊不清。这说明堤身或堤基土料中有部分细颗粒被渗水带出,或土料受到溶滤,而这些常常是有害渗流或管涌等渗透破坏的前兆。经常检测渗水的透明度,根据其变化情况了解堤防是否安全,是重要手段之一。因此,根据需要,可结合渗流量的观测,测验渗水的透明度。如果事先率定出透明度和含沙量的关系曲线,检测出透明度,即可判断渗水的含沙量。

透明度的观测一般用透明度管检测。透明度管由直径 3 cm、高 35 cm 的平底玻璃制成,管壁刻有刻度。检测时,用一块印有 5 号字体的汉语拼音字母板,置于管底以下 4 cm 处,从管口通过检测水样观看,看清字体时的管中水深值即为透明度。透明度为 30 cm 时为清水,透明度愈小,则含沙量愈大。

二、河道整治工程观测

河道观测的目的在于及时掌握河道纵、横向变化,确定河道防洪工程的作用,分析研究河道变化规律,预估河道发展变化趋势,进而研究河道治理的工程措施,以使河道防洪及河道治理工作建立在科学可靠的基础上。河道观测的内容包括河势观测、河道断面测量、水下河道地形测量等。这里简要介绍河势观测及河道断面测量。

(一)河道整治工程观测的内容

(1)根石位移(走失)观测。

(2)坝垛位移监测信息(分裹护段和非裹护段)。

(3)坝前水位、流速、流向观测。

(二)河势观测

河势观测一般采用目估河势法和实测河势法。

1. 目估河势法

目估河势法即用眼观察估计,将水边线、主流线绘制在已测绘的河道地形图上。这种方法较为简单,技术要求低,速度快,但精度较差。如果查勘时所用的河道地形图准确,又能利用无标尺测距仪测距,则目估河势图也能满足要求。黄河上采用的就是目估河势法。

目估河势法可乘船观测,也可沿滩岸步行或利用代步工具(自行车、汽车等)进行观测。在观测过程中,目估水边线位置、水面宽度、塌滩还滩情况时,可借助河道两岸滩地上相对稳定的自然地物地貌(必要时可设置专门的断面桩)确定,并对基层管理单位和沿岸居民进行调查访问。主流线的测绘主要是根据河道水流特征,依靠观测者的经验进行估计。如果有河道断面测量成果,可参照断面深泓点位置,对目估主流线进行校绘。

2. 实测河势法

实测河势法是应用测量仪器进行观测,一般采用经纬仪或六分仪进行测绘,有条件的也可用平板仪进行测绘。该方法的优点是测量成果精度高,准确可靠,但施测过程较为复杂,技术要求高,工作进度较慢。

注意,不论采取什么观测方法,绘制河势图都应注明观测时间、河道控制站的流量和水位等。

(三)河道断面测量

通过断面测量可以确定河道断面形态、河段比降及河道深泓线比降。利用不同时间的测量成果的比较,可以反映两测次间河道断面的冲淤变化,计算其冲淤量。河道断面测量成果是分析研究河道纵向、横向冲淤变化规律及研究河道排洪能力的重要依据。河道断面测量,首先要布设测量断面,确定测量范围和施测次数。测量断面的布设应按照河道防洪要求和河道平面形态确定;测量范围包括水道断面测量和岸上水准测量两部分,有堤防河道应测至堤防背水侧的地面,无堤防河道应测至历史最高洪水位以上;比较稳定的河床,一般每年施测一次,不稳定的河床,除每年汛前、汛后各测一次外,每次较大洪水均应增加测次。

三、水闸检查观测

按照黄委1985年颁发的《黄河下游涵闸工程观测办法》,对涵闸进行检查和观测。同时按照水利部1995年颁发的《水闸技术管理规程》和《水工钢闸门和启闭机安全检测技术规程》、1996年颁布的《水闸工程管理设计规范》、1998年颁布的《水闸安全鉴定规定》和黄委2002年颁布的《黄河下游水闸安全鉴定规定》(试行)等规定的要求执行。

(一)水闸检查观测的主要任务

(1)监视水情和水流形态、工程状态变化和工作情况,掌握水情、工程变化规律,为正确管理提供科学依据。

(2)及时发现异常现象,分析原因,采取措施,防止事故发生。

(3)验证工程规划、设计、施工及科研成果,为发展水利科学技术提供资料。

(二)工程观测的内容

涵闸工程观测项目包括沉陷和水平位移、扬压力、裂缝及伸缩缝、绕渗、混凝土碳化、水流形态、涵闸上下游冲淤和冰情等;涵闸工程水文测验项目包括上下游水位、闸门开启高度、孔数、引水流量、含沙量、水流形态等。各项工程观测及水文测验按相关规范要求执行。

具体到黄河下游防洪工程的实际情况,应具备下列内容:

(1)水闸与大堤结合部渗流观测。

(2)水闸与大堤结合部开合、错动位移观测。

(3)上、下游水位观测。

(4)闸基扬压力观测。

(5)水闸建筑物位移(包括垂直位移、水平位移)观测。

(6)闸体裂缝观测。

(三)水闸检查的方式

涵闸工程检查工作,包括经常检查、定期检查、特别检查和安全鉴定。

(1)经常检查的范围和周期:涵闸管理单位应经常对涵闸各部位、闸门、启闭机、机电设备、通信设施及管理范围内的河道、堤防、水流形态等进行检查。检查周期:每 10 d 检查一次。

(2)定期检查的范围和周期:每年汛前、汛后或引水期前后,应对涵闸各部位及各项设施进行全面检查。汛前着重检查岁修工程完成情况、度汛存在的问题及措施;汛后着重检查工程变化和损坏情况,据以制订岁修工程计划。冬季引水期间,应检查防冻措施落实及其效果等。

(3)特别检查:当涵闸工程遭受特大洪水、风暴、强烈地震和发生重大工程事故时,必须及时对工程进行特别检查。

(4)安全鉴定的周期:涵闸工程投入运用后每隔 15~20 年应进行一次安全鉴定;对单项工程,达到折旧年限时,应进行安全鉴定;对影响安全运行的单项工程,必须及时进行安全鉴定。

引黄涵闸的安全鉴定工作由管理单位报请山东、河南两省黄河河务局组织实施,分泄洪闸的安全鉴定工作由黄委组织实施。

定期检查、特别检查、安全鉴定结束后,应根据成果作出检查、鉴定报告,报上级主管部门。

(四)水闸检查观测的基本要求

(1)检查观测应按规定的内容(或)项目、测次和时间执行。

(2)观测成果应真实、准确,精度符合要求,资料应及时整理分析,定期整编。检查资料应详细记录,及时整理、分析。

(3)检测设施应妥善保护;检测仪器和工具应定期检验、维修。

第六章　黄河堤防隐患探测

由于下游大堤是在历史民埝的基础上培修而成的,存在诸多隐患,加上"地上悬河"和特定的沙性堤身堤基,给防洪安全构成了极大的威胁。因此,及时探测堤防隐患,为堤防加固和度汛防守提供依据,是十分必要的。

第一节　黄河堤防隐患及危害性

堤防隐患是指由于自然或人为等各种因素的作用与影响所造成的堤防裂缝裂隙、松散土体、软弱夹层、獾鼠洞空等威胁堤防安全的险情因素。黄河堤防由于所形成的历史条件比较复杂,决定了堤防质量参差不齐,存在着"洞、缝、松"等特点。治黄历史表明,黄河决口除堤身高度不足所发生的少量漫溢决口和因河势顶冲造成的冲决外,多数是因为堤防存在隐患而造成的溃决。试验研究堤防隐患探测新技术,推广应用先进的探测仪器,快速、准确地探测判定堤身隐患是工程管理的重要任务。

堤身内部经常发生的隐患主要有裂缝、空洞、人为洞穴、软弱夹层、植物腐烂形成的孔隙、堤内暗沟、废旧涵管等。

隐患探测技术从早期的人工普查、锥探、抽水涸堤等手段到逐步引入物探的电法探测,取得良好效果,技术水平有了长足的进步和发展。

第二节　探测技术的历史沿革与方法

一、人工普查

在清代,堤防隐患探测即用长约 3 尺、上端安有木柄的铁签进行签堤,查找隐患,并制定探测实施办法。1949 年,黄河花园口水文站发生了 12 300 m^3/s 的洪水,兰考东坝头以下两岸堤防发生漏洞 806 个。大量漏洞的发生表明堤防隐患是严重的。1950 年 6 月黄委即部署:"各地对新旧堤防亟应进行普遍而严格的检查,凡新旧堤结合部,施工分段衔接处,以及穿堤建筑物,都应列为检查的重点,新旧堤一律进行签试。"同时制定了《堤防大检查实施办法》。据此,河务部门广泛发动沿河群众,普遍开展堤身隐患探测。通过探测共查出隐患 7 605 处,其中獾狐洞空 559 处,战沟残缺 175 处,坑空 50 处,井空、暗洞、红薯窖 198 处。1952 年,山东堤防探测发现碉堡 66 处、军沟 206 条、防空洞 110 处,其中齐河县发现一条军沟,长 20 多 m,宽 2 m 多,洞内有尸体和铁锅等物。1953 年在河南武陟秦石村西大堤上探测出一獾洞,位于堤顶下 3～9 m,洞空横三竖四,上下交错,全长达 300 m。大量隐患的发现,加深了对消灭隐患重要性和长期性的认识,从而将普查隐患工作定为制度。1950～1987 年,全河共探测出隐患 35 万处。

二、人工锥探

锥探查找堤防隐患是黄河下游工程维修养护的重要内容,其技术发展历来受到河务部门的重视。早在清代就有"签堤"措施,对堤身进行签探,发现情况后"令兵夫刨录其根底"。这是历史上工程管理技术的一个创举。

人工锥探方法是由黄河修防工人在工作实践中创造的,它是了解堤身内部隐患的一种比较简单的钻探方法。

人工锥探时,从堤顶或堤坡锥入堤身内部。根据锥头的进入速度(阻力大小)、声音等,凭感觉判断是否存在隐患,如锥探过程中遇到沙土、黏土、砖石、树根、空洞等均能凭经验判定。同时,还可以向锥孔内灌入细沙或泥浆,在进行验证的同时,也对隐患进行了处理。虽然这种方法显得有些笨拙,但现在仍不失为一种简单而行之有效的方法。

(1)锥探工具主要是钢筋锥,选用碳素工具钢制成。直径 10～22 mm,长度比预计锥眼深度超出 1.0～1.2 m,锥身要顺直。锥深超过 8 m 以上用长锥或活节段丝锥。锥头须加工成三棱尖或四棱尖。锥头的长短、大小与锥身的粗细要相适应,过粗则眼大费力;过细则夹锥难下,感觉不灵。三棱尖适用于沙松土,锥尖长度可采用锥直径的 1.2 倍。四棱尖适用于黏硬土,不夹锥,锥尖长度可采用锥直径的 1.3～1.5 倍。钳夹用以钳紧锥身,便于锥工操作,提高工效。锥架用以稳定锥身,防止摆动。锥身长度超过 8 m 以上的,必须使用锥架。

(2)锥探准备及场地布置。在锥探前,首先对被锥探堤段进行勘察、测量,结合调查访问,查找历史资料,了解堤身情况,以确定锥探范围、深度、工作程序等。如利用灌浆或灌沙判断隐患,应对土沙进行选择,并按照各堤段锥眼数目计算使用量,运储在适当地点。如系沙料,存储时还应注意防潮。锥探现场应设临时维修站,以及时修理锥身和锥头。锥眼排列,一般纵距(顺堤方向)0.5 m、横距 1.0 m,排成梅花形,如发现隐患还应加密。锥探深度要超过临背河堤脚连线以下 1 m。如果是几个锥眼同时锥探,要相隔一定距离,以免相互影响。遇有坚硬表土或黏土,可在锥眼部位浇少量水,润湿表土,以利于下锥。

(3)锥探方法。锥探时4人扶锥,动作要协调一致。开始将锥提高,照准定位,垂直猛击进入地面,入土深70 m后,高提下打,一次进锥以30~50 cm为宜,过深感觉不灵。在打够深度后拔锥时,即高提猛举,当锥头快要拔出地面时,要轻拔,防止锥杆伤人。不同土质的打法也不相同:①沙松土可用连续下压法;②一般土可用高提深压的打法;③硬土层台如系硬淤可用旋转打法,如系堤面硬土或硬板沙可用小提小打法。地面1 m以下的硬层,如较薄者,可用高提猛打法。如遇最硬土层,人力打不进或是拔不出锥,可用钳夹打拔,或顺锥浇少量水。拔锥时,一般松土浅锥可用单手大拔,硬土深锥可用双手小拔。无论采用什么拔法,在拔锥时,人要握紧锥杆,防止回锥。

(4)隐患鉴别。凭操作者感觉发现隐患。锥工打锥时要集中精力仔细辨别虚实情况,以免漏掉隐患。虚土下锥感觉轻松;腐烂木料虽松软但微发涩;遇洞穴、裂缝下锥感觉空虚,锥身有闪动;遇砖石则发声不下。锥探后要灌注锥眼,目的是:①灌实锥孔,不使堤身内留下锥孔而产生新隐患;②以注入沙或泥浆量的多少判断洞穴、裂缝等隐患是否存在。

采取人工锥探方法时,一般应注意以下几点:①锥探时应保持锥孔垂直,并达到需要的深度;②为便于进行灌浆处理,应保持锥孔畅通,灌浆前可先用草或树枝塞住孔口;③锥探时如发现堤内有异常情况,应插上明显标志,并做好记录,以便进一步追查和处理。

三、抽水洇堤

抽水洇堤的基本方法是在堤顶开挖纵向沟槽,槽底锥孔灌水,据渗水、漏水情况,分析判断堤身隐患,然后进行开挖翻修处理。1957年山东黄河河务局在东阿县南桥至大河口抽水洇堤532 m,槽沟底宽1.0 m,深1~2 m,探测与处理效果良好。1959年在齐河老城、大王庙、许坊、李家岸等堤段抽水洇堤计长1 420 m,发现大小漏洞45个、堤顶陷坑7个、裂缝50条(长1 121 m),堤身出现冒水口33个,直径0.1~0.5 m。1965年河南黄河河务局在赵口、四明堂、张三堤段抽水洇堤计长2 599 m,按堤顶宽度的1/2开挖沟槽,槽底以0.5 m间距锥孔,孔深9 m。经洇堤3处共发现洞穴112处,洞径一般0.5 m,最大1.5 m,堤身、戗坡上出现冒水口26处,出水口直径0.1~0.5 m。洇水后堤顶有不均匀沉陷10~17 cm,后进行开挖填实和灌浆处理。1985年沁河杨庄改道新右堤发现裂缝,为查找隐患,在距临河堤肩2.0 m处开挖0.5 m×1.0 m的沟槽,锥孔洇水,查找隐患效果良好。

四、机械锥探

机械锥探由人工锥探发展而来,国内使用的打锥机械种类较多,尚无统一定型产品。其中,河南黄河河务局研制的 ZK24 型锥孔机和湖北省洪湖县水工机械厂研制的 PQ244 型全液压锥探机较为常用。现对这两种机械作简要介绍:

(1)ZK24 型锥孔机所用的锥杆为碳素六方工具钢(规格 22~25 cm),锥孔深度一般为 10 m。锥孔速度,快时为每小时 75~90 个孔,慢时为每小时 55~70 个孔。该机使用的动力设备为 11 kW 柴油机,设计进锥力为近 23 kN,实际可达 26 kN。

ZK24 型锥孔机的造孔方法是:将锥孔机定位后,锥杆由挤压轮夹紧,转动挤压轮将锥杆压入堤内。当土质松软时,可快速进锥;当土质坚硬、挤压轮打滑时,可通过调整弹簧组增加挤压力,改为慢速进锥。如锥头遇到石块等硬物,安全离合器便发出"咔嗒"的响声,应停止进锥。锥杆进深由指针显示,达计划深度后,改换挤压轮转动方向,将锥杆提起,移至下一孔位。

(2)PQ244 型全液压锥探机可在 1:2.5~1:3.0 的斜坡上进行水平作业。该机功率 17.6 kW,打锥速度 480 m/h,锥孔直径 24~30 mm,额定压力约为 1.37 MPa。锥孔后,灌入沙或泥浆,根据灌入量判断堤身隐患。机械打锥机具有锥孔深、速度快、效率高等优点,主要缺点是在锥孔过程中不易发现隐患,故现在一般不再进行单一的锥探隐患,而是结合压力灌浆发现并消除隐患,加固堤防。

第三节　堤防隐患电法探测

电法探测是地球物理勘探的一种方法。它是根据地下岩土在电学性质上的差异,借助一定的仪器装置,量测其电学参数,通过分析研究岩土电学性质的变化规律,结合有关堤身土壤资料,推断堤身内部隐患存在情况。目前,国内采用地球物理勘探技术探测堤身内部隐患的方法主要有直流电阻率法(即平常所说的电法)、自然电场法、瞬变电磁法、放射性同位素示踪法、瞬态面波法、地质雷达法等。对不同的隐患,上述方法各有利弊。电法是目前探测黄河堤防隐患的主要方法。电法中的直流电阻率法对探测堤身横向裂缝、空洞、松散不均匀体效果较好。充电法、自然电场法、激发极化法对探测渗漏通道、管涌效果较好。电磁波法可分为瞬变电磁法和脉冲地质雷达法。瞬变电磁法是根据二次场的衰变特性来确定堤防隐患性质。目前,瞬变电磁法可以探测裂缝、空洞、松散不均匀体(老口门软弱基础)。脉冲地质雷达法在沙性土中探测深度较浅,对浅部空洞、松散不均匀体、老口门等杂物反映明显。瞬态面波法是根据弹性波在不均匀介质中传播的频散特性求出堤身介质的横波速度,根据横波速度与剪切模量的关系,确定堤身强度及软弱层分布。目前,堤防隐患探测主要是利用电法探测堤身隐患,这种方法简单易学、直观,图像反映解释容易,实用性强,通过较短时间的培训就能掌握,且仪器价格较便宜,经济快速,便于推广应用。瞬变电磁法目前普及率较低,只有少数单位在应用,它需要检测人员具有一定的电磁波理论基础及相关知识。其探测时采用了不接地回线,可以连续进行。脉冲地质雷达法在探测浅部洞穴和松散不均匀体时效果较好,但对单一的裂缝隐患不明显。

总之,电法探测隐患具有经济、快速、成本低的特点。因此,可利用电法进行快速普查,确定隐患位置和埋深。如果需进一步查清隐患性质,可利用高密度电法结合其他方法进行详查,在较短的时间内,达到快速探测隐患的目的。20世纪90年代,黄委在电法探测堤防隐患技术研究和推广方面取得了突破性进展。黄委设计院物探总队研制的高密度电阻率法堤防隐患探测仪和山东黄河河务局科技处研制的 ZDT – I 型智能堤坝隐患探测仪均达到国内领先水平。

一、ZDT – I 型智能堤坝隐患探测仪

ZDT – I 型智能堤坝隐患探测仪是山东黄河河务局在对多年应用电法探测堤防隐患技术进行研究总结的基础上,结合电子、计算机技术,完善、提高常规电法仪器的功能和技术指标,研制成功的集单片计算机、发射机、接收机和多电极切换器于一体的高性能、多功能的新一代智能堤防隐患探测仪器。该仪器可现场打印测量结果,不仅可广泛应用于江河水库堤坝工程质量的普查以及隐患和漏水探测,还可用于铁路、桥梁、建筑物地基探测和找水、探矿等工作中,具有显著的社会效益、经济效益和广阔的应用前景。

通过在东平尖围坝、长垣临黄堤、武陟沁河新左堤等多处野外探测试验,表明该仪器工作稳定可靠,实用性强,能够适应堤防隐患探测的特点和技术要求。1998年8月,在长江九江河段利用该仪器先后探测了九江县赤心堤欲港泡泉、王家堡泡泉、瑞昌市梁公堤苏山段泡泉、九江市城防堤河口泵站泡泉等多处主要险点,均确定了主要渗漏通道,并探明临江存在的14处集中渗漏点。

二、恒流电场法探测堤坝漏水

(一)测量原理

利用坝体相对于漏水通道为高阻体,而漏水通道为相对低阻体的特点,在可疑范围内建立人工电场,则电力线在漏水通道这个低阻体内及其附近相对密集,

改变了场强的正常分布,其异常会在电场作用下从地表或水面上以电位变化的形式反映出来。选择适当的布极方式和位置测量电位差,就能观测到这种高、低阻体的差异引起的电位变化,变化相对最大的地方即是漏水的位置。

(二)技术要点

(1)建立恒流电场。用该方法探测堤坝漏水时,测量的是人工电场的电位变化,而这种电位变化是漏水异常改变了电场分布所造成的,漏水通道与被水饱和的坝体之间存在介质差异,但这种差异一般很小,所引起的电位变化也很小。如果用于建立人工电场的电流不是恒定的,则电流的少许变化而引起的电位变化就会掩盖介质差异所造成的电位变化。

(2)仪器需具有高灵敏度和高分辨率。由于漏水异常引起的电位变化往往是微弱的,一般在几十到几百微伏之间,所以除恒流供电外,还要求测量仪器具有很高的灵敏度和高分辨率,特别是分辨率至少要达到 10 μV,否则观测不到小的信号变化。

(3)仪器需具有扫描测量(连续性)功能。由于用该方法测量时是将电极在水中转动,对测点进行连续扫描观测,所以要求仪器具有扫描测量功能。

ZDT – I 型智能堤坝隐患探测仪具有恒流发生控制电路,可建立恒定探测电场;信号接收电路有很高的灵敏度、精度和分辨率(分辨率达 1 μV),且具有用扫描方式测量电位的功能,为进一步试验研究用恒流电场法探测堤坝漏水提供了新的手段。

(三)测量方法

在漏水区域合理布设电极,布极方式大体分为两种:其一是固定测量电极,供电电极在水中移动;其二是固定供电电极,测量电极在水中移动。要根据地形、地物等条件确定电极的布设方式及位置。先在水面上移动电极,当电极处于漏洞进水口上方时,仪器屏幕显示异常电位的数值(也可同时显示曲线),这样即确定了漏洞口的水平位置;接着将电极从水面向纵深移动,当电极移到漏洞口时,电位异常值的绝对值最大。如此,便找到了漏洞进水口。

(四)试验效果

为了验证这一方法,先是在济南市历城淤区围堰探测排水管(铁质)位置,当电极离开排水管进口移动时仪器读数没有突变,屏幕显示曲线平滑;当电极处于排水管进口时仪器读数出现约50%的突变,曲线显示负向凸峰。而后又在济南市槐荫区围堰埋设了一根直径为 5 cm 的硬塑料管模拟漏洞进行探测,当电极处理漏洞进口时,仪器读数出现约40%的突变,曲线显示正向凸峰。这表明试验效果明显。

三、堤防隐患漏洞电子探测仪

(一)结构原理

电子探测仪是由发送器产生交流电磁信号(500 Hz),接收器接收堤防微弱电磁信号(500 Hz),由电子探头、电表、耳机和电池盒组成。其利用水作为通电导体,在其周围产生磁场的基本原理设计,因此适用于漏洞险情的探测。

(二)操作方法

(1)电子探测仪发送器接线方法:将输出正端放在临河水中,负端接到堤防背河堤外入地;输出正端接到背河出水口,负端接到临河堤畅通入地;输出正端接到临河水中,负端在背河堤脚布线,使发送器输出信号构成闭合回路,产生信号电流。

(2)接收器的操作方法。①"峰"点探测法:将探头放在90°定位,探头与探杆成90°角,探头自然下垂,顺堤探测,声音最大点即为"峰"点,正下方即为漏洞位置;②"哑"点探测法:将探头放在90°定位,探头与探杆夹角为0°,探头自然下垂,手提探头,沿堤按一定方向探测,在耳机中声音最小处为"哑"点,正下方即为漏洞或隐患位置,"哑"点探测法是在"峰"点的基础上进行的,这种方法能更准确地确定漏洞位置;③方向探测法:当探测到堤防漏洞位置后,用手转动一下探头方向,当发现探头转动时,声音大小变化,声音最小时探头垂直位置即为漏洞方向;④漏洞深度探测方法:将探头定位于45°角,探杆自然下垂,沿漏洞中心向左右移动探头,可得到两个声音最小点,漏洞中心到其中一"哑"点的位置即为漏洞深度。

四、HGH - Ⅲ堤防隐患探测系统

(一)HGH - Ⅲ堤防隐患探测系统的技术特点

(1)多功能。HGH - Ⅲ堤防隐患探测系统是集高密度电阻率剖面成像系统、高密度自然电位测量系统、高密度充电电位探测系统以及双频高密度激电成像系统于一体的智能化综合电测站。高密度电阻率成像系统具有单极—单极、单极—偶极、偶极—偶极、温纳和施卢姆贝格尔等装置的测量功能;高密度自然电位和充电电位测量系统具有电位和梯度测量功能;高密度激电系统主要采用频散率进行成像测量。

(2)一体化。计算机与采集主板一体化设计,实现了高速采集、快速处理、实时显示、网络通信、可视化操作等,实现了电极转换开关与电缆一体化(电极转换开关盒本身是电缆的组成部分)设计,减少了设备重量和连接次数,野外作业非常方便。

（3）实时性。实时采集，实时处理，实时通信。数据采集实现了实时显示电阻率色谱图，可以形象、直观地给出电结构图像形态，便于实时分析判断堤防隐患；通过无线和有线网络通信，实现野外实测资料的实时传输，为汛期抢险决策提供技术支持。

（4）自动选址。分布式电极转换开关采用无固定地址编码技术，实现电极转换开关随意连接，仪器自动为电极串编码，使得电极转换按程序设定的装置模式、极距和步长自动、有序地转接，从而实现自动寻址。

（5）智能供电。高压供电源是将仪器统一使用的 12 V 电瓶通过 DC/DC 变换器逆变成 400 VPP 的高压直流电，针对实测样值来实时调整供电电源的输出：在接地电阻高的场地，使用高电压、小电流输出；在接地电阻低的场地，使用低电压、大电流的供电模式。在电源功率没有变化的情况下，可得到非常好的效果，使仪器的供电方式智能化。

（二）现场探测试验

为了检验仪器性能及探测能力是否满足堤防隐患探测的要求，对堤防工程不同种类隐患（洞、缝、松）分别进行了现场试验。

1. 洞穴探测试验

黄河大堤花园口段有一穿堤涵管，直径为 1 m，埋深 8 m，探测试验采用 2 m 点距，64 根电极，斯龙贝格装置电极隔离系数为 1~24，穿堤涵管引起的电阻率异常明显。

2. 裂缝探测试验

在黄河大堤进行裂缝隐患实地探测试验，点距 1 m，电极隔离系数为 1~20，采用单极—偶极（三极）装置。实测电阻率有一高阻条，为裂缝异常特征，该裂缝呈直立状，顶部埋深 1.6 m。

3. 松散软弱体探测试验

黄河九堡老口门段，堤身是 1843 年决口后人工填筑而成的。根据有关资料和钻孔揭露，堤身自上而下主要分为三层，第一层为堤身填土，人工修筑，厚度 7~13 m；第二层为老口门填土，填土中含有秸秆等杂物，厚度 3~35 m；第三层为大堤基底，以中砂层为主，局部夹有薄层黏土。探测试验采用单极—偶极装置，低阻异常为大堤软弱部位。

据实测频散曲线和近似分层算法，把地层等分为 N 层，每层厚度置为 2 m，计算出每个厚度内的面波 V_r，然后根据不同测点、不同深度的数据绘出色谱图或等值线图，可直观表现大堤各层强度相对变化。剖面自上而下大致可分三层，分别对应堤身填土、老口门填土、大堤基底。表层波速变化区间较大，表明其强度分布不均，中间部位面波 $V_r < 130$ m/s，表明强度较小，剖面中部低速层（即软

弱层)较厚,与口门分布位置、形态一致。

第四节　电法探测技术的推广与应用

一、推广应用

(一)技术路线

比选国内先进的堤防隐患探测新技术与仪器,确定选型仪器,加强应用研究与仪器改进,促进探测工作规范化,按照先重点险工险段的原则,先普查后详测,确定查清黄河堤身的隐患状况。

首先调研选择仪器,通过试验研究,改进所选定仪器,应用于生产;进而制定探测管理办法,规范探测工作;再将现有设防大堤全部探测一遍,对发现的异常(段)进行详测,并结合堤防加高加固工程建设,优先安排除险加固,提高堤防的实际抗御洪水能力。

1. 具体做法

第一步是制订工作计划,进行参选仪器对比试验。在调研比选国内探测仪器的基础上,选取先进的适宜黄河堤防探测的仪器。同时培训队伍,为推广了解仪器性能积累工作经验。在该阶段主要采取实施比测、灌浆验证、复测、开挖验证等措施,并开展 20 km 的生产性推广。

第二步是根据试验发现的问题,提出仪器改进意见,对选定的仪器进行改进完善。同时制定管理办法,规范探测工作。

第三步是推广实施阶段。对黄河下游堤防普遍进行一次探测,全面了解下游堤防质量状况,建立堤防技术档案,为堤防除险加固和工程管理提供依据。

2. 工作组织

为使堤防隐患探测技术推广工作扎实有效,成立了由黄委牵头,黄委科教外事局、规划计划局、财务局以及河南黄河河务局、山东黄河河务局、黄委设计院物探总队共同参加的应用试验推广领导小组,黄委河务局和河南黄河河务局、山东黄河河务局、各地(市)黄河河务局、县(区)黄河河务局的技术人员组成了项目工作组,将各阶段工作任务分配到人,明确职责,使试验推广按照预定计划逐步实施。

(二)保障措施

1. 技术保障

(1)技术先进优势:堤防隐患探测技术是黄委在"八五"期间的科技攻关成果,该成果经验收被认为处于国际领先水平,经过不断完善,技术水平得到新的提高。

（2）人才优势：由一批事业心强、专业技术水平较高的人员组成项目工作组。同时黄委设计院物探总队、山东黄河河务局科技处及仪器研制人员熟悉黄河堤防情况，直接参加推广应用，便于工作协调和对基层人员的培训提高。

（3）仪器先进优势：推广所选用的仪器无论是功能还是性能都处于国际领先水平。2000 年 7 月底，国家防汛办公室组织全国 20 多家单位进行了实地探测对比，黄委探测技术和仪器被专家评选为第一。

2. 质量保证措施

在探测过程中，制定了严格的质量保证措施，包括测量精度保证措施和探测精度保证措施。

1）测量精度方面

规定测线丈量定位使用测绳。每公里以起始公里桩作为零点开始量测，到下一公里桩结束，记下测绳的实际长度，并在百米桩处记下测绳的距离，以便今后使用其他物探方法探测时，保证测线测段位置相同。选择大堤永久固定的桩号（公里桩、百米桩）作为定位依据，以便堤防加固处理与制订防守预案具有针对性和准确性；在制定堤防工程建设规划时，也便于与其他资料进行综合比较。

2）探测精度方面

在实施探测工作前，要对所使用的探测仪器进行一致性试验，一致性良好，方可投入使用。接地条件不良时，增大供电电压，重复观测，若读数不稳就改善接地条件，直到读数稳定可靠为止。当读数突然增大或减小时，要重复观测，并且不定时地进行漏电检查。每天探测结束后，将当天测得的数据通过仪器配置的 RS232 接口与计算机连接，传到计算机，并把电阻率值合并，发现问题及时进行重复探测。野外工作始终进行跟班检查，以确保探测质量。

二、项目实施情况

1995 年，经过充分调研、计算机检索和水利部水管司推荐，比较国内外探测仪器，选用了当时最先进的黄委设计院物探总队、山东黄河河务局科技处和九江市水科所三家单位的仪器，作为比选试验仪器。三家单位均采用了电法探测仪器，其测试原理是相同的。1996 年 5 月，黄委设计院物探总队、山东黄河河务局科技处、九江市水科所三家单位的仪器在山东东平湖围堤、河南长垣临黄堤以及武陟一局沁河新左堤进行对比试验。测线按照临河、背河及坝轴线三条布置。使用三家仪器依次探测，探测结果分别交项目组审查。

1996～1997 年，项目组安排对探测段进行压力灌浆，1997 年 3 月对灌浆段进行了复测和开挖验证。1996年11月对东平湖围堤异常点进行了复测和开挖验证。开挖结果表明,隐患部位、性质、走向、发育状况、埋藏深度等与三家仪器探测的结果基本吻合。

第五节　电法探测经济效益分析

黄河堤防隐患探测工作在大范围推广后,在已探测堤段中,发现隐患783处,说明现有的黄河堤防堤身存在不少问题,这对今后的堤防除险加固和度汛保安全具有指导意义,有着巨大的社会效益。

利用黄河堤防隐患探测技术能及时探测和掌握堤防质量状况,及时处理堤身各种隐患。根据堤身土质好坏、隐患分布等因素,及时制订防守预案,有目的地储备防汛料物。对汛期堤防可能出现的各种险情,及时判定,及时抢护,保障防洪安全,确保国家和人民群众生命财产不受损失,对于促进国民经济的持续发展具有重要意义,其社会效益是巨大的,所带来的经济价值无法估量。

近年来,防洪基建中加固处理堤防险点隐患的依据多为历史老口门潭坑、渗水段和堤防塌陷、滑坡、裂缝等外部隐患,内部隐患不能及时探明处理,缺乏科学依据。堤防隐患探测为堤防除险加固提供了科学依据,更具有针对性,避免造成人力、物力、财力浪费,使有限的资金用于工程最薄弱的环节,达到事半功倍的效果,创造了较大的经济效益。从几年的推广应用和开挖验证结果可以看出,电法堤防隐患探测新技术探测堤防隐患具有技术先进、操作便利、实用性好、探测效率高、不破坏堤防等优点,可较准确地探测出裂缝、洞穴、松散土层等堤坝隐患的部位、性质、走向、发育状况和埋藏深度,同时在堤防总体质量探测分析、堤防渗水段探测分析等方面也取得了较好的应用效果。电法探测隐患经济、快速、成本较低。1996年以来,河南、山东两省河务局累计用堤防隐患探测仪探测黄河各类堤防95段,堤防长度748.57 km,发现隐患异常点(段)3 237个(段),确定隐患783处,绘制灰阶图或彩色分级图计932张,并逐渐建立了险情技术档案,用以指导黄河防汛和工程除险加固。

第六节　利用灰色理论综合判断堤防隐患

2001年,黄委设计院物探总队利用黄河下游现有水文地质、工程地质、历史上溃决冲决、堤防渗漏、堤防加固处理及堤防隐患探测等资料,采用近年来发展起来的较为有效的数学地质处理手段及灰色理论对测试数据进行综合分析,确定真正危害堤防安全的电性异常段,对河南黄河河务局探测的186.21

km、山东黄河河务局探测的 324.586 km 堤防,计 2 343 个异常点的原始资料进行分析筛选,确定有效异常点 1 415 处,并对隐患的性质进行了划分,确定影响黄河下游防洪的重大隐患,最终提供出了一套可供防洪决策和下游堤防加固处理的成果。

一、多维灰色综合评估步骤

第一步:构造样本矩阵。

第二步:确定各指标极性,并进行等极性变换。

第三步:确定各指标的类别界限。由于各指标的含义不同,量纲也不同,故不能确定同一界限,而应根据指标的意义,参考各指标数据的分特征,确定各指标、各灰类的界限值。

第四步:构造各指标的白化权函数及权系数计算公式。

第五步:赋予各指标权重。

第六步:计算综合权系数矩阵。

第七步:判断各样点所属灰类,并画出三角坐标图。

第八步:根据综合权系数向量评分分值(百分制)。计算公式为

$$f(i) = (0.5 \times f_{i1} + 0.3 \times f_{i2} + 0.2 \times f_{i3}) \times 200$$

根据分值大小,将评估对象排序。

二、结果分析

(一)评估指标体系的建立

为了客观、准确地对黄河下游大堤堤身质量作出较全面的综合评价,从不同层次与不同角度选择一些能够反映系统各个侧面不同特征的数量指标,组成评价指标体系,作为衡量或评定系统所属类别的准绳。根据黄河下游大堤现状从以下三方面考虑:①隐患探测资料选择了 4 项指标;②工程地质资料选择了 3 项指标;③工程措施资料选择了 3 项指标。将上述各项归纳为指标体系,评估指标体系结构如图 6-1 所示。

不难看出,应用这个指标体系对黄河下游大堤堤身质量进行综合评估,较传统的定性方法或单一的定量指标分类划区,不仅综合性较强,信息量大,实用面广,而且比较接近实际。因此,多维综合评估是一种有效的科学方法。

(二)综合评估原始数据的整理

1. 隐患探测资料的整理

权重取值:电阻率取 0.5,埋深取 0.2,延深取 0.1,隐患性质取 0.2,凡遇空洞赋 0.8 ~ 1.0,遇裂缝赋 0.5 ~ 0.8,遇不均匀体赋 0.3 ~ 0.7,遇其他赋

0.1～0.3。

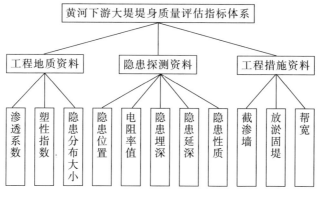

图6-1 评估指标体系结构

2. 工程地质资料的整理

渗透系数、塑性指数取试验值，隐患分布大小按断面渗透系数最大的范围或空洞裂隙等不良地质体的大小计算其分布率。

3. 工程措施资料的整理

工程措施主要包括截渗墙、放淤固堤、帮宽。考虑到工程措施的加固效果，截渗墙随机取值0.7～1.0，放淤固堤随机取值0.5～0.8，帮宽随机取值0.3～0.8。

（三）多维综合评估计算

综合评估原始数据根据现有资料在数据库DDSJK中查询，既有物探资料，又有工程地质资料及工程措施资料，查询有203条记录，评估计算均采用数据统计指标。中类中限采用统计平均值，高类下限采用平均值加方差，低类上限采用平均值减去方差。各类指标权重考虑原始数据的真实性和准确性，电阻率取0.5，埋深取0.2，延深取0.1，隐患性质取0.2；工程地质性质考虑了渗透系数权重为0.5，塑性指数取值为0.2，不良地质体分布率指标为0.3；综合评估的权重物探取0.5，工程地质取0.2，工程措施取0.3。

（四）灰色统计聚类与各段灰色综合评估的结果

如郑州黄河河务局各类隐患所占比重为：Ⅰ类隐患占29%，Ⅱ类隐患占30%，Ⅲ类隐患占41%。

开封黄河河务局各类隐患所占比重为：Ⅰ类隐患占23%，Ⅱ类隐患占42%，Ⅲ类隐患占35%。

第七节　黄河堤防隐患探测工作述评

多年来,在堤防隐患探测新技术推广应用方面分阶段、有计划、有步骤地开展工作,技术得到了完善,仪器得到了改进,在黄河及国内其他江河的推广应用中取得一定成效。

一、主要经验

(1)指导思想正确,措施得力,责任明确,针对性强,有计划、有步骤地开展工作,这是取得推广应用工作成效的前提。

(2)调研选择了国内外先进的堤防隐患探测新技术,制订了定堤段、定测线、对比测试验证,而后选定技术与仪器用于黄河堤防隐患探测的方案,方法客观合理,实用效果好。

(3)通过制定实施《黄河堤防工程隐患电法探测管理办法》,培训了一批技术人员,针对不同情况,提出不同的要求,在堤防工程隐患探测制度化、规范化上是首创,对于促进探测技术的发展势必起到指导与推动作用。

(4)通过在黄河与国内其他江河堤防上大规模地推广应用探测新技术,检测了大堤内在质量,对探测到的险点隐患进行分类排序,提高了干部职工及堤防管理人员的思想认识,不仅对更广泛地推动探测新技术有重大作用,而且对堤防加固和汛期防守有重要指导作用。

(5)新技术推广应用离不开生产,科研必须以生产为依托,项目组集科研、管理、生产为一体,着力于新技术转化为生产力,这是取得工作成效的一个重要方面,并为其他科研成果转化为生产力开创了范例。

二、存在的主要问题

(1)培训工作有待加强。引进推广新技术后,及时制定印发了《黄河堤防工程隐患电法探测管理方法》,并组织了地、市、县黄河河务局探测人员的技术培训。但由于防洪基建任务重,主要业务技术人员培训较少,外业探测与内业资料分析的技术力量显得较薄弱。

(2)特定的计划管理体制,决定了落后的组织方式。防汛岁修经费不能下达给企业管理单位,只能用于基层河务部门,因而不能采用招投标方式,选用相对稳定的专业队伍来实施探测;由市、县黄河河务局各负其责,但技术力量薄弱,部分探测人员对探测技术要领还没有真正掌握,探测资料分析整理不够规范,异常点(段)的判定存在差别,缺乏应有的深度,影响探测和资料分析的质量。

(3)普遍存在的重开发、轻生产现象,影响了推广应用。以往黄委的科研项目比较多,但真正能应用于生产的比较少,科研与生产脱节。这种思想的普遍存在,使得不少人对堤防探测技术的效果抱有疑虑,在落实经费、配备仪器、选调人员等工作上出现不少这样那样的问题,对堤防隐患探测的推广范围和运用效果产生了不利影响。

三、解决途径

(1)在思想上进一步重视堤防隐患探测工作,加强探测队伍培训。随着大规模的堤防工程建设竣工,提高堤防内在质量是各级工程管理人员面临的重要课题,近期加固堤防施工发现不少洞缝隐患的情况即证明了这一点。为此,需提高思想认识。探测堤防隐患,加固处理险点是一项长期任务,需要加强探测队伍培训,培养一批技术过硬、操作熟练的探测技术人员,为堤防加固和汛期防守做好前期准备工作。

(2)建立新的堤防探测管理模式。为满足黄河堤防工程长期安全运行要求,需要建立适应市场经济运行的现代管理机制,实行探测队伍专业化、管理方式物业化,探测任务按项目划分标段,实行招投标管理,以改变内部任务内部干、技术力量薄弱、探测资料分析较粗放的状况。

(3)注重新技术开发与引进,继续搞好堤防隐患探测新技术推广应用。推广应用堤防隐患探测新技术是工程管理的一项重要工作内容,是反映管理工作技术含量与水平的一个标志,必须引起管理部门人员思想上的高度重视,注意与科研单位、生产一线的同志积极配合,继续完善提高探测技术水平。

第七章　黄河堤防獾鼠危害与防治

黄河大堤獾鼠动物影响堤防完整与运用安全,每年需投入大量人力、财力、物力捕捉獾鼠,处理隐患,如何有效地防治獾鼠及南方的白蚁,是黄河堤防工程面临的课题之一。千里之堤,溃于蚁穴。据近代历史记载,黄河历次决口除堤身高度不足所发生的少量漫溢决口外,多数是洞穴隐患所造成的溃决,獾鼠是造成大堤(坝)洞穴隐患的主要原因。据记载,清乾隆十六年(1751年)以来,沁河大堤因獾洞致决的达19次,决堤口门宽度20~30 m不等,清代户部尚书给乾隆皇帝的奏折反映了旧中国黄(沁)河大堤獾鼠猖獗和致决后的灾害情况:"鼠穿堤堰千百孔,黄水破堤淹九州;千里荒无人烟绝,尸盖涡阳覆亳州。"由于獾鼠洞穴危害的严重性,清代治黄机构设置有专职"獾兵",常年坚持捕捉獾鼠、消除堤防隐患。

1946年黄河回归故道,标志着人民治黄的开始。由于害堤动物和战争危害,堤防残破不堪、洞穴丛生。为保证工程运行安全,黄委先于1948年、1950年发布了《关于平工管理的指示》,制定可捕捉堤防獾鼠的奖励规定和普查处理隐患的实施办法。以后,随着黄河下游堤防工程建设的发展和管理工作的深入,捕捉獾鼠处理隐患逐渐形成制度。据统计,1946~1992年黄河下游累计捕捉獾鼠93万只,处理隐患35万处,年均捕捉獾鼠2万只,处理隐患近8 000处,使黄河大堤防抗洪强度逐年增强。黄河下游及山西、陕西黄河小北干流河务部门,每年汛前都要组织黄河大堤(坝)的徒步拉网式普查,对獾鼠洞穴等隐患及时加固处理,给防洪工作奠定了物质基础。

第一节　獾鼠习性

一、獾

獾亦称猪獾,属哺乳纲、食肉目、鼬科,广布于欧亚大陆,体长约0.5 m,尾长0.1 m有余,头长、耳短、身体粗胖、皮下脂肪较厚,成獾体重15 kg左右;毛呈灰色,有时发黄,夏秋灰褐,冬春灰黄,形成保护色,头部有3条宽白纵纹,耳沿亦白色,胸、腹、四肢呈黑色;腿较短,前蹄宽、短、爪长,后蹄窄、长、爪短,形似小孩脚丫,俗称"人脚獾"。前爪长约6 cm,善掏洞穴,一夜可掏7~8 m,速度惊人。獾掏洞穴时,前爪挖,后蹄刨,屁股推。獾视觉一般,但听觉、嗅觉灵敏,凭借灵敏的听觉和嗅觉,它既可以较快地发现猎取目标,又能实时地辨别险情,藏匿或逃遁。獾生性胆怯,疑心颇大,特别狡猾,只要发现洞前有天敌活动的迹象,会长时间藏匿不再出入,因此捕捉时应十分小心。

獾是肉食性动物,食性又较杂,几乎是捕到什么吃什么,其中主要以老鼠、青蛙、蛇、刺猬、昆虫等小动物为食;在动物食源不充足的情况下,瓜果农作物、草根等也用于充饥。獾是游击性觅食,且喜欢吃鲜食,不吃死掉的动物,因而人们设想以死烂动物为诱饵进行捕捉很难奏效。

獾喜欢夜晚活动,昼伏夜出;獾奔跑速度不快,走动时脚尖着地重,脚跟着地轻,爪印相当突出,多走熟路,线路弯曲;獾饮水游泳,其生活环境中多有水源。獾一般都有几处住所,以一处为主,每处数个洞口,通常只在一两个洞口出入,单口洞穴不会住獾。獾善冬眠,每年立冬至惊蛰期间,穴居洞内,不吃不喝,惊蛰后开始行动,此时其身体虚弱,行动迟缓,为尽快恢复体力,活动相当频繁。

獾每年 9~10 月中旬交配,翌年 4~5 月生育,每窝产 3~4 只,产仔后,觅食频繁,易被发现,是全窝捕捉的好机会。

二、鼠

鼠别称耗子,属脊椎动物,哺乳纲、鼠科,种类极多(全世界约 450 种以上),分布极广,繁殖力及适应性特别强。有关资料表明,黄河下游堤防工程范围内主要分布褐家鼠、大仓鼠、大家鼠、小家鼠、黑线姬鼠、黑线仓鼠、田鼠、鼢鼠(盲鼠)和麝鼠等 9 种,约占全国迄今发现鼠类 184 种的 5%。鼢鼠身体粗圆,毛呈黑灰,尾短眼小,视觉感官不灵,以植物根茎为食,常活动在地表以下 0.1~0.3 m 深度。其余鼠种具有如下共性:体小头圆,口吻突出,唇有须,眼圆,耳小,门齿发达,无犬齿,躯干圆长,四肢细短,尾巴长,前肢比后肢短,有五趾,各趾有钩爪,第一趾特别小,毛柔,背暗褐,腹灰白。老鼠寿命 2~3 年,幼鼠 2~4 个月便情窦大开,一个月左右又产幼仔;鼠一般有 5 对乳房,褐家鼠有 6 对乳房,每年生育 5~8 胎,每胎 4~7 只,妊娠期短,发育迅速,致使繁殖力非常旺盛,尽管有獾、狐、猫、鹰及人类的大量食杀,也难以将其驱除消灭。鼠多穴居于食物丰盛、地形地貌复杂多变、沟壑较多、杂草丛生处,且洞穴有数口门,易于逃遁。老鼠生性敏锐、多猜疑、智商高、善攀越、会游泳,加之食性杂,对环境的适应性特别强。目前已发展到世界各地无处没有鼠的状况,捕杀难度很大。

三、狐

危害黄河堤防的有害动物主要有獾、狐、鼠,并历来作为防治重点。我们认为,这种传统观念和提法似有不妥。獾的洞穴大,鼠的洞穴多,会造成堤坝工程的大量隐患,对水利工程完整与安全运用十分不利,必须加强防治,但狐不同。狐属脊椎动物,哺乳类、犬科。狐有近10种,我国主要分布有赤狐、十字狐,其生理习性相同,形貌相近,形似犬而瘦小,躯干长,四肢细,口吻尖突,有黑色;耳朵呈小三角形;听、嗅两器官皆灵敏,瞳孔椭圆形;体长1.2 m左右,尾巴长达躯干之半。狐常居山林、土岗、沟坡等地形多变处,因无刨洞穴的习性,其洞穴多为袭居,昼伏夜出,掳食鼠、蛙、鸟及昆虫等,时而也掠食家禽。初春交配,妊娠期60 d,每胎产仔5~8只,2年成熟,寿命10~15年。狐生性敏锐、多猜疑、极狡猾,逢敌则从肛门旁臭腺放出恶臭后逃跑。狐肉臭、味不美;毛皮蓬松柔软,是制裘的好原料。

从狐自身的能力讲,它不会刨挖洞穴,多袭居獾洞或穴居沟槽,有捕食老鼠的本能,无危害堤身的行为,不宜列为害堤动物。从生态角度讲,大自然中存在许多鼠类的有利天敌,除猫、黄鼠狼、獾和鹰外,狐也是其中之一。据资料介绍,一只狐一昼夜可捕食老鼠20多只,正是这些天敌的存在,才大大减轻了人类防治鼠害的负担。因此,从维持生态循环及环境的意义讲,应保护狐,不再捕捉。

第二节　堤防獾鼠活动规律

黄河下游堤防从孟津铁谢至垦利入海口、沁河五龙口以下、大清河戴村坝以下,计有设防大堤1 954 km、险工坝垛1万余道,各地均有老鼠出没行迹,造成大量洞穴隐患和水沟浪窝,不同之处是不同堤段种群数量不同,危害大小有差异。獾活动的堤线主要在沁河口以下至艾山以上,临黄堤、北金堤及东平湖堤均有獾的行迹,其中在邙金、长垣、濮阳、兰考、东明、阳谷及东平湖等堤段活动猖獗,其他堤段基本上没有獾的活动和危害。据近10年对獾鼠害的防治研究,发现獾鼠活动有如下特点:

(1)在某一堤段范围,獾有反复出没、重复危害的情况,堤段长度为2~6 km,如郑州邙金黄河河务局大堤(0+000—7+000)、兰考黄河河务局大堤(126+640—135+000)、东明黄河河务局大堤(175+000—177+000);活动范围最大达13~14 km,如长垣黄河河务局大堤(28+000—42+000)、阳谷北金堤(110+000—黄堤3+000)。这些堤段连续多年遭受獾害,年年捕捉,屡捉不绝。老鼠活动范围一般为300~1 000 m,堤身土质疏松、食物资源充足、地形地貌杂乱等是老鼠择穴的先决条件,如兰考县南北庄堤段,堤根低洼,堤身下部土质潮湿,堤上鼠害明显增多。

(2)獾洞在堤身的分布与堤身坡形、植被好坏以及近堤的生态环境有关。

一般堤坡不平顺、备防石料堆放不齐整、堤身杂草杂树多、人迹罕至偏僻、近堤低洼有饮水、好隐蔽易逃遁的堤段，为獾提供了天然的生态环境，獾活动猖獗，洞穴隐患较多。獾洞多分布在堤坝坡中部。洞道处于设防水位以下，洞口位于背风朝阳的地方。据濮阳黄河河务局统计，1985 年以来，39 处獾洞、66 个洞口，在戗台、废土牛、旧房台及杂草丛生处的占 87%，洞道埋深 3～5 m，处于设防水位以下。堤身鼠洞一般分布在堤坝身中上部，洞穴要求土质疏松干燥，以利于其居住和存放粮食。堤根地势低洼，地下水位普遍较高，串沟、漫滩洪水及连绵降雨影响，增大了堤根积水的概率，会导致鼠洞上移；堤身中上部废弃土牛、房台多，打场晒粮堆垛多，为便于觅食，老鼠则要就近挖洞居食。从堤段上划分，临村堤防、上堤路口，人畜活动频繁，鼠洞明确减少，反之则鼠害较多。据 1987 年兰考黄河河务局鼠害普查分析资料，在总数近千个洞口中，分布在堤顶以下 0～5 m 的占 80%，按堤顶超高 3.0 m 计，设防水位以上的洞口数约占 60%。

獾个体数量有随鼠个体数量增减而变化的现象，这种现象可能与獾以鼠为主要食源之一有关。据近 10 年调研，獾活动的堤段鼠也表现猖獗，说明黄河大堤獾鼠活动可能存在食于被食的依存关系。关于该课题，欧美生物学家已取得北半球冰土带旅鼠和捕食者北极狐或美洲赤狐的数量呈周期性变化的研究成果。在加拿大冰土带狐的捕获数量每隔 3～4 年出现一个高峰年份，这种周期性变化，可以表明食者与被食者的依存关系。苏联女生物学家 A. Φ. üIIPKOBSA 在雅玛尔湖沼泽地区的研究结果表明，旅鼠和北极狐个体数量的变化有着密切的联系，狐出现的高峰比旅鼠发生的高峰只迟半年。

第三节　獾鼠危害分析

一、削弱堤身抗洪强度

獾洞具有一穴多洞、内部分层、埋藏深、洞道长、洞径大的特点。如 1988～1992 年捕获数量由 132 只发展到 324 只，洞穴数增加，洞口数更多。1982 年开封黄河河务局大王潭堤段发现一处獾洞有 30 个洞口，分布在长 60 m、宽 15 m 的堤坡上，埋深 5～7 m，洞径 0.3～0.7 m，横向伸入堤身 5～15 m，最长达 26 m。1987 年阳谷黄河河务局北金堤 110+000 至临黄堤 3+000 堤段，汛前工程普查一次发现獾洞 85 个，埋深 3～4 m，洞径 0.3～0.6 m，洞身长 10～20 m。1993 年 3 月濮阳黄河河务局在习城、徐镇和王称固发现 3 处獾洞，其中习城洞穴有 3 个洞口，埋深 3.2 m，洞径 0.32～0.6 m，主洞伸入堤身后分为 3 支，1 支出堤身中部向下游延伸 26 m，另 2 支横穿大堤超过临河堤肩后会合，向下游延伸 6 m 多。

二、引起大量水沟浪窝

鼠为了觅食植物根茎,在堤表掘挖大量洞道,洞埋深 0.1～0.2 m,洞道在堤表形成土垄,其洞道垂直或平行于堤轴线,降雨极易在堤坡上集水汇流,形成水沟浪窝。如兰考县南北庄堤段,1991 年发现一处鼢鼠洞,洞口位于背河堤肩以下 3.5 m 处,埋深 0.1～0.25 m,走向弯曲至农田,洞总长约 120 m。据护堤职工观测,堤防水沟浪窝的形成除排水设施不完善、布局不合理外,主要是鼠洞所致。

獾鼠洞穴既有洞径、埋深及分布部位的不同点,又有群居、狡猾、一穴多口、内部分层、主支有别、功能各异、洞穴分布面积大(獾洞穴 1～150 m²,鼠洞穴 1～140 m²)的共性,加之獾鼠洞穴有竖直天窗或运粮通道,这些洞道是集中汇流侵蚀、淘刷堤(坝)身土体,最终造成水沟浪窝的主要原因。特别是当竖向通道位于堤肩、戗顶或坝顶的挡水子堰以内时,情况更为严重。

由于獾洞埋藏深、洞径大,大面积的洞穴隐患出现在堤(坝)坡、堤(坝)顶备防石处,会加剧堤坝体应力分布的不均匀状况,在雨水渗透力和其他机械力作用下,洞顶土压力会很快达到极限状态以致失稳破坏,造成堤防坝岸坍塌蛰陷险情。

第四节　獾鼠防治方法

一、黄河堤防常用的捕獾鼠方法

(一)捕獾方法

1. 踩夹夹撞法

踩夹形如鼠夹,但比鼠夹大,是捕獾的好工具,这种工具简便实用,操作方便,不用诱饵,易于伪装,效果良好。它由半径为 15 cm 的两个半圆形夹丝、四段弹簧、踏板和保险等部件组成,夹丝是夹獾的主体,弹簧提供动力,踏板是制动机关,保险可防獾挣脱逃跑。夹子布置在獾洞口前或进出路径上,只要獾踩住踏板,触动机关,夹子会迅速合拢,夹捕猎物;夹子用铅丝系在铁棍上,铁棍深插土中起保险作用,以免獾将夹子带走。踩夹机关灵敏,放置时应十分小心,放好后应经常查看,以免误伤人畜。

2. 开挖捕捉法

若已探明獾在洞中,应先用捕网或铅丝笼将洞口围好,然后可结合开挖翻填洞穴捕捉。该法主要有两种:一种是顺洞开挖,逐节逼近,直至捕住。该法进度慢,耗时长,适用于洞道短、埋深浅的洞穴。另一种是竖井拦截,先探明洞道走向,然后在洞顶开挖井径 $0.7 \sim 0.8$ m 的竖井;若洞道长,转弯多,可多段同时进行,逐渐逼近,当挖至獾藏身处时,采用网捕或钗扎捕杀。此法进度快,效率高,适用于洞道长、埋藏深的洞穴。开挖捕捉法尽管用人多、耗时长,需要日夜不停地开挖,但结合了翻填洞穴,成功率又较高,因而在黄河上得到了较广泛的应用。

3. 烟熏网捕法

探明獾在洞中时,只留其中一个洞口,其余封堵,可在洞口布下捕网,然后在洞内点燃沾油的布棉、辣椒、硫磺和秸秆等易燃物,产生的有害气体可熏杀獾于洞中或布下捕网捉拿。该法适用于洞道浅短的简单洞穴。

4. 枪击法

在獾洞口附近挖掩体,猎人藏入加以伪装,夜间待机将獾击杀。此法简便易行,适用于该地有狩猎爱好者,獾又频繁出没的情况。

(二)鼠害防治

黄河多年沿用的是依靠堤坝管护人员人工捕捉法,特别是盲鼠,人工捕捉成功率很高,同时也涌现出不少捕鼠能手。化学药物灭鼠、生物方法灭鼠、毒气弹炸鼠等方法仅在小范围内试验,尚未取得大的成效,还需进一步研究。

二、加强技术研究与探索,依法保护工程

獾鼠危害有目共睹,防治难度很大,传统的方法需要完善,新的方法更需要探索研究,同时也要注意以下几个方面:

(1)獾属于野生动物,受《中华人民共和国野生动物保护法》保护。在新的历史条件下,要依法办事,在确保堤防工程安全运用的前提下,采用科学有效的防治方法。捕捉或驱赶是行之有效的,但务必要保护野生动物,达到保护堤防工程与野生动物两个目的。

(2)工程防治与社会防治相结合,重点研究与综合防治相结合,因地制宜,减少獾鼠害数量。獾鼠危害不仅局限于防洪堤坝,社会各行业乃至人类本身也深受其害,防治具有社会性,应从社会整体利益出发开展工程獾鼠防治,力求减少其在工程范围内的总体数量,控制危害至最低限度。就工程的危害而言,獾鼠在各堤段表现不同,有些堤段有鼠无獾,有些堤段獾鼠并存,数量种类也有差异,而每一种防治方法又都有它的特点和局限性,这就要根据各堤段实际,制订切实可行的防治方案,坚持综合防治与重点研究相结合,达到有效灭害的目的。如对鼠害猖獗堤段,可以采用药物、生物工程防治为主的方法,辅以去除杂草,整治堤身坝坡,更新草皮树木,严禁打场堆垛等;对獾鼠并存堤段,亦可从环境治理入手,探索生物化学方法灭鼠和捕捉堤獾的新方法。

(3)工程环境治理是驱除獾鼠、减少危害的重要防治措施,应该深化加强。

某些动物或濒于灭绝或已经灭绝,另一些动物可能泛滥成灾。首先是弱肉强食、优胜劣汰的动物进化原则起主导作用;其次则是环境,环境改变与否是动物能否生存发展的主要原因之一。动物的形态、生理特征都与环境息息相关,如环境不适于鼠类生存,它们会迁徙;季节变化獾狐毛色会变更,环境条件遭受破坏,动物便难以生存,即便不捕杀,也会自行减少。反之,若只注重毒灭捕杀,忽视治理其栖息环境,则只能使獾鼠数量暂时减少,一旦停止杀灭活动,獾鼠数量又会很快恢复并增加。因此,清除堤身坝岸树丛、杂草,整修堤坝坡,更新草皮,平整废土牛、旧房台,排整备防石料等,是破坏獾鼠栖息环境、减少獾鼠危害的重要措施。

(4)把防治獾鼠作为工程管理的一项经常性工作来抓,达到长期控制獾鼠害至最低限度的目的。獾食性杂、适应性强,鼠分布范围广又呈几何级数递增,彻底消灭它们似乎是不可能的,必须把防治獾鼠害作为工程管理的一项经常性工作来抓,制定必要的管理制度和奖惩办法,提高管护人员的思想认识,规范其管理行为,促进除害灭患工作的持续、深入开展。

(5)从生态系统整体观念出发,把眼前实际防治效果与社会生态效益结合起来,在利用生物化学方法除害灭患的同时,防止造成益鸟、益兽和人畜伤亡。如鹰、猫、蛇等动物是鼠类的天敌,其繁殖能力又远赶不上鼠类,两者比例失调时,鼠类增加更快更多,对工程、对社会危害更严重,损失也更大。

(6)獾鼠危害范围广,工程防治难度大,鉴于北方河流长期遭受獾鼠困扰,建议由水利部建管司牵头,成立北方河流獾鼠害防治中心,加强技术协作交流,推动防治工作的深入开展。

第五节　堤防獾鼠洞穴隐患处理

目前对堤防獾鼠洞穴隐患处理的方法主要有压力灌浆法和开挖翻筑法两种。

一、压力灌浆法

对于堤坝工程长度与面积较大、结构较复杂的洞穴隐患,为使其充填密实可采用这种方法。该法在濮阳黄河河务局叶庄堤段洞穴处理中作过尝试,效果不错。具体做法是:灌浆土料选择了黏粒含量小、析水性好、团结收缩率小的中粉质壤土,泥浆容重为 15.68 kN/m³,布孔密度采用行距 0.75 m、孔距 1.5 m;另外,考虑到泥浆析水团结收缩作用,采取复灌措施,其复灌次数按下式确定:

$$(1-P)+(1-P)P+(1-P)P^2+\cdots+(1-P)P^{N-1}=1$$

式中　P——泥浆收缩率(%),中粉质壤土为34.5%;

N——复灌次数。

经计算,复灌3次即可使隐患充填密实。为了使泥浆能充分析水固结,3次灌浆间隔时间分别采用5 d和7 d。灌浆完成后,经开挖检查,质量良好,至今未出现水沟浪窝。此法处理隐患投资省,效果比较好。

二、开挖翻筑法

此法可与捕獾鼠相结合,既捕捉了獾鼠,又将洞穴进行了开挖。濮阳王窑堤防洞穴处理采用了此法。具体做法是:先根据已掌握的洞穴轮廓、深度和土质开挖安全坡度确定开挖面积,然后按土方开挖规范进行开挖。当挖到无洞口时,用铁锥在坑底及坑坡上探测,观察是否真正开挖彻底。洞穴开挖彻底后,按照土方填筑技术要求进行回填。此法的优点是处理隐患彻底,不留后患。缺点是开挖回填工程量大、投资多,同时有的堤防坝岸受工程条件制约难以采用此法开挖翻筑。

第八章 生物防护工程管理与维护

在水利工程管理中,生物防护措施是不可缺少的重要组成部分。历史上虽然未曾明确提出生物防护的概念,但对生物防护措施也是相当重视的。宋代为巩固堤防,有植树及保护"河上榆柳"的文字规定;明代刘天和总结堤岸植树经验提出的"卧柳、低柳、编柳、深柳、漫柳、高柳"的植柳六法,把堤防防护林种植技术提高了一步。

人民治黄以来,生物防护措施不断完善,除堤防和坝前柳树防浪外,堤坡植草和生物堵串技术也逐步发展起来,为保障防洪工程安全起到了不可替代的作用。生物防护措施主要包括防浪林带、草皮护坡、护堤地林带、行道林、适生林带等,其中:防浪林带是指黄河防洪大堤临河侧种植的林木带,种植宽度为黄河堤防堤脚以外 50 m(高村以上)和 30 m(高村以下),树种一般选取柳树,临河侧种植高柳,临河侧种植丛柳,高柳(乔木)株、行距均为 2 m,丛柳(灌木)株、行距均为 1 m,均采用梅花形种植;草皮护坡是指黄河防洪大堤堤肩,临背河堤坡,河道整治工程坝顶、坝肩、坝坡等地种植的草类植被,植草株、行距均为 10 cm,采用梅花形种植;护堤地林带是指黄河防洪大堤护堤种植的林木带,一般种植乔木,株、行距均为 2 m;行道林是指黄河防洪大堤堤顶道路两侧种植的林木,一般植种的林木带,一般种植乔木,株距 2 m、行距 3 m。

经过多年的建设,按照临河防浪、背河取材、乔灌结合的原则,合理种植的黄河下游生物防护林带已经成为构建以"防洪保障线、抢险交通线和生态景观线"为标志的标准化堤防体系的重要组成部分。

第一节 基本情况

一、堤防工程地质概况

堤防工程地质情况决定着生物防护措施的整体防护效果。黄河下游由冲击平原和鲁中丘陵组成,海拔在 100 m 以下。黄河南岸邙山至东坝头堤段的堤身填以沙壤土,堤基多为粉土、细沙壤土,有的堤段夹有薄层黏土、沙壤土。王旺庄至垦利堤段的堤身多为沙壤土、粉土,堤基多为沙壤土、薄层壤土、盐渍土。北岸中曹坡至北坝头堤段的堤身多为沙壤土,堤基为沙壤土与中厚层壤土。北坝头至张庄堤段的堤身为沙壤土、壤土各半,堤基夹有薄层黏土与壤土互层。北镇到四段堤段的堤身为壤土及盐渍土,堤基为沙壤土夹薄层黏土、盐渍土的透镜体互层,在靠近地面处黏性土常有裂缝。

二、自然灾害概况

黄河流域处于干旱半干旱地区,自然灾害严重影响着生物的生存。黄河下游河南、山东两省已发生过的自然灾害有暴雨、洪水、涝渍、滑坡、崩塌、河道淤塞、堤防溃决、河道变迁、寒潮、暴风雪、龙卷风、冰雹、冰凌、冻融、干热风、干旱、土地沙漠化、土堤盐碱化、蝗虫、农林病虫害等 20 种,其中对河道工程植树种草有直接影响的灾害主要是龙卷风、冰凌、干旱、土堤盐碱化、农林病害等 5 种。龙卷风摧枝拔林,冰凌冲折临河树株,干旱使树木草皮生长缓慢,土堤盐碱化使树木不能生存,农林病虫害使树木病死。这些自然灾害虽然对植树绿化有影响,但出现频率较低。

三、堤防植树概况

(一)堤防植树起源

黄河堤防植树有着悠久的历史。北宋开宝五年(公元 972 年)赵匡胤下诏,"缘黄、汴、清、御等河州县,除淮旧制种艺桑枣外,委长吏课民别树榆柳及土地所宜之木"(《宋史·河渠志》)。北宋咸平三年(公元 1000 年),宋真宗又"申严盗伐河上榆柳之禁"(《宋史·王嗣宗传》)。据载王嗣宗"以秘书丞通判宣州,并河东西,植树万株,以固堤防",并严令不得私自砍伐。明代刘天和总结堤岸植柳经验,制定植柳六法,除植柳外,还因地制宜地在堤前"密栽芦苇和菱草",防浪护堤(《问水集·植柳六法》)。至清代已明确规定"堤内外十丈"都属于官地,培柳成林,既可护堤,也可就地取材,提供修防料物。

(二)植树发展

1947 年黄河归故后,解放区人民在党和政府的领导下,在沿河两岸开展植树造林活动。1948 年渤海行署和山东黄河河务局联合发布训令:"为保护堤身,巩固堤根,应于内外堤脚两丈以内广植树木,禁止耕种稼禾,以期保证大堤稳固。"1949 年公布的《渤海区黄河大堤植树暂行办法》中规定:"植树种类以柳为标准,植树范围:无论平工险工,一律在大堤堤脚下两丈以内。"

新中国成立后,总结历史经验,提出"临河防浪、背河取材"的植树原则,将植树种草绿化堤防列入工程计划,每年春、冬两季开展植树活动。1958 年根据"临河防浪、背河取材"的原则,对绿化堤防、发展河产实行统一规划,规定凡设防的堤线,堤身一律暂不种树,除堤顶中心酌留 4～5 m 交通道外,普遍植草。后来受"大跃进"影响,沿堤盲目种植果树,植树造林,大搞群众运动,植株成活率低。在三年自然灾害时期,树木遭到严重破坏。"文化大革命"期间,部分堤段树木再次被滥砍乱伐,盗窃树木情况也很严重。1965 年规定:临黄堤及北金堤在临河堤坡栽植白蜡条、紫穗槐、杞柳等灌木;险工的坝基、后戗、南北金堤的背河堤坡等地,可以根据具体条件栽植一部分苹果树;所有堤线的背河坡,除上述植苹果的堤段外,可植榆、杨、椿等一般树株或其他经济林木,如桃、杏等;在临河柳荫地内,从距外沿 1 m 开始,栽植丛柳、低柳各 1 行,高柳 2 行。在水利电力部的倡导下,1970 年 3 月,山东黄河河务局在鄄城县召开了山东黄河绿化工作会议。会议决定:"黄河大堤(包括南北金堤、大清河堤、东平湖堤、河口防洪堤)临背河柳荫地、临背堤肩、背河堤坡和临河防洪水位以上堤坡种植乔木;临河柳荫地和临河防洪水位以上堤坡也可乔灌结合;临河堤坡(包括戗坡)全部种植葛芭草(或铁板牙草),废堤废坝、空闲地带除留做育苗的部分外,其他一律种树。"1976 年黄委《关于临黄堤绿化的意见》提出:为了便于防汛抢险,避免洪水期间倒树出险和腐根造成隐患,临河堤坡一律不植树,均种葛芭草护堤,临背河原有乔灌木,应结合复堤逐步清除。临河柳荫地可植丛柳,缓溜护堤,使其成为内高外低的三级防浪林。背河柳荫地以发展速生用材林为主。堤肩可植行道林,选植根少、浅的杨树和泡桐等。

1979～1985 年堤防植树均按照"临河堤坡设防水位以下不植树;背河堤坡已经淤背的全部可以植树,没有淤背的在计划淤背的高程以上可以植树,临河柳荫地植一行丛柳,其余为高柳,背河柳荫地因地制宜,种植经济用材林;临背堤肩以下 0.5 m 各植两行行道林,但不准侵占堤顶,堤顶两旁(除行车道外)及临背堤坡种植葛芭草,逐步清除杂草;淤背区主要发展用材林和苗圃"。对济南市郊区(北店子至公路大桥)铁路、公路大桥、主要涵闸及城镇附近重点堤段,要求高标准绿化,已经做出了成效。但随着大堤的加高,植林成活率降低,浇水次数多,效益差,多年平均国家投入与收入基本相当。1972～1985 年,河南、山东两省河务局绿化投资约 1 100 万元(不包括基建投资),收入为 769 万元,收入占支出的 70%(不包括群众分成部分)。更重要的是,堤身植树对堤身有破坏作用,也不利于防汛查险抢险。经多次开挖,基本上是树有多高,根有多深,有的根从背河扎到临河。经过多方征求意见,并慎重研究,下决心改堤身植树为植草,堤坡、堤肩草皮化。1987 年颁布的《黄河下游工程管理考核标准》第五条规定:堤防绿化,临河堤身上,除每侧堤肩各保留一排行道林外,临、背坡上一律不种树;临河坡现有树株,1988 年底前全部清除,背河坡现有树株,1990 年底以前全部清除;堤肩和堤坡全部植草防护,草皮覆盖率不低于 98%;临河柳荫地植低、中、高三级柳林防浪;背河柳荫地植柳树或其他乔木;淤背区有计划地种植片林或发展其他种植,开发利用率达到90%以上;平均每亩宜树面积的树株存活数不应少于100棵。

新中国成立以来,在沿河各级政府的领导和支持下,黄河下游两岸堤防统一规划,逐步进行植树造林和采伐更新,不仅绿化了堤防,营造了黄河防护林带,改善了自然环境,而且为治黄工程和防汛抢险提供了大量的木材和梢料。

(三)植树管理

为了改变"年年植树不见树,岁岁造林不见林"的局面,各单位对植树绿化工作也进行了改革,试行了多种形式的承包。中牟黄河河务局实行"三定三包"(定树种、定株数、定规格,包栽、包浇、包管),先预付20%~30%的工资,翌年3月验收结账,按成活棵数计资,一次结清。规定成活率达90%以上者,发全工资;达不到90%者,按成活比例扣一定的工资。沁阳黄河河务局的承包责任制采取3种方式:一是对外承包,签订合同,秋后验收结账,成活率达到90%的,按实植数目付款,少于90%的,少一棵扣一棵树的成本钱;二是河务局买苗栽植,由护堤员承包管理,秋后验收,按合同结账;三是县局植树县局管,由护堤员负责浇水。济阳黄河河务局河产收益分成办法规定:承包时由河务段、村委会、承包户三方对河产(主要是树株)进行评议划价,记录存档,收入后原价折款仍按原分成办法,即国五、队五;承包后增值部分,国家分成50%的比例不变,剩余50%承包户和村委会分成,分成比例双方协商决定,原则上由国家占大头、承包户占中头、村委会占小头。承包者在承包的工程范围内种植作物,要服从业务部门的统一规划。树株胸径达到15 cm即可列入更新计划,逐年更新,但必须报经县局批准,收入由河务局结算,按合同规定分成兑现。

四、堤防植草情况

草皮是黄河防洪工程(堤、坝、涵闸)的生物防护措施之一,它具有护坡防冲,保持水土、绿化美化工程的功能,在维护工程完成、保持其应有的抗冲强度、改善生态环境等方面起着重要作用。新中国成立前,黄河堤防杂草丛生,护堤作用差,易出现水沟浪窝和隐患。1950年河南第一次黄河大复堤时,濮阳修防段开始种植葛芭草。先在桑庄试种,植草5 km多(按堤防长度)。葛芭草根浅枝蔓,节生根,叶旺盛,就地爬,棵不高,每平方米4丛,可以覆盖严实,护堤很好。群众说:"堤上种了葛芭草,不怕雨冲浪来扫。"濮阳修防段的植草经验在全河普遍推广,对大堤起到了很好的保护作用。1979年6月18日,沁阳县降雨45 mm,据查全局堤线出现水沟浪窝183条,填制用土142 m³,投工316个,而沁阳南关堤段长21 km,由于草皮覆盖好,堤身没有冲出水沟。但葛芭草属暖地性草种,喜光照,在背阴坡面处繁殖能力较差,对杂草、害草的拒斥力较弱。多年来,山东黄河防洪工程以种植葛芭草为主,由于管理粗放,不能适时进行更新复壮,草皮退化、老化日趋严重,覆盖率逐年降低。从葛芭草的生长情况来看,一般朝阳堤坡生长较好,背阳堤坡生长较差;涵闸、虹吸工程周围及险工覆盖率较高,控导工程覆盖率较低。部分草皮长势不旺,有的已枯死,且由于高秆杂草丛生,生物防护作用减小,排水又不够完善,所以每年雨季降水出现水沟浪窝较多,工程遭到严重损坏。据统计,山东黄河各类防洪工程每年土方流失一般为 20 万～30 万 m^3,降雨集中的 1990 年和 1991 年均达到 50 万 m^3,严重影响工程的完整和抗洪能力。如 1990 年 7 月 6～10 日,济南地区降雨超过 100 mm,天桥区北岸大堤从桩号 133＋920—134＋440,长 520 m,共流失土方 560 m^3。其中临河堤坡葛芭草覆盖率 80% 左右,出现水沟浪窝 18 条,流失土方仅 58 m^3,占本堤段流失土方总量的 10%,而背河堤坡 1990 年春整修后没能及时植草,自生的杂草覆盖率约 30%,出现水沟浪窝 144 条,土方流失 502 m^3,占流失土方的 90%。

植葛芭草护堤始于 20 世纪 50 年代第一次大复堤时期。80 年代以来,台前修防段进行了葛芭草更新复壮的研究,中牟修防段引进龙须草探索植草防护的新出路。黄委、河南黄河河务局在水利部水管司的支持下,开展了"龙须草生物防护作用"的课题研究,取得一定的试验成果。在防冲方面还试种了部分葛芭草排水沟,并与其他排水沟做了投资、维护和排水效果的对比试验,对拓宽生物防护技术的应用进行了有益的尝试。此外,其他一些县河务局还分别引进了铁板牙草、羊胡草进行试种,均取得了一定的效果。

为了改变草皮草种单一的状况,充分发挥生物防护工程的作用,达到经济、高效的目的,近几年,部分县河务局除加强葛芭草的复壮管理外,引进选育了龙须草、铁板牙草、鲁牧草、本特尔草、地毯草等优良草种,在部分堤段试种成功。

五、生物防护工程存在的问题

(1)植树绿化总体规划设计方面考虑欠妥,致使部分堤段因未考虑近期大堤加培、修补后戗、机淤固堤等基建工程和其他因素的影响,造成部分树株提前更新或清除,浪费了人力、物力、财力,也干扰了植树绿化工作的正常开展。

(2)部分单位只顾追求年度植树数量,忽视了种植质量和黄河工程宜林地特殊地理环境的影响,大量的管理工作跟不上,造成树株特别是幼树死亡或生长不良,成活率没有保障。

(3)堤身草皮普遍存在老化现象。现有草皮大多是第三次修堤后栽植的,葛芭草占绝大多数,已经生长了 15 年以上,到了更新复壮的时期,老化现象严重,很多堤段已被杂草所"吞噬"。

(4)防护林日常管理缺乏必要经费。目前上级主管部门下拨到基层管理单位的植树绿化投资大多是一次性的,且有数量指标要求,日后管理费缺乏,形成"重植轻管"的现象。树株浇水费用大多只够当年新植树的费用,往年的老树、幼树因缺乏投资而不能及时浇水,只有靠天然降雨,而施肥、防病、除虫费用更是缺乏,以致严重影响了树木的生长和存活率。

(5)树木专管人员缺乏。究其原因主要有两个方面:一是由于治黄专业人员数量不足,还要肩负日常的防汛、基建、岁修、管理等任务,树木管理的投工投劳有限;二是群众护堤队伍不够稳定。目前的情况是,树木日常管理任务大部分由护堤员来承担,但护堤员年人均收入较社会上同等劳力收入水平低,且树木更新按国五、队五分成比例中,护堤员应得部分不能及时全部兑现,护堤员缺乏责任感,加之部分护堤员年龄偏大,工作中力不从心,影响了对树木的日常管理。

(6)树木缺乏科学管理。其表现在对树木病虫害束手无策,不能很好地加以控制,任其蔓延。同时,树木修剪不讲科学,盲目砍伐。更有甚者,为获取树木枝条而掠夺性修剪。这样既不利于树木的正常生长,又减少了防汛用料的来源。另外,由于部分宜林地土壤肥力差,粉沙质土比例大,造成树木生长不良,成为老小树,影响其效益的发挥。

(7)沿黄部分群众法律意识淡薄,维护林木的自觉性差,损坏、盗窃、盗伐树木的现象时有发生且屡禁不止。另外,对特殊堤段如村台附近、道口周围的树株缺乏行之有效的管理措施,牛羊啃食、人为破坏现象严重。对部分单位当年植树存活率的调查表明,最高年份为85%。最低年份仅为40%,一般年份为60%左右。个别堤段甚至出现"年年植树不见树"的局面。

(8)其他因素。如自然灾害的影响,对树木生长也构成了一定的威胁和破坏。

第二节　生物措施防洪评价

一、堤身植树的防洪评价

黄河堤身植树由来已久,树种以柳树为主,还有橡树、榆树、杨树、桐树、柏树等。堤身植树的利弊几十年来一直是一个有争议的问题。一种意见认为,堤身植树是防洪生物工程措施之一,对防风固沙、防冲固堤、缓溜落淤、维护工程完整、提供抢险料物、改善与调节区域气候、保证黄河防洪安全作用重大;同时,堤身植树可取得经济收入,对稳定护堤队伍非常有益。另一种意见认为,堤身植树投资大,经济效益差;堤身植树影响防汛查险抢险,若遇大风雨树身摇动,会对堤身造成破坏,特别是树根腐烂,削弱堤身强度。为了对堤身树株种植产生的防洪和经济效益做出科学的评价,必须对堤身树木的生长规律和危害进行实事求是的分析研究。

(一)堤身树根的生长规律

据黄河 1965~1986 年解剖柳树、橡树、榆树、杨树、桐树、柏树等实例,树龄在 17~31 年不等。在黄河大堤堤身上的树根有如下特点:

(1)树根为了吸取水分,向含水量大的方向发展。如 31 年生柳树种在临河堤坡,该树多数树根扎向临河险工下面,甚至扎深到枯水位以下。18.5 年生橡树也种在临河堤坡,但因临河为高滩,背河为潭坑,所以该树树根横穿大堤,扎向背河。20 年生榆树所在堤段多年靠水,主根为吸取雨水顺堤向堤顶生长。

(2)土质越松软,树根长得越粗、越长。在沙壤土中,树根生长顺利;遇有淤块或坚硬的土层,树根就萎缩或分杈后改变方向,向松软土内生长。

(3)复一次堤树生一次根。如 17 年生柳树根分 2 层,31 年生柳树根分 3 层,27 年生榆树根分 2 层,层与层之间基本相差 1 m。这是由于新复堤土层含水量大,树为了吸取水分而形成的。

(4)树根长期吸收不到水分就萎缩、干枯、腐朽。如 17 年生柳树,由于上层树根吸收不到水分,根系已腐朽。

(二)堤身植树危害分析

(1)削弱堤身抗洪能力。从黄河大堤解剖的树株来看,7 年生树株根在地表以下,一般埋深 2~3 m,最深的可到 6 m 以下,最长的根曲线长 17 m,水平长 13 m。直径在 1 cm 以上的最多可达 75 条,树根扩散范围最大的为 124 m²。如按树株间距 3~4 m,树根在堤身内一定部位将相互交错。由于树根在堤内埋藏深、数量多、扩展范围大,树株更新时不可能全部挖除。每次复堤都要在堤身内留下大量的树根,并且会使后种植的树根和以前留在堤内的树根串在一起,经过几次复堤,这些树根大都在洪水位以下,这将削弱大地的抗洪能力。树根腐烂后产生的孔洞在大堤挡水时,水很快渗入堤身使浸润线位置抬高。水进入孔洞后,由于水的浸泡,孔洞附近的土粒松散,产生不均匀破坏,造成堤身内部裂缝出现。如裂缝进一步向背水坡发展,水就有可能由背水坡流出。水在裂缝、孔洞内流动阻力小,流速大,易于将土体内的土粒带走,最后形成横贯堤身的通道而将堤身冲毁。由于树根孔洞破坏了原来堤内土的结构,所以无论孔洞在临河坡或背河坡内,经渗水浸泡,都会使土体的容重增大、摩擦力减小、抗剪强度降低,因土体失去稳定而发生滑坡,造成大险情。

(2)树根破坏涵闸、虹吸管黏土防渗层和止水设置,威胁工程安全。树株种在涵闸和虹吸管附近,大量的树根可穿透涵闸和虹吸管的止水设置,造成渗水通道。从1986年8月20日济阳大柳树店虹吸开挖的实际情况看,在粉沙土层内,8年生的杨树根可扎至5 m深的虹吸管底部。

(3)堤身植树影响堤坡草皮生长,降低堤坡防冲能力。由于树枝、树叶遮挡阳光,树根吸取大量的水分和养料,抑制草皮的生长,往往造成树下或附近成片的草皮长势不好甚至不长草,使草皮护坡风浪和雨水冲刷的能力大大降低。

(4)堤身植树可引起大的水沟浪窝。1983年由于暴雨袭击,中牟黄河修防段所属30 km多的黄河大堤遭到严重冲刷,出现水沟浪窝873个,冲走土方22 426 m³。中牟黄河修防段在总结堤坝工程遭受暴雨破坏的经验教训时认为,除筑堤土质、施工质量差等因素外,也有因植树不当造成大堤破坏的因素。如在56 + 700处大水沟里有一个柳树根,直径22 mm,长23.6 m,这个柳树根从背河堤肩直伸到临河前戗堤下,水沟基本上沿着树根走向。据沁河69 + 500处榆树解剖知,一个树根将大堤从坡面到树根底下胀裂一条宽3 cm、深80 cm、长2 m的裂缝,如遇暴雨定会被冲刷成大的水沟。由此可见,堤身植树,影响堤身坚固,不利于防洪安全。

(5)堤身植树不利于抢险堵漏。洪水漫滩后,工程防护的重点是坚守大堤,防止堤防决口造成重大灾害。目前普遍采用的查找漏洞、抢堵漏洞的方法都不允许堤身有树株,否则探杆因障碍物多移动不便,抛袋堵漏、软帘覆盖等方法无法达到严密堵覆闭气的效果。

二、大堤防浪林的评价

黄河洪水漫滩后, 风浪对大堤的冲击和冲刷是很严重的, 特别是易形成顺堤行洪的堤段, 堤身的安全受到严重威胁。目前一般采取修筑防护坝和挂柳等措施防浪防冲, 这些措施无疑能发挥出巨大的作用, 然而修筑防洪坝不但投资高、工程量大, 而且坝基一般较长, 相对阻水, 给滩区排洪增加了困难;临时挂柳比较被动, 不能彻底解决防浪问题。因此, 营造以防浪林为主的生物防浪工程是确保黄河防洪安全的重大举措, 具有重大的防洪效益、经济效益及生态效益。

黄河下游大堤临河侧营造防浪林历史非常悠久,但由于护堤地比较窄,一般为7～10 m,难以形成防浪林体系。自从人民治黄以来,重点在消除断带上下工夫,对防浪林体系建设缺乏深入细致的系统研究,加上沿黄投资有限,防浪林的建设一直是薄弱环节。随着河道的不断淤积,洪水漫滩的概率随之增加,防浪林建设的问题日益突出。根据湖北省水利厅在长江上进行防浪林试验研究的资料,防浪林之所以能降低风速、改变气流,主要是林木有由众多的枝、叶、干组成的高大树冠,当气流穿过林带时,林木的阻挡、摩擦、摇摆,迫使气流分散,改变了原有气流的结构,气流内部摩擦作用的加强,又进一步消耗了其功能。防浪林不但可以防风,还可以消浪,其作用机制是波浪通过防浪林时水质点与林木主干、枝叶间的摩擦消耗了波能,同时也加剧了水质点间的紊动掺和而损耗波能,从而达到消能消浪的作用。防浪林主要是消耗林缘前波能的能量,使林缘前波高到达堤坡时大为降低,从而起到保护堤身的作用。

黄河下游营造防浪林其效益是十分明显的。首先,防浪林的防洪效益十分显著,防浪林是确保黄河防洪安全的重要生物工程措施,其防风消浪的作用有效地削减或避免了洪水对滩岸及堤身的冲击和淘刷,也减少了水毁工程,节约了资金。其次,防浪林的生态效益十分广阔,在一定范围内不仅可以防风,调节温度、湿度,防止水土流失,还可以发挥绿化、美化环境、净化空气等作用。防浪林的经济效益也十分突出。

(一)防浪林带宽度计算

防浪林消浪作用的主要影响因素有林外缘波高、林宽、密度、水面处的树木平均直径。

一般来讲,林带越宽,防风浪效果越强。但黄河下游滩区人均耕地面积仅0.14 hm² 左右,且分布不均,粮食产量较低,生活水平普遍低于滩外,若占用大量土地种柳,群众生活必然会受到影响。为尽量少占土地,又能最大限度地满足防浪需要,黄委规定高村以上防浪林宽度取 50 m,高村以下取 30 m。

黄河下游防浪林优先选用树种主要是柳树,常规的是旱柳和垂柳。旱柳高20 m,垂柳高 10~20 m。柳树适应性强,喜水湿,亦较耐寒,分植容易,生长迅速。柳树有较强的木质结构,树皮细胞中强性水合物较多,遇水可选择性吸收利用,促进生根。柳树枝上顶芽顶端优势明显,侧生长相对较弱,要生长宽大树冠,需要经常进行头木作业、抹芽或适度修枝。柳树根系发达,具有强大的须根系,在正常生长条件下,树冠垂直投影面积就是根系分布面积。柳树本身弹性纤维量大,木纤维和韧皮纤维发达。据研究分析,可变系数为60%,5 级风力与 1 m浪高对 1 年生柳树进行冲击,树枝条不受影响。柳树枝条、叶片具有不同弹性和开张角度,对风浪能起到明显的分散和消力作用。

(二)河道管护地、背河护堤地种植评价

利用管护地解决取材和修防料物始于宋代,到明、清时已有明确规定,"堤内外十丈"属官地,培柳成才,既可护堤,又可就地取材,提供抢险修防料物。这说明历史上对利用管护地提供料源的作用是有所认识的,并得到了不断的丰富和发展。新中国成立后,每年春、冬两季开展植树活动,临河种植丛柳、紫槐等条类灌木,险工的坝基、大堤前后戗、背河护堤地等根据情况种植柳树、杨树、白蜡条等取材林。河道整治工程始于 20 世纪 70 年代,为了解决河道整治工程抢险用料问题,达到防风固沙、绿化环境的目的,河道控导护滩工程及护坝地也普遍种植柳树、杨树或其他树种。20 多年的防洪实践说明,利用河道整治工程管护地和大堤背河护堤地培植抢险取材林意义很大,能解决洪水时河道整治工程抢险用料问题,减轻群众提供料物的负担。

第三节　防浪林种植与管理

防浪林建设是防洪工程采取生物防护的重要举措,它对堤防防洪起着重要的作用,同时,它在堤防工程防浪防冲、培育抢险料物等方面有着其他方法不可替代的优势。但防浪林工程和其他工程有着截然不同的特点,防浪林工程是具有生命的生物工程,其施工和管理受制约的影响因素较多,难度较大,由此出现了"年年种树不见树"的恶性循环现象。

一、要建立健全施工管理组织和质量保证体系

防浪林建设工程受季节的限制,工期短,时间紧,为保证栽植树木的成活,按时保质保量完成任务,必须有严密的组织管理机构和质量保证措施。在施工中成立苗木供应、规划、施工、后勤、协调、安全、管护等 7 个工作小组。

(1)苗材供应组:负责采购苗种,把好等级、大小、品种质量关。

(2)规划组:负责丈量尺寸、放线、号树坑(确定树坑位置),使所植树木达到间距相等、横顺成行、整齐划一的标准。

(3)施工组:负责种植、浇水等施工任务。

(4)后勤组:负责车辆调度、食宿安排、财物供应等。

(5)协调组:负责协调各村及当地群众的关系,争取人力、物力支持,排除各种干扰。

(6)安全组:负责树苗、工具、料物、机械设备的安全保卫工作。

(7)管护组:负责树木栽植后的浇水、护墒、看护,处理毁林、盗窃案件等。

为使各小组各司其职,各负其责,确保各工序环环相扣、不出差错,对防浪林的种植和管护要制定严格的规章制度和奖惩措施,职责落实到人。为确保工程施工质量,按照防浪林建设的施工程序,建立自身的质量保证体系,绘制质量保证体系网络图,严格按照"三检制"的要求,不论是土地平整,还是树苗进场、树坑开挖、树木种植,都要严格按照"班组初检、质检组长复检和县局终检"的办法层层把关,使防浪林建设工程达到优良标准。

二、因地制宜规划格局,确保工程外观质量

防浪林的作用是防浪护堤。因此,应形成高、中、低三档的阶梯格局,即沿临河堤脚一般种植经济价值高、成材快的三倍体毛白杨,中间种植高柳,剩余位置全植丛柳。规划人员采用百米绳丈量挂线,然后撒石灰粉号树坑,使树木栽植后形成横顺通直、整齐划一的布局。

三、树木种植坚持"四大、三埋、两踩、一提苗"的原则,确保成活率

(一)四大

(1)挖大坑。为使树苗便于扎根,树坑一定要大。三倍体毛白杨和高干柳树坑要达到 0.6 m×0.6 m×0.6 m 的标准;丛柳种植,变传统的锹插法为坑埋法,挖坑标准为 0.3 m×0.3 m×0.5 m;堤口挖坑标准为 0.8 m×0.8 m×0.8 m。

(2)栽大苗。苗种采购验收时必须做到:①选用一年生、根系发达的壮苗、大苗、无虫害苗。②当天树苗当天栽,不栽隔夜苗种,保证树种根系湿润。③树苗的高度、直径采用卡尺和尺杆丈量控制。高干柳高度为 1.50 m,小头直径为 6～10 cm;丛柳长度为 0.60 m,小头直径为 3～10 cm;三倍体毛白杨胸径必须在 2 cm 以上。④验收不合格的树苗不准进场。

(3)浇大水。树苗必须严把浇水保墒关,做到栽前洇水、栽后复大水,坚持一个"透"字,保证树坑洇水透、墒情足。

(4)封大堆。对栽下的数目进行复灌,待坑内水全部洇完即可填土封坑。封坑时把树苗四周封成高于地面 20 cm 的锥形土堆,同时踩实,确保坑内土壤湿润,防风抗倒。

(二)三埋

植树填土分三层,即挖坑时要将挖出的土按表层土 1/3、中层土 1/3、底层土 1/3 分开堆放。在栽植前先将表层土填于坑底,然后将树苗放于坑内,使用中层土还原,底层土用于封口。

(三)两踩

中层土填过后进行人工踩实,封堆后再进行一次人工踩实,可使根部周围土质密实,保墒抗倒。

(四)一提苗

一提苗主要是指有根系三倍体毛白杨,待中层土填入后,在踩实前先将树苗轻微上提,使弯乱的树根舒展,便于扎根。

通过种植实践证明,上述种植管理措施是提高树木成活率的一种行之有效的方法。

四、防浪林建设后,必须进行长期管护

种树容易,保活难。由于气候干旱、虫害、人为损坏等因素的影响,往往是植树容易保活难,所以就必须"植"、"管"并重,尤其要在"管"上下工夫。为保证防浪林建设成功,使所植树苗健康成长,在管护上根据新栽树苗柔弱细小、抗干旱和抗病虫害能力差、抗人为损坏能力低的特点,紧紧围绕存活率这个中心,进行防浪林的管护工作。主要采取"三个结合",即国家组织管理与集体组织管理相结合、管理与经济利益相结合、科学管理与宣传教育相结合。

(一)国家组织管理与集体组织管理相结合

由于防浪林种植量大、面广、战线长,仅凭专管单位组织的以派出所、水政骨干人员为成员的专业护林队进行看护,人手明显不够,难以应付。为了搞好林木看护,专业护林队与由沿河各村治保主任牵头组织的群众护林队相互配合,进行树木看护。为提高群众护林队积极性和责任感,本着"谁看护谁受益"的原则,与各村群众护林队签订看护及树木成材后的分成协议,分成比例为6:4,即国6民4。这样做能极大地提高人员积极性和责任心,不但能减轻专业护林队的负担,而且能降低管护难度,同时也为保证树木安全成活奠定了一定的基础。

(二)管理与经济利益相结合

专业护林队作为管护的骨干力量,他们工作业绩的好坏关系到防浪林建设的成败。为增强其积极性和责任心,单位和专业护林队签订了《树木管护协议》,该协议明确规定专业护林队的职责、任务及奖惩办法,做到责、权、利相互依托(具体协议内容要根据各地实际情况具体制定)。

(三)科学管理与宣传教育相结合

要求专业护林队员都成为树木的"保护神"和科学管理的多面手。既从"看"上下工夫,又从"管"上动脑子,不仅使树木栽能活、活能存、长能茂,而且能使树木增强抗病防灾的能力。因此,首先必须加强科学管理,掌握树木的生长规律、病虫害及其防治方法等知识,时刻密切关注树木的生长情况。在天气干旱少雨时,能根据天气变化、墒情大小及时组织人力、机械开沟浇水,培土保墒;根据病虫害发生、发展情况,认真钻研树木的防病治虫技术。为解决防治病虫害的疑难问题,护林队员要和地方林业部门加强联系,向林业专家咨询、请教,翻阅有关专业书籍,掌握科学的林木病虫害防治及管护方法,做到对症下药,消灭病虫害。从实践经验看,三倍体毛白杨作为一个树木新品种,具有生长快、材质好、经济价值高的优点,但也有幼树抗病虫害及防风抗折能力差、对水肥条件要求高、不易管理等缺点。三倍体毛白杨易发的病虫害有溃疡病、黑斑病、桑天牛、潜叶蛾、杨小舟、杨扇舟蛾等。针对溃

痍、黑斑病，只要施肥、浇水增加营养、水分，使其健壮，即可避免此病的发生。桑天牛（其主要食物是枸树、桑树叶）的主要危害是，其成虫产卵于一两年生树干上及较大树的树叶上，幼虫顺主干从上往下钻心，致使树木折断和死亡。桑天牛的主要防治方法：清除枸树、桑树，断其食源，对病树虫眼插毒签，注射1605、氧化乐果50倍或者100倍溶液。潜叶蛾、杨小舟、杨扇舟蛾害虫（均为食叶害虫，幼虫吃叶，成虫变蛾，蛾再生卵，卵变幼虫，年生2代）的主要防治方法：人工喷洒灭幼脲药液（该药为生物药液，毒性小、药效长、效果好）；另外，也可采用"飞防"，即飞机喷洒药液，这种方法对防浪林这种面大、线长、数量多的林木除虫效果最好，也省时、省工、省钱，每年最好喷洒一次。对林区内的高干害草采用草甘膦和人工铲除的方法进行清除，以避免树木被缠死或燃草烧树现象的发生。

在加强科学管理的同时，社会教育也不可忽视。利用电视、广播、宣传车、散发传单、张贴标语等各种媒体和形式进行宣传教育，使广大群众从思想上认识到防浪林对保护堤防安全的重要性和必要性，晓之以理、动之以情，增强群众爱护树木、保护树木的自觉性，形成一个国管、民管、人人管的良好社会氛围。

第四节　生物防护工程维护

生物工程应有专门的养护人员实施有效的管理。要因地制宜，坚持日常养护，引进推广先进技术、机具，加强科学研究，提高科学管理水平。树木采伐更新要有计划地进行，严禁乱砍滥伐，防止人、畜破坏。

一、林带养护维修

林带养护应做到以下几点：

（1）在早春、干旱期或解冻前浇水，提高土壤水分和防寒能力；施肥时，应以氮、磷、钾肥为主。施肥量和肥料比例应视情况而定。宜在叶芽开始分化以前施肥。结合水、肥管理，可适当地进行中耕、锄草和种植绿肥。

（2）必须经常防治树木病虫害，合理疏枝，形成分布均匀的树冠，随时清除遭受病虫害的树株。

林带修理应做到以下几点：

（1）对于已开始老化的树木，管理单位应根据实际情况采伐更新。

（2）对于树木缺损较多的林带，管理单位应及时选择同类型的树木、同样的株行距进行补植，维持林带的完整。

二、草皮养护修理

（1）草皮护坡应经常修整、清除杂草，保持完整美观；干旱时，应及时洒水养护。

（2）护坡的草皮遭雨水冲刷流失和干枯死，应及时还原坡面，采用添补更换的方法进行修理。

（3）添补更新草皮时，要做到：添补的草皮宜就近选用；更新草皮宜选择适合当地生长条件的品种，并尽量选择低茎蔓延的爬根草，不得选用茎高叶疏的草；补植草皮时宜带土成块移植，移植时间以春、秋两季为宜；移植时，宜扒松坡面土层，洒水铺植，贴紧拍实，定期洒水，确保成活。若堤防、堤岸防护工程边坡土质为沙土，宜先在坡面铺一层腐殖土，再铺草皮。

（4）当草皮护坡中有大量的茅草、艾蒿、霸王兜等高杂草或灌木时，宜采用人工挖除或化学药剂除杂草的方法进行清除；使用化学药剂时，应防止污染水源。

第五节　其他江河生物防护措施简介

种植生态防护林作为一项保护堤防安全措施，已在国内外广泛采用，这些研究和实践很值得黄河种植防浪林时借鉴。

罗马尼亚在多瑙河营造护堤林，位置距堤脚 10 m，林带宽 65～80 m，树种以白柳为主，可抗长达 120 d 的水浸，但枯水期要求 30 cm 深透气良好的土壤。其次为欧美杨，可耐 50 d 水浸，枯水期要求 60 cm 深透气良好的土壤。护堤效果显著。

黑龙江省肇源县松花江干堤王云成堤段试验工程实例：

（1）指导思想。该工程防浪林采用乔灌混交布置，发挥乔木与灌木的自身生长特效，充分利用高低错落的空间和光照条件，已达到最佳郁闭的效果。设计时不仅要考虑其固沙、耐寒、耐湿等生长条件，而且要考虑树种之间的生态互补，如高矮错落和根系深浅分布的相互搭配，相互促进生长发育，快速成林，阻止行洪流对滩地、堤基和堤坡的冲刷，保障防洪堤坡的行洪安全。

（2）苗木选择。所选苗木应具有速生、根系发达、耐水湿性强的特点。防浪林乔木选用乡土柳树苗木，为了尽快成林，并避免当年水浸死苗现象发生，采用 2 年生苗木造林，苗木胸径大于 2 cm，定干高度 2.2 m，成林后可高达 16 m，根系深达 6 m 土层以下。乡土柳树适应性强，有很强的固沙、固土能力，是堤坝防浪林的优良树种之一。防浪林灌木采用柽柳，选用 1 年生苗木，高干为 1 m，胸径为 1 cm 以上,柽柳成林后干高可达 5 m 以上,丛生,它耐寒、耐水湿、耐贫瘠,具有深根性,生根能力强。混交灌木采用 1 年生沙棘苗木,高 30～510 cm,丛生。沙棘对土壤的适应性强、耐干旱、耐湿、耐寒,最重要的是它具有浅根性,根系分布在地下约 1 m 之内,且根须横向延伸较发达,一颗母株下可萌生几棵幼苗,具有很强的固土、固沙作用。沙棘的侧根上还有珊瑚状的根瘤,可起到生物固氮、肥土、改土作用,满足混交林木对氮元素的生长需要。沙棘是乔灌混交林的优良树种。

第九章 河道整治工程根石探测

河道整治工程是黄河工程管理的重要组成部分。现阶段所进行的整治是指通过修建一系列由坝、垛、护岸组成的险工和控导工程,强化河床边界条件,使变化剧烈的散乱河势得到一定程度的控制。险工已有 2 000 年的历史,它依附大堤,具有控导河势和保护大堤的功能。控导工程修建在滩地前沿,具有控导河势和保护滩地的作用。控导工程从 1950 年开始修建,50 年代整治了弯曲型河道,1966 ~ 1974 年重点整治了过渡型河道,1973 年以后重点整治高村以上游荡型河段,这些工程起到了控导河势的作用。通过几十年的河道整治实践,陶城铺以下弯曲型河段的河势已得到了控制;陶城铺至高村的过渡型河段基本成为曲直相间的微弯河型,河势基本稳定;高村以上游荡型河段局部河势也得到初步控制,主溜摆动范围明显减小,"横河"的发生概率有所降低,有效地防止了塌滩、塌村,提高了引黄取水的保证率。

第一节 河道整治工程结构

一、土石工程结构

现在黄河下游河道整治工程,通常采用土坝基外围裹护防冲材料的形式,一般分为坝基、护坡、护根三部分。坝基,即丁坝的土坝体,一般用沙壤土填筑,有条件时外围包一层 0.5 ~ 1.0 m 厚的黏土以防水流冲蚀坝基。护坡用块石铺筑,由于块石铺放方式不同,可分为散石、扣石、砌石三种。护根一般用块石、柳石枕、铅丝石笼等抛筑。由于施工条件的不同,又分为旱工和水工两种结构。旱工结构是在旱滩上先修土坝基,在外围挖槽抛放大块石、柳石枕或铅丝石笼进行坝垛根基保护,然后再抛块石护坡。水工结构是在水中修筑坝垛工程,当水流较缓,流速小于 0.5 m/s 时,可直接往水中倒土进占并及时在坝基上游面一侧抛枕、抛石防冲;当流速大于 0.5 m/s 时,则需在坝的上游面采用柳石搂厢进占,每占即每段长度 5 ~ 40 m,占体下游侧可跟进倒土填筑坝基,每占迎水面抛枕、抛石防止倾覆,巩固基础。如此逐占前进,直至设计长度。

由于黄河为沙质河床,易冲易淤,冲淤变幅大,因此无论采用哪种结构形式或施工方法,工程都不可能一次施工到最大冲刷深度和稳定坡度,工程靠河着溜后,基础将受冲刷而下蛰变形,这时需及时下料抢护,抢险料物常用秸柳、石料等。黄河上有"固坝固根、不抢不固"的经验,即每个坝岸要经过数次抢大险,待根石达到一定深度后,基础才能稳固,但每过几年仍需抛部分石料,对根石进行加固,否则由于根石坡度变陡,不能满足工程稳定要求,在水流的冲击下,工程有塌陷或滑塌的危险。

柳石结构是治黄沿袭保留下来的结构形式,不但有一套成熟、完善的施工技术及操作规程,而且具有很强的生命力。具体表现在:①结构简单,施工方便,施工技术及施工工艺要求不高,施工质量易满足设计要求;②就地取材,便于施工与抢险,见效快,不需要特别的机械设备;③施工力量强大,广大治黄职工及许多沿黄群众都有比较丰富的施工经验;④新修工程一次性投资少。

河道整治工程作为一种永久性防洪工程,就需要抗冲、少险,需要便于管理,但传统结构的整治工程存在着许多缺陷,主要表现在:①受施工条件限制,工程基础不能一次性施工到设计稳定深度,经常出险,防守被动;②施工所用柳料耐久性差,工程寿命短;③根石易走失,防洪负担重,抢护维修费用高;④施工所用柳料受人为因素和季节影响大,干扰因素多,易影响施工进度;⑤工程修建需要砍伐大量的树木,不利于保护生态环境。

二、新型坝垛结构

为了减少传统结构因基础浅所造成的抢险被动局面,黄委广大科技人员在黄河下游坝垛修筑及老工程改建中大胆引进和采用新技术、新结构、新工艺、新材料,并进行了许多有益的研究和探索。其中,一些成果或阶段成果已经在坝垛工程建设实践中得到了推广应用。

提高黄河下游新修坝垛抗御洪水的能力,其解决方法有两种:一是深基做坝。即根据坝垛在运行过程中可能遇到洪水的冲击情况,从理论上计算求出坝垛在抗洪过程中可能出现的最大水深和水流对坝垛的最大冲击强度,进而在坝垛设计和施工时,将坝垛基础做到设计最大冲刷坑深度以下的稳定深度,并将坝垛迎水面裹护体做成抗水流冲击而不被水流掀动的结构形式。二是沉排护底坝。在抗洪过程中,坝垛前之所以能形成危及坝垛安全的冲刷坑,一方面是洪水对工程及其基础强烈冲击作用所致,另一方面坝垛修在可动性大、抗冲蚀能力很小的沙土软基上,为坝前冲刷坑的形成提供了可行条件。沉排护底就是在坝垛底部受水流冲刷部位,按最大冲刷深度预先铺放一定宽度的护底材料,让这些材料随冲刷坑的发展逐步下沉,自行调整坡度,达到护底、护脚,防止淘刷河床,也可逼使冲刷坑外移,从而使河床冲刷坑不能对坝基安全构成威胁,不能造成坝垛基础根石下蛰走失,从而达到坝垛不出险或少出险的目的。

在深基做坝方面,河南黄河河务局1970~2000年进行了大量的研究和实践。1971年开始在长垣周营工程试修了一道砖渣混凝土井柱坝,1974年、1978年分别在原阳双井工程24坝、31坝修建了混凝土桩坝和混凝土灌注斜墙坝;1980年在开封欧坦工程28坝修建了混凝土灌注斜墙坝。1979年、1980年山东黄河河务局在鄄城苏泗庄险工41坝、42坝修建了钢筋混凝土灌注斜墙坝。以上几种桩坝由于桩的强度低,在运行中有断桩和倒桩的情况,1987~2000年又分别在花园口下延、韦滩、东安修建了钢筋混凝土透水桩坝,桩的强度已经大大加强。为了防止坝垛基础被淘刷,抑制坝前冲刷坑的发展,20世纪80年代开始在沉排护底结构方面进行了多方面的探索和实践,做了多种不同结构形式的坝垛。1985年在封丘大宫控导工程12坝进行了化纤编织袋装水泥土沉土沉排试验;1988年在封丘禅房控导工程修建了充土长管袋软体沉排坝;1990年在中牟九堡、开封柳园口两处工程先后修建了铅丝笼压载沉排坝;1990年在原阳马庄工程下首修建了一道潜坝;1993年在郑州保合寨控导工程修建了柳石枕沉排坝;1994~1996年分别在郑州保合寨、武陟老田庵两处工程修建了挤压块沉排坝;1998年在郑州马渡下延工程修建了一道充沙长管袋沉排坝。除上述深基修坝和沉排护底外,针对老坝基根石小、易走失、易出现的问题,黄河下游也进行了加固试验。1991年河南黄河河务局在马渡险工来童寨大坝前修建了一网护石垛,其结构为,在根石容易塌落的部位先加固根基,然后铺上宽度为5~20 m的镀锌铅丝网,网的外围有网附,网的一端锚固在坝基内,以增加整体性、柔韧性。1997年山东黄河河务局在泺口23坝进行黏结大块石加固根石试验,采用水泥砂浆将小块石黏结成重150 kg以上的正方体,有边长0.4 m、0.45 m、0.5 m三种型号,将其抛投到根石位置,使其达到1:1.5的稳定边坡。

20多年来,黄河下游进行了10多种整治工程的新结构、新材料试验。针对在坝垛新技术试验、应用进程中出现的新情况、新问题,在"八五"攻关研究成果的基础上,"九五"期间重点开展了沙土充填长管袋技术试验研究、不同透水率桩坝的导溜和落淤效果研究、不同材料护根试验等坝垛新技术和新结构试验研究。这些项目所取得的成果,在河道整治应用方面发挥了重要作用。

第二节　河道整治工程根石探测的重要性

现有坝垛护岸多为旱地或浅水条件下修建,或虽经抢护,但基础仍较浅。土坝体、护坡的稳定依赖于护根(根石)的稳定。根石是坝、垛、护岸最重要的组成部分,也是用料最多、占用投资最大的部位,它是在丁坝、垛、护岸运用期间经过若干次抢险而逐步形成的,只有经数次不利水流条件的冲淘抢护,才能达到相对稳定。因此,及时掌握根石的深度及相应的坡度,并做好防汛抢险的料物等准备,才能减少抢险被动,保证工程安全。根石深度,黄河河工谚语有"够不够,三丈六"的经验说法。据实测资料分析,当根石深度达到 11 ~ 15 m,坡度达到 1:1.3 ~ 1:1.5 时才能基本稳定。根石完整是丁坝稳定最重要的条件,及时发现根石变动的部位、数量,采取预防和补充措施,防止出现工程破坏,对防洪安全具有重要意义。

长期以来,河道整治工程根石监测与探测技术一直是困扰黄河防洪安全的重大难题之一,解决水下根石监测、探测技术问题,及时掌握根石的分布情况与稳定状况,对减少河道整治工程出险、保证防洪安全至关重要。几十年来,水下根石状况完全靠人工探摸估算。人工探摸范围小、劳动强度大、速度慢、难度大,探摸人员水上作业还有一定的危险性,难以满足防洪保安全的要求。

第三节　常规探测技术方法

一、探测方法

目前,在黄河上采用的常规探测方法均是采取直接接触及凭借操作者的经验判断水下工程基础情况的方法。

(1)探水杆探测法。由探测人员在岸边直接用 6 ~ 8 m 长标有刻度的竹制长杆探测。

(2)铅鱼探测法。在船上放置铅鱼至水下,用系在铅鱼上标有尺度的绳索测量根石的深度。

(3)人工锥探法(或称锥探法)。在船上用一定长度的钢锥直接触及根石,遇到淤泥层时数人打推杆穿过淤泥层直至根石,并测量深度。

(4)活动式电动探测根石机。它是模仿人工探测根石的提升、下压、脉冲进给的工作原理设计的,该机采用双驱的两个同步旋转滚轮,靠一端能自锁的偏心套挤压探杆,两滚轮驱动探杆向下探测根石。

上述几种常规方法,因需要直接触及坝岸水下根石面层才能得出结果,所以均受到很多条件的限制,如水流影响;船体定位困难;水流冲击尺杆发生挠曲变形,探测深度估差大;操作不便,感觉判断不准等。另外,第(1)、(2)种方法只能探测出水深,遇有淤泥层时,不能探测出真正的根石深度。第(4)种方法探测效率较高,但只能在旱地上进行。

目前黄河下游根石探测普遍采用的方法仍是人工锥探法,这种方法虽然简捷、直观、易掌握,但存在以下问题:①费工费时,劳动强度大;②探摸深度有限,一般情况下只能达到 8 ~ 10 m;③水深流急时船只不易定位,探测人员的安全也不易保证;④对新结构坝(如土工织物沉排坝)探摸危害性较大,容易使坝体受到破坏,不便使用。

根石探测可划分为汛前、汛期及汛后探测。汛后探测一般在 10 ~ 11 月进行,探测的坝垛数量应不少于当年靠河坝垛总数的 50%。汛前探测在每年 4 月底完成。对上年汛后探测以来河势发生变化后靠大溜的坝垛进行探测,探测坝垛数量不少于靠大溜坝垛的 50%。汛期对靠溜时间较长或有出险迹象的坝垛应及时进行探测,并适时采取抢险加固措施。

二、根石探测程序

(一)探测断面布设

(1)探测断面布设的原则是上、下跨角各设 1 个,坝垛的圆弧段设 1 ~ 2 个,迎水面根据实际情况投 1 ~ 3 个。

(2)断面编号自上坝根(迎水面后尾)经坝头至下坝根(背水面后尾)依次排序,坝垛断面编号附后;表示形式为 YS + ×××、QT + ××× 等,"+"前字母表示断面所在部位,"+"后数字表示断面至上坝根的距离。

(3)探测断面方向应与裹护面垂直,并设置固定的石桩或混凝土桩,断面桩不少于 2 根。

(二)断面测量

(1)根石探测必须明确技术负责人,并有不少于 2 名熟悉业务的技术人员参加。

(2)锥探用的锥杆在探测深度 10 m 以内时可用钢筋锥;探测深度超过 10 m 时,为防止锥杆弯曲,采用钢管锥。

(3)根石探测断面以坦石顶部内沿为起点。

(4)断面测点间距水上部分沿断面水平方向对各变化进行测量,水下部分沿断面水平方向每隔 2 m 探测一个点。遇根石深度突变时,应增加测点。在滩面或水面以下的探测深度应不少于 8 m,当探测不到根石时,应再向外 2 m、向内 1 m 各测一点,以确定根石的深度。

(5)探测时,测点要保持在施测断面上,量距要水平,下锥要垂直,测量数据精确到厘米。

(6)探测时,要测出坝顶高程、根石台高程、水面高程、测点根石深度。根石探测断面数据要认真填入附表。高程系统应与所在工程的标高系统一致。

(7)水上作业时要注意安全,作业人员均应穿戴救生衣等救生器具。

（三）资料整理与分析

（1）每次探测工作结束后，都要对探测资料进行整理分析，绘制有关图表，编制探测报告。

（2）根石探测报告包括探测组织、探测方法、工程缺石量及存在问题，并分析不同结构坝垛的水下坡度情况，根石易塌失的部位、数量、原因及预防措施。

（3）根石断面图应根据现场记录，经校对无误后绘制。断面图纵横比例必须一致，一般取 1:100 或 1:200。图上须标明坝号、断面编号、坝顶高程、根石台高程、根石底部高程、测量时的水位或滩面高程。

（4）缺石量计算为缺石平均断面面积乘以两断面间的裹护周长。

（5）缺石断面面积绘制出的实测根石断面分别与坡度 1:1.0、1:1.1、1:1.5 的标准断面（按设计要求考虑标准断面的根石台顶宽，但最宽不得超过 2 m）进行比较，计算缺石断面面积。断面面积采用两个相似实测断面缺石面积的算术平均值。

（6）断面之间裹护周长，险工坝垛及有根石台的控导护滩工程其直线段采用根石台外缘长度，控导护滩工程直线段采用坝顶外缘长度；险工、控导工程圆弧段的周长采用根石台或坝顶外缘长度乘以系数 2 确定。

（7）计算成果应汇总成表，分别按 1:1.0、1:3.1、1:1.5 的标准断面测算每处工程的坝垛数缺石量，以县（市、区）河务局为单位测算缺石总量。

（8）提高科学化管理水平。根石探测资料要及时存档，并尽可能实行计算机存储、分析和成果汇总。

三、2004 年探测成果分析

山东、河南两省河务局对黄（沁）河 284 处（黄河 253 处、沁河 31 处）工程、3 820 段坝岸进行了根石探测，探测断面 12 223 个。其中黄河险工 105 处、1 610 道坝垛，分别占现有 144 处险工、5 045 段坝岸（垛）的 72.92% 和 31.91%；黄河控导工程 148 处、1 883 道坝垛，占现有 224 处控导工程、4 366 段坝岸（垛）的 66.07% 和 43.13%；沁河险工 31 处、327 道坝垛，占现有 47 处险工、773 段坝岸（垛）的 65.96% 和 42.30%。

黄河小北干流山西局、陕西局对 10 处工程、68 个坝垛进行了根石探测，占现有 31 处工程、824 段坝岸（垛）的 32.26% 和 8.25%；共探测断面 196 个。根石深度、坡度与缺石量分析计算如下。

（一）根石深度

黄河险工：根石以下根石深度不足 10 m 的断面数占险工探测断面总数的 75.4%；根石深度在 10～15 m 的断面数占险工探测断面总数的 22.4%。根石深度大于 15 m 的断面数占险工探测断面总数的 2.2%。黄河下游控导工程：根石深度不足 10 m 的断面数占控导工程探测断面总数的 60.5%；根石深度在 10～15 m 的断面数占控导工程探测断面总数的 36.1%；大于 15 m 的断面数占控导工程探测断面总数的 3.4%。

沁河险工：根石深度不足 4 m 的断面数占险工根石探测断面总数的 28.4%；根石深度在 4～10 m 的断面数占险工根石探测断面总数的 62.5%；根石深度在 10～15 m 的断面数占险工根石探测断面总数的 7.9%；根石深度大于 15 m 的断面数占险工根石探测断面总数的 1.2%。

黄河小北干流山西、陕西局：根石深度不足 4 m 的占探测断面总数的 64.8%；根石深度在 10～15 m 的断面数占险工根石探测断面总数的 0.5%。

(二)根石坡度

黄河险工：根石坡度大于 1∶1.0 的断面数占险工探测断面总数的 11.9%；根石坡度在 1∶1.0～1∶1.3 的断面数占险工探测断面总数的 35.4%；根石坡度在 1∶1.3～1∶1.5 的断面数占险工探测断面总数的 26.8%；根石坡度小于 1∶1.5 的断面数占险工探测断面总数的 25.9%。

黄河下游控导工程：根石坡度大于 1∶1.0 的断面数占控导工程探测断面总数的 8.7%；根石坡度在 1∶1.0～1∶1.3 的断面数占控导工程探测断面总数的 43.6%；根石坡度在 1∶1.3～1∶1.5 的断面数占控导工程探测断面总数的 31.2%；根石坡度小于 1∶1.5 的断面数占控导工程探测断面总数的 16.5%。

沁河险工：根石坡度大于 1∶1.0 的断面数占险工探测断面总数的 13.8%；根石坡度在 1∶1.0～1∶1.3 的断面数占险工探测断面总数的 37.1%；根石坡度在 1∶1.3～1∶1.5 的断面数占险工探测断面总数的 25.1%；根石坡度大于 1∶1.5 的断面数占险工探测断面总数的 24.0%。

(三)原因分析

依据河道整治工程根石探测深度、坡度情况分布可知：近几年的调水调沙试验及 2003 年秋汛洪水，使下游河道普遍产生冲刷下切，根石相应得到加固处理，根石坡度有所减缓，根石基础极不稳定的坝垛数量较前几年有所减少。但部分坝岸根石断面坡度仍较陡，坡度不足 1∶1.0 的断面数为 1 261 个，占断面总数 12 419 的 10.15%，这与 2003 年秋汛持续时间长、洪水冲刷造成的抛根加固数量不足有关。沁河险工根石坡度陡于 1∶1.0 的占其断面总数的 13.81%，说明沁河险工还有一部分坝垛的根石基础极不稳定，应予重视，并及时安排根石加固。

上述问题主要有以下 4 种情况：一是靠溜坝岸(垛)和着溜部位的根石普遍较陡，根石坡度多数上缓下陡，水上部分一般在 1∶1.3～1∶1.5，水下部分根石坡度较陡；二是新建坝岸(垛)基础浅，尚未稳定，靠水蛰陷或冲刷走失，出现根石冲刷、下蛰;三是上、下坝根部位存在根石基础浅、坡度陡等问题;四是由于河势发生变化,上提下挫,使得一些多年脱险而严重缺石的坝段在汛期靠河,造成根石走失严重。

黄河小北干流在2003年"7·31"洪水之后,河段河势发生较大变化,部分工程由于常年靠溜,受主流顶冲、淘刷,工程出险多,根石走失情况时有发生,个别坝段根石走失严重,根石坡度已明显达不到1:1.5的设计坡度;部分坝段虽不是常年靠溜,但根石深度不足,2003年汛期造成根石大量下蛰,危及散抛石护坡;部分新修工程受主流顶冲、淘刷,根石下蛰、走失,造成严重险情。

(四)缺石量

据统计,山东黄河河务局、河南黄河河务局所探测的284处工程、3 280道坝岸,按实际探测深度、实测根石坡度与1:1.0比较所需要的加固工程量进行计算,坝岸根石量短缺为5.04万 m^3;按实际探测深度、实测根石坡度与达到基本稳定坡度1:1.3和比较稳定坡度1:1.5比较所需要的加固工程量进行计算,坝岸根石量短缺分别为61.96万 m^3 和191.01万 m^3。其中黄河险工缺根石量分别为20.62万 m^3 和62.44万 m^3,控导工程缺石量分别为37.80万 m^3 和119.97万 m^3;沁河险工缺根石量分别为3.54万 m^3 和8.60万 m^3。

黄河小北干流山西局、陕西局所探测的10处工程、69段坝岸,按实际探测深度、实测根石坡度与达到基本稳定坡度1:1.3和比较稳定坡度1:1.5比较所需要的加固工程量进行计算,根石量短缺均为3.03万 m^3。

受探测技术手段与防汛岁修经费较少的因素制约,2004年的根石探测仍然是对2003年以来的靠水坝岸进行探测及对实测坝岸缺石量进行计算。从统计缺石量分析,黄河下游河道整治工程按1:1.0坡度计算,缺石量总计5.04万 m^3,从近年来水条件、冲刷及根石加固的情况看,基本能反映河道整治工程根石分布状况;按1:1.3和1:1.5坡度计算,根石缺石量分别为64.99万 m^3 和216.53万 m^3,与2003年汛前探测缺石量比较,分别增加16.14万 m^3 和45.05万 m^3。原因之一是所探测的工程处数和坝段数较2003年有所增加,原因之二是经历调水调沙试验及2003年秋汛期洪水冲刷,尽管在一些坝岸采取了抛根加固处理,但由于多年来河道整治工程一直未达到设计稳定坡度,缺石量一直是较大的。

第四节　水下基础探测技术研究

一、水下基础探测技术研究的开展情况

河道整治工程的险工为非淹没建筑物;控导工程在大洪水及较大洪水时为

淹没建筑物,而在小洪水及中水、枯水时为非淹没建筑物。黄河绝大部分时间为中水、枯水时间,护坡(坦石)一般位于水上,护根(根石)一般位于水下,因此河道整治工程的水下基础探测,即河道整治工程的根石探测。

根石位于浑水下面,较深部分的根石又埋于淤泥层之下。根石是在坝前出现水流冲刷坑之后抛投石料(或铅丝笼、柳石枕等)而形成的,位于浑水下面是当然的,由于黄河含沙量大,冲淤变化迅速,并且河势变化快,即使在一处河道整治工程靠主溜的情况下,靠主溜的坝号也会随时发生变化。当原靠主溜的坝号形成较深的冲刷坑并抛投石料后,一旦河势出现上提下挫,该坝受溜作用可能减轻,流速降低,冲刷坑内落淤沉沙,已抛投的根石便埋于新淤积的淤泥层之下。

如何解决河道整治工程的水下基础的探测问题,一直是困扰黄河下游防洪安全的重大难题之一。为了探测坝垛根石状况,代代治黄工作者进行了不懈的努力,国内许多科研单位和技术管理部门为此曾做过大量的工作,试图采用新技术,用非接触的方法解决根石的探测问题。

根石探测技术经历了3个阶段,即从利用摸水杆探摸、铅鱼探测、人工打锥探测,逐渐发展到机械探测、仪器探测等阶段,内业资料管理也从手工绘图发展到计算机自动成图,技术水平得到很大提高,精度也越来越高,对工作的指导意义逐步得到体现。

机械探测方法的原理和人工探测相同,是通过对坝垛断面探测点的探测,了解根石状况的一种方法。它克服了人工探测费时费力的缺点,探测质量也得到很大改善。该类机械的主要代表为山东菏泽黄河河务局研制的旱地根石探测机和河南焦作黄河河务局研制的机械探测机。

黄委十分重视根石探测技术的试验研究工作,多年来多次组织力量,投入资金开展试验与生产应用研究。主要从以下两个方面入手:一方面是对传统的锥探方法进行改进,以减轻探测工作的劳动强度,提高探测效率;另一方面是开发引进研制具有大能量、高效率的专用设备,实现快速、准确、方便的探测。但由于黄河水沙的特殊性、河势的多变性,根石探测的难度很大,因此在一个相当长的时段内未能取得突破。

1980年前后,黄委水文局利用水下声纳反射原理研制的HS-1型浑水测深仪,解决了穿透不同含沙量情况下的浑水测深问题。但因该仪器不具备穿透淤泥层的功能及其精度等问题,以后未能推广应用。

1982年,黄委与中国科学院声学所合作,利用声纳技术进行根石探测试验研究。经过6年试验研究,在浑水、泥沙、沉积层的衰减系数、散射系数、根石等效反射系数、沉积层声速等方面取得大量资料,但因一些技术问题未能解决,故无法投入应用。

1985 年,黄委在调研国内外情况后,引进了美国地球物理勘探公司的 SID - 8 地质雷达,对淤泥层下根石分布情况进行多次探测试验,终因电磁波能量衰减快、散射特性复杂,目标回波和背景干扰混合在一起,增加了识别目标的难度等,未能取得有效的探测结果。

1991 年,黄河水利科学研究院采用双偶极直流电阻率法在花园口险工 87 坝进行了根石探测,试验对比结果表明,此法可测到根石位置和厚度,但因精度较差且只能在滩地上进行而未能推广应用。

从 1992 年开始,丁坝根石探测技术研究被列入国家"八五"重点科技攻关项目。黄委设计院物探总队承担研究任务,选择多种物探方法进行了研究与试验,如直流电阻率法、声纳探测试验、地质雷达探测试验、瞬变电磁法、浅层反射法。已进行试验的几种物探方法及仪器探测效果都不理想。

1996 年 7 月,黄委将黄河河道整治工程水下基础探测试验研究列入国家"948"计划项目,从美国引进 X - Star 水底剖面仪,其最大特点之一就是能够穿透淤泥层,同时,进行水下根石探测,不受恶劣的水流条件限制。通过对几年来的试验结果分析表明,该仪器基本解决了黄河河道整治工程水下根石探测的难题,探测成果满足根石探测的需要。利用 X - Star 水底剖面仪在河道整治工程根石探测中,与传统的探测方法如锥探、浅层反射等方法相比,具有能够穿透淤泥层、探测速度快、精度高、结果完整直观等优点,并且可以节省大量的人力和物力,是目前多泥沙河流河道整治工程根石探测方面最有效的方法和手段。该项技术的应用使根石探测技术实现了质的飞跃,极大地提高了探测的技术含量。目前,黄委开发了用于锥探法的探测资料整理软件根石管理系统以及与 X - Star 水底剖面仪探测配套的软件,也基本实现了探测资料的计算机化。目前由于分析软件尚未开发完成,使用受到限制。

2002 年 7 月,黄河水利科学研究院、清华大学利用 WAE2000 全波形声发射检测仪,在枣树沟控导工程对根石走失情况进行了试验,取得了初步成效。

2002 年 8 月,黄委建管局在"数字工管"专题规划报告中指出:"数字工管"建设要以信息化建设为基础,而信息建设的重点是信息采集,为此对险工控导工程根石走失要建立实时安全监测系统,逐步实现黄河工程管理现代化。总之,河道整治工程水下基础或根石探测的难度,一是穿透浑水,二是穿透淤泥层,尤其是穿透淤泥层。最近 20 年的试验研究表明,穿透淤泥层探测根石是最难的课题。据统计,黄河河道整治工程 80% 的险情是由于根石走失滑塌造成的,若能监测到根石走失或根石走失的严重程度,及时、准确地掌握水平根石分布状况,对防洪保安全有着至关重要的意义。因此,基坝及根石监测、预测预报是工程抢险、维护,确保防洪安全的最重要工作之一。

二、水下基础探测仪器简介

(一)X – Star 全谱扫频式数字水底剖面仪

美国 EG&G 公司研制的 X – Star512 型全谱扫频式数字水底剖面仪具有良好的水下探测性能,是目前世界上较先进的水下工程基础探测仪器。技术指标:在水深 2~15 m,含沙量 40~150 kg/m³、泥沙覆盖层 0~15 m、根石厚度 3 m、流速 0~4 m/s、根石粒径 0.2~0.7 m 的条件下,可测出坝岸水下基础断面分层图。

1. 仪器工作原理

该仪器主要由 Sparc 工作站、DSP 数字信号处理机、1 kW 信号放大器、水中拖鱼和信号电缆组成。Bottom 是在 Unix 操作系统下 Sparc 工作站中运行的系统软件,仪器测试通过软件控制完成。测试时首先运行 Bottom 系统软件,根据拖鱼型号和测试条件,选择一定频带宽度的数字信号。信号被 DSP 记忆并送到一个 20 位 D/A 转换器,生成高精度模拟信号;然后经功率放大器进行放大,并通过拖鱼中的发射阵列向水下发射声波信号,信号在传播过程中如果遇到泥沙、根石等波阻抗界面,则产生向上的反射信号,反射信号被拖鱼中接收阵列采集放大和 A/D 转换后送到 DSP,DSP 根据记忆信号对接收信号进行处理。处理后的反射信号能够清楚地反映地层变化。由于整个过程在水中连续进行,依据各点测试信号即可在显示器上绘出水下地层剖面图像。

2. 在黄河下游的试验应用

为检验仪器的测试性能,重点在黄河花园口险工 90 号坝(将军坝)坝前头、上跨角和 127 号坝(老东大坝)进行试验,分两次完成。第一次试验于 1997 年 7 月 9~13 日在花园口险工 90 号坝进行。1997 年 8 月 3~5 日黄河第一场洪水期间在花园口险工 127 号坝进行了第二次试验,大河流量 1 800 m³/s,含沙量 278 kg/m³,水深不到 5 m。仪器探测结果为:水深 1.28 m 处泥沙覆盖层厚 5.9 m,根石厚度 8.0 m。锥杆探测水深 1.2~1.3 m,泥沙覆盖层厚 6.0 m。仪器探测结果与人工探测结果基本吻合,河床与水、河床与根石、水与根石界面清晰。

(二)FB – 1 型根石探测仪

该探测仪以帕斯卡定律和液体压强原理为主要依据,由探头、导管、水银柱盒、拉绳等 4 部分构成。对根石实施探测时,人工将探头抛于水下,使探头内的胶囊承受水压力,然后由导管将水压传递到水银盒,再由测水银柱显示的不同刻度直接读出水深,从而达到由测水压转换成测水深的目的。通过大量试验,该仪器最大测深达 20 m,测量精度为 ±10 cm,水平距离受人力投掷的限制,也可达到 16 m 左右。另外,由于含沙量高而引起水的容重加大时,可通过修正系数减小误差。

该仪器重约 14 kg(其中探头重 6.5 kg),具有体积小、结构简单、操作简便、适应性强、灵敏度高等优点,能有效探测河道工程根石部位水深。由于探头较小,投掷过程中有被根石卡住的可能。如出现卡探头现象,可通过拉绳轻轻拉出,一般情况下对探头无损害。

(三)活动式电动探测根石机

活动式电动探测根石机采用双驱动的两个同步旋转滚轮,靠一端能自锁的偏自锁的偏心套挤压探杆,两滚轮驱动探杆向下探测,人工可随时操纵偏心套使探杆工作或停止。为使探杆产生脉冲进给,探测机两端设计两个偏心曲柄构件,带动箱体及探杆同时上下振动。当探杆碰到石头时,探杆不能继续进给,会将整个机器顶起,此时操作者立即松开操纵杆,两滚轮与探杆即可自行分离,停止进给,然后操纵反转开关,使探杆拔出地面,即可完成根石探测工作。

活动式电动探测根石机由电机、变速箱、探石箱、底盘、地轮组成,配用220 V的供电设施。其探杆进给速度为 8 ~ 12 m/min,脉冲行程 50 mm,脉冲次数每分钟 80 次,功率为 1.1 kW。

该机设有两个喇叭状的导向装置,从而使探杆插进容易,定位导向较准确。该机结构紧凑,体积小,质量轻(约 75 kg),搬运方便。根据实地试验,5 ~ 10 min可完成一个测点(含移位、接杆等)的作业,劳动强度较人力探测大为减轻,数据准确性高。

第十章　河道整治工程根石加固

第一节　根石的概念

根石也叫"护根石"，是坝的下部保护石，分为有根石台、无根石台两种。当为无根石台时，以设计枯水位划分，枯水位以上为坦石，以下为根石；当为有根石台时，以根石台顶划分，以上为坦石，以下为根石。根石是坦石乃至整个坝身安全稳定的基础，坡度 1:1.1 ~ 1:1.5，以坝前头及上跨角为最深，一般达 8 ~ 15 m，最大 23.5 m。其承受大溜剧烈冲刷，易坍塌走失，坡度或深度不足时，能导致坝岸出险。

一、黄河工程中根石的分类

从目前黄河工程根石情况来看，黄河工程根石大体可分三类：第一类是抢险形成的根石。这种根石一般以抛柳石枕、散石或铅丝笼为主，根石不规则且延伸较远。这种工程的根石在黄河工程中占绝大多数。第二类是在新修的坝岸或新建后一直不靠溜工程的根石。这种根石保持竣工后的形状，根石相对较浅且无平面方向的延伸。第三类是新结构根石，如武陟一局老田庵工程 14、15 号坝的铅丝笼沉排和 23 号坝化学成形挤压块沉排等坝段。这类根石一般保持一个整体，不出现散乱现象。后两种根石虽然目前数量较少，但也应作为根石分析研究的一个问题。

二、根石的断面形态

根据根石探测断面图分析，根石断面大多呈"下缓、中陡、上不变"的分布规律。主要原因是上部一般高于枯水位，通常按设计标准整理维护，即使遇到较大险情，抢险后仍能及时修补。而根石中间陡主要是因为：①根石中部水流流速最大，块石容易起动走失，在水流自然筛选作用下，边坡上剩下的块石相互啮合较好，抗滑稳定性和防冲起动性都较自然堆放情况下的块石明显增大，因此容易形成陡坡；②抢险及根石加固的块石无法抛到根石底部，大多都堆积在边坡中上部，使中间坡度相对较陡。这种情况在险工坝段尤为突出。处于根石最下部的块石，由两部分组成：一部分是冲刷坑发展到一定程度，坝体根石局部失稳滑入坑中;另一部分是因折冲水流冲刷块石起动后,运动至根石底部。其中以第一部分占绝大多数。下部的根石主要起抗滑稳定作用,故坡度较缓。另外,还有一些特殊断面(如反坡、平台及锯齿等),形成的主要原因在于坝体水中进占修做及抢险过程中,采用搂厢、柳石枕或铅丝笼等结构,这种结构体积大,且不易排列,容易形成各种不规则的断面。这种断面会造成水流紊乱,促使河床淘深,影响基础稳定。

一般认为,根石是一个连续体,但实际上,黄河工程根石在平面和深度方向都不一定是一个连续体,而且很明显不是一个光滑平面。其主要表现为:一是在平面方向可能出现未与根石相连的零散石块,或是在根石的垂向分层上出现两层甚至更多层的根石,这两种情况主要出现在根石形成时间较长的坝垛;二是根石上层是一块块不规则的石块,石块间可能存在缝隙且高低不平。

三、根石稳定的条件

坝体的稳定主要取决于根石与其上部的土石压力是否相适应;当根石上部土压力一定时,坝体稳定性主要取决于根石厚度、深度和坡度,其中以深度对坝体稳定的影响最大。当冲向坝体某一部位的水流强度大于坝体该部位曾受过的最大水流强度时,原来相对稳定的坡度随坝前局部冲刷坑的形成和发展以及根石的走失而变陡,坝体稳定性降低,随时可能出险。因此,只有当坝体受过较强水流的冲刷,根石达到一定深度后,根石坡度才能保持相对稳定,坝体出险概率才会相应减小。

(一)深度

黄河坝体为浅坝基修筑,在水流冲刷出险后,不断抛块石以加固坝基。黄河上判断坝基稳定的传统方法是通过探摸根石深度来确定的。探摸的根石深度即可认为是坝前冲刷坑的深度。

实测资料表明,一般情况下,在迎水面至圆头交界处冲刷最为强烈,迎水面中部次之。在洪水情况下,坝前冲刷深度为 8 ~ 9 m,局部最大冲刷深度可达18 m。目前黄河下游实测坝体根基最深的为建于乾隆九年(1745 年)的花园口将军坝,其根石深度为23.5 m。

(二)坡度

根据《黄河下游 1996 ~ 2000 年防洪工程建设可行性研究报告》计算成果,当乱石坝结构的坝高为 20 m,坦石宽 1 m,坦高 5 m,坦石内外坡均为 1∶1.0,根石台宽 2 m,根石深 15 m,根石外坡为 1∶1.3,根石内坡为 1∶0.7 时,坝体整体滑动系数为 1.02,护坡安全系数为 1.15。由此可以认为,当根石外坡达到 1∶1.3时,根石是基本稳定的。但根石的稳定性主要取决于根石的厚度、深度和坡度,其中以深度对坝体稳定的影响最大,也就是说,只有根石达到一定深度后,根石坡度才能保持相对稳定,坝体出险概率才会相应减小。由实际探测成果知,深度大于 15 m 的根石占所探测断面的比例很小。为充分保证坝体安全稳定,目前黄河河道整治工程根石坡度设计取 1:1.5。

第二节　根石走失的原因及加固措施

一、根石走失的原因

有关试验及原型观测表明,坝体根石在水流的冲击作用下有两种主要运动形式。一是随着冲刷的逐步发展,大量块石失稳,向冲刷坑底塌落;二是水流的挟带力引起部分块石向下游或向冲刷坑底滚动。根石的这两种运动形式统称为根石位移。第二种运动形式即为根石走失,它是坝岸出险的重要原因之一。

根石走失主要有三个去向:一是在折冲水流的作用下沿坝面向冲刷坑底滚动,这部分块石一般块体较大,使坝体根基加深加厚,下部坡度变缓,有利于坝体稳定;二是沿坝体挑流方向顺流而下,这部分块石一般块体较小;三是沿回流冲刷深槽分布,且在走失量和体积上沿程递减。

根石走失与水流流速、水深、块石粒径及断面形态等有关。流速越大,根石越容易走失;边坡系数越大,单个块石的稳定性越好;另外,水深较大处的根石不易走失。

二、防止根石走失的加固措施。

由统计资料看出,凡小流量出险的坝岸,根石均单薄,由于河势发生变化而发生险情。因此,在日常维修养护坝岸中,及时补抛根石是非常重要的。在日常的维修管理中应着重注意以下几个方面:

(1)探摸根石。及时探摸根石,了解坝岸基础动态,是管理中的重要工作。尤其对着溜情况发生变化的坝岸,要根据情况随时进行摸探,发现问题立即采取固根措施。

(2)网罩护根。为有效地防止根石走失,在有条件的情况下可采用网罩护根的方法。其方法是借助于民间的鱼网原理,在根石容易走失的部位(上跨角、下跨角、前尖)用铅丝或高强度的尼龙丝,编织成鱼网形式。网罩的近坝一边固定在根石台上,另外的三边串一条粗的铅丝或钢筋,其上拴连大块石或混凝土预制块作为网坠,靠沟槽的一边也可用铅丝笼。这样将网坠放置在根石以外的河床上,即形成了以网来罩护根石的防护体系。在水流的作用下坝前若形成冲刷坑,这时网附蛰动位移,网边也随之收紧,使整个护网能紧贴根石及河床。那些被罩护的根石只能随河床冲刷变形,在网内位移,而不能滑出网外,能有效地防止根石走失。

(3)提前备料。多数常年不着溜的坝岸基础较差,根石单薄。这些坝岸应事先准备部分铅丝笼、大块石或黏结大块石放置在根石前沿。当坝前形成冲刷坑时,所放铅丝笼或大石块直接滚入冲刷坑内起到护根作用。与出险后再抛石抢护相比,这种方法争取了主动权,并解决了抛石不容易到位的问题,能有效地防止险情向严重方向发展,达到了将险情治早、治小、治了的目的。

(4)对根石断面不足的坝体应及时抛石加固。现有坝体根石坡度系数大多在1:1.1~1:1.3,根石深度小于15 m。为了使坝体在受到水流冲刷时有一定的适应性,根石坡度应加固调整使其系数达到1.5左右。对靠河坝体应进行经常观测,一旦发现根石坡度不足,即应提前在汛前枯水位或断流期加抛根石并使其抛至预定位置,减小坝体出险概率。

第三节 乱石坝根石走失的原因与防护措施

从黄河下游乱石坝出险情况来看,大都与根石走失有关。防止根石走失,是确保乱石坝坝体安全的最关键的问题。

一、根石走失的原因

(一)水流条件的影响

(1)乱石坝周边水流形态与冲刷坑深度的影响。黄河下游乱石坝大多数是非淹没的下挑坝体,坝体对近岸水流流速场干扰很大。由于水流在坝前受坝体所阻,迎水面水位升高,形成上回流及下降水流。下降水流与主流合并成为螺旋流,这是造成坝前冲刷坑的主要原因。水流过坝体以后,由于单宽流量和近底流速的加大,在最大底流速区形成冲刷坑。在坝体上、下游主流与回流的交界面附近,因流速分布的不连续或流速梯度的急剧变化,产生一系列旋涡,回流周边流速较大,面坝体上、下跨角部位冲刷。郓城黄河河务局根石探测资料表明,在中水位情况下,流势顶冲坝岸时,根石冲刷深度在根石台顶以下13~16 m。

(2)高含沙水流对乱石坝根石的影响。由于黄河是多泥沙河流,高含沙使水流特性发生了变化,二相流变成均质流。当水流深度增大时,河床物质变得容易起动,造成高滩深槽,部分河段主槽缩窄,单宽流量加大,水流集中,冲刷力增强,坝前冲刷坑就比较深。1977年汛期,苏阁险工新9号坝与9号坝出险就是高含沙水流集中,严重冲刷根石造成的坍塌出险。

(3)弯道环流的影响。弯道环流作用使得凹岸冲刷,凸岸淤积。郓城河段大部分都是受人工建筑物控制的河湾,水流因受离心力作用,对工程冲刷力加强,促使根石走失。

(4)"横河"、"斜河"的影响。"横河"、"斜河"使水流顶冲坝垛,造成根石走失,出险的概率较大。

(二)根石断面的影响

(1)根石断面不合理。乱石坝坝体大部分堆积在根石上部,形成上宽下窄、头重脚轻的现象。这种情况对坝体稳定极为不利,根石很容易出险走失。

(2)根石外坡凹凸不平。外坡不平会造成水流翻花搜淘,增大水流强度,促使河底淘刷,影响根石稳定。

(3)根石断面坡度陡。坡度越陡,下降水流的冲刷作用越强,冲刷坑越深,越易造成根石走失。

(三)块石粒的影响

由于块石较小,坝前的流速大于根石起动流速时,块石就会被从根石坡面上一块一块地揭走,造成揭坡。

(四)工程布局的影响

工程布局不合理、坝裆过大造成坝掩护不了下游坝,形成大回流,甚至出现主流钻裆,冲刷坝尾,导致大险。如苏阁险工13~14号坝坝裆过大,后来又修做护岸和坝垛。还有个别坝坝位突出,形成独坝抗大溜,造成水流翻花,淘根刷底,坝前流速增大,水流冲击力超过根石起动流速,大溜冲走块石,造成根石走失。如杨集险工8号坝、伟庄险工6号坝,就是这种情况,造成多次抢险、抢大险,浪费了大量的人力、物力。

(五)抛石施工方法不当的影响

(1)在险工加高改建时,把原有的根石基础埋在坝基下,往外重新抛投根石。若这样施工,即使过去已经稳定的根石,也会重新坍塌出险。

(2)加抛根石不到位。在大溜顶冲情况下,居高临下在坝顶上投抛散石,这种情况会造成大量块石被急流卷走,一部分则堆积在根石上部,也不稳定。这样不但造成浪费,而且很难有效地缓解险情,很可能会增加险情,造成大的坍塌。

(3)旱地施工,根石加固时,把块石抛堆在泥土上。这样一旦着溜淘刷,根石就会走失。因此,一定要改旱地施工为水下施工。

二、根石的防护措施

(一)根石坡度适当

根石坡度过陡是造成根石走失的主要原因之一。根石的坡度决定于流速的大小和石块的质量。根据以往的经验,根石的稳定坡度为 1:1.1 ~ 1:1.2。根石坡度越小,同时冲刷坑距根石坡脚也越远。如有条件,应按 1:1.3 ~ 1:1.5 修建根石坡。如补充根石时石料走失,要采用质量大于 50 kg 的块石,小块石可装铅丝笼使用。

(二)补充根石要防重于抢,讲究方法

为争取防守主动权,各险工坝岸要有一个严格的管理制度,实行班坝责任制。要定期组织人员探摸根石,及时了解根石走失情况,特别是那些常年靠溜的主坝,对水下根石要及时探摸,并根据实际情况,区别不同部位,采取不同办法,主动补充根石。从过去探摸根石断面情况来看,有相当一部分断面根石坡度达不到 1:1,但是形态多为上、下部稍缓,中间凹,即断面中间部分坡度最陡,根石走失严重部位位于中水位以下 3 ~ 4 m 处。乱石坝补充根石时应注意以下几点:第一,应根据缺石部位,采取不同的补充根石办法。对于已经有相当根基的老工程,应首先稳脚石补坡,俗话说的"护坡先护脚,脚稳坡不脱"就是这个道理。围护根石底部,要用铅丝笼镇脚。它的优点是铅丝入水不易锈断,石笼能适应水流淘刷而改变坡度,石笼重,浮力小,下沉快,能按要求到位;同时,抛石笼护根能防止根石前爬问题。补坡抛根石时用大块石,按先远后近、先深后浅、先上游后下游的顺序进行。第二,保证补充根石到位,边抛边摸,一次到位。这样不仅能节省大量石料,而且固根效果明显良好。如 1987 年,郓城县杨集险工 4、5 号坝两坝由于河势上提连续出险,虽经多次抢护,但效果不明显,根据探摸根石断面,坡度仍很陡,且凹凸不平,后经用船压 50 kg 以上块石补坡,用船抛铅丝笼围脚固根,并边抛边摸,完全按要求进行了加固,结果连续数年虽紧靠大溜,一直未再出现险情。第三,在枯水季节,对水上根石部分要全面进行整修。将坝坡上和根石体上没有抛到位的多余浮石清理到底部去。如果有条件,可以粗排整平。

(三)对出险情况的认识和处理

险工工程管护人员必须做到以下四个方面:①对所管护坝岸的基础情况心中有数。对每道坝岸的修建时间、坝下土质、探摸根石断面、历次抢险次数、用料多少、抢护方法等都要建立档案,特别是要建立健全岗位责任制,做到经常探摸根石,雨季要冒雨查险、排放积水等。②对河势变化情况心中有数。要能看到近期河势变化的趋势,预测哪些坝可能要靠大溜,根据经验一般急险不超过三道坝,要注意洪水过后落水过程中的变化,要预先心中有数。③对险情的判断做到

心中有数。如在查险时发现坝身出现裂缝,要尽快查找原因,注意观察险情的变化,及时上报处理;再如查险时听到水下根石有连续响声,这说明根石在滑动走失,出现这种情况要认真分析,做到抢早、抢小、抢好,警惕出现大的险情。④对抢护方法要心中有数。出现险情后,要能根据具体情况采取必要的有效措施。乱石坝出险绝大部分是从根石出问题,要用比较经济的方法处理。

在抢护中需要注意到:①坝基础土质。沙土底险情表现多为慢蛰,故可以抛大块石和柳石枕,上面要有块石或石笼压枕,避免头前爬;淤土底最容易前爬,一定要使用铅丝笼镇脚;格子底易出现猛墩蛰险情,所以要注意多使用柳石枕,上压大块石或石笼。②出险部位。如上跨角出险,此处溜急,根石走失严重,最有效的抢护方法是抛铅丝笼;如下跨角出险,此处属回溜淘刷,可用柳石枕、土袋枕,上压铅丝笼或大块石;若大面积坍塌,也可用柳石搂厢、层柳层石、抛枕护根,压石笼和石块;如坝前头出险,可用铅丝笼围护;如有揭坡现象,可用大块石或小体积(0.3 m³ 以下)石笼压补根石坡;如坝的迎水面出险,可抛 5 ~ 10 m 长的柳石枕,压石块,同时也可抛不同体积的铅丝笼;若出险段较长,根石走失严重,可采取"抢点、护线"的方法,先用钢丝笼、柳石枕集中抛护一点或数点,逼溜外移,以缓解险情,然后根据料物和险情再补裆固根。抢护点的宽度一般在 10 m 左右。如 1976 年大洪水时,杨集险工 18 号坝,由于溜势突然变化,大溜直冲迎水面,根石严重走失,坦石墩蛰,土坝基已有部分蛰裂,险情发展很快。为避免垮坝,决定采用"抢点、护线"的方法,先逼溜外移,同时集中人力和料物,在 60 m 长的迎水面上,先抢起 3 个垛,用铅丝笼和 5 m 长的柳石枕抢护。经过一天一夜的抢护,才使险情得到了控制,保护了坝基,取得了抢险的胜利。

第十一章 工程除险加固

第一节 历史险点消除

消除工程险点隐患,不断提高抗洪强度,保证黄河防洪安全,历来是黄委工程管理的中心。为消除堤防工程隐患,20 世纪 50 年代开始人工锥探吹填灌浆,70 年代实施了机械锥探压力灌浆及大规模的放淤固堤,80 年代开始实施前戗与截渗墙加固;1985 年、1993 年黄委通过对黄河下游大堤的调研与反复论证,先后发布了两批堤防险点、险段,计 7 大类共 113 处,涉及堤防长度 194 km,同时还编发了不满足防洪标准的涵闸 39 座、穿堤管线 41 处 59 条。"黄河大堤险点、险段统计表"发布以后,引起水利部重点投资倾斜,优先安排黄委编列险点的消除,河南、山东两省河务局将黄委编列险点作为防守的重点,编订度汛方案和防守重点,层层落实责任制,明确专人负责。截至目前,通过采用放淤固堤、修筑前后戗、构筑截渗墙、改建病险涵闸等多种措施,黄委前后两次所发布的 113 处堤防险点已基本消除。

然而,由于黄河洪水泥沙问题短时期内难以解决,历史上形成的宽浅型"地上悬河"将长期存在,加上河道整治工程尚未配套完善,始终会存在横河、斜河、顺堤行洪等威胁;堤防为沙性土质,施工质量差,洞缝隐患多,近堤范围内堤河、坑塘、井渠等险点存在,对河道安全泄洪与查险抢险非常不利,大洪水时难免发生多种险情。即使黄河下游建成标准化堤防后,上述问题也会长期存在而不能从根本上得到解决,相反只能给防洪工程安全管理提出新的和更高的要求。

第二节 安全管理中存在的突出问题

小浪底工程建成后,小浪底水库与三门峡、陆浑、故县水库联合调度,黄河花园口水文站百年一遇洪峰流量为 157 000 m³/s,千年一遇洪峰流量为 22 600 m³/s,小浪底至花园口的无控制区百年一遇洪峰流量为 13 400 m³/s,千年一遇洪峰流量为 21 600 m³/s,且预见期短,安全防守难度大,同时受高含沙洪水与槽高、滩低、堤根洼的宽浅河床因素制约,决定了河道冲淤变化剧烈,河势善淤、善徙,难控制。如黄河"96·8"洪水,花园口水文站 7 600 m³/s 洪水,堤防偎水长度达951 km,占堤防总长的70%,局部发生顺堤行洪,出现渗水、管涌、裂缝等险情170处,若发生较大洪水,情况将更为严重。又如1993年9月大河流量1 000 m³/s左右,开封黑岗口险工以下平工堤段发生横河顶冲,滩地坍塌600 m长,后退宽度60 m,距大堤仅80 m,开封军民紧急动员抢险20多天,用工1.4万工日,抢险8个垛才得以控制。

对安全管理中存在的突出问题从以下几方面阐述。

一、堤防工程

在黄河下游防洪工程体系建设中,堤防占有十分重要的地位。堤防工程长度长、历史长,受影响的自然因素和社会因素比较复杂,造成堤身堤基存在较多的安全隐患,对防洪安全构成很大威胁。

(一)堤基存在的主要问题

(1)历史溃口口门。据统计,现黄河大堤历史上决口近400处,口门长达95.210 km。在堵口时堆筑了大量的秸料、木桩、麻料、砖石料等,埋在堤身下,形成强透水层。口门背河处遗留有潭坑或洼地,汛期高水位时,易形成过水通道,对大堤安全威胁很大,成为黄河大堤的隐患。

(2)双层及多层堤基。黄河大堤堤基多数为复杂的多层结构,地面下7~18 m多为粉细沙、沙壤土、壤土、黏土互层,其下为沙土。这种地质结构,存在着渗透变形、液化、沉降和不均匀沉降等问题。

(二)堤身存在的主要问题

(1)断面不足。黄河大堤断面不能满足设计浸润线不在背河堤坡出逸的要求,当发生大洪水时,可能会造成堤坡下滑。

(2)土质不良。黄河堤防是在原民堰上逐步加高培厚修筑起来的。受设备和地理环境等条件制约,历史上修筑的堤防普遍存在用料不当问题,筑堤都为就近取土,土质复杂。现黄河大堤堤身大多为沙壤土和粉细沙,少数为壤土和黏土。沙壤土、粉细沙的渗透系数大,洪水期易发生渗水、管涌等险情。局部用黏土修筑的堤防,易形成干缩裂缝,特别是贯穿性横缝,易形成过水通道,威胁堤防安全,还存在施工接头裂缝、不均匀沉陷裂缝等。

(3)填筑不实。受当时施工等条件的限制,有些没有夯实,夯实者也多没有达到目前的设计要求。据堤身检查试验,部分老堤的干容重仅1.3 t/m³,有些还是用生淤土块堆筑而成的,这些堤段易发生裂缝、松土层,遇高水位渗流量大,严重时甚至形成渗水通道。

(4)洞穴及空洞。獾、狐、鼠类等动物在堤防上打洞,造成堤防上洞穴隐患较多,每年堤防检查都发现不少獾、狐、鼠洞穴,在堤身内还有战壕、防空洞、藏物洞、墓坑、树坑等空洞,这些洞穴较为隐蔽,不易被发现。堤身存在洞穴及空洞,严重削弱堤防的抗洪能力,尤其易形成漏洞,造成堤防失事。

(5)现状大堤堤基还有390多处老口门,多处口门长期未靠过河,问题未暴露,也难以彻底处理,增加了防守的难度。

堤身内部"洞、缝、松"隐患多,仍然是黄河防洪的老大难问题。据 1998 ~ 1999 年黄河下游 720 km 堤防隐患探测成果分析,共发现洞、缝隐患异常点3 000 多处、重大异常 783 处,即每千米至少有 1 处重大洞、缝隐患;汛前普查与截渗墙施工也证明堤身问题较多。2000 年原阳汛前普查 117 +700—118 +300 背河堤肩发现一条宽 3 ~5 cm,最大 10 cm,深 2 ~3 m 的裂缝,开挖断面上遍布鼠洞、腐烂树根洞和纵横裂缝;做了 25 组干密度试验,最大值 1.48 t/m³,平均为 1.22 t/m³,达不到 1.5 t/m³ 的设计要求;在长度 50 m 堤段内,发现各种洞穴 17 处,洞径 5 ~6 cm,最大的洞径达 25 cm。武陟沁河右堤 2000 年截渗墙施工时,在 75 +391—75 +488 堤段发现锯槽内泥浆从堤坡、坡脚严重泄漏,后经开挖回填发现,堤身内有獾狐洞穴,洞径 0.5 ~0.7 m,长 58.5 m,75 +392 处有一长 × 宽×高为 15 m×0.8 m×1.2 m 的洞室,与洞相连的是一条通向坡脚的 24.7 m 长的裂缝。这些洞缝隐患与渗透系数较大的淤背体贯通,甚至发生在未淤背堤段,情况非常危险。同时,近堤安全保护范围内临背河存在重大老口门塘坑、鱼坑、藕池等 270 多处,可能发生平工靠溜的严重堤河 19 条,还有大量的水井、渠道。这些险点不仅影响防洪工程体系的完整与面貌,更有碍河道行洪、查险抢险及堤防防守,对防洪安全构成威胁。

二、水闸工程

黄河下游堤防有 12 座大中型分泄洪闸、95 座引黄涵闸、6 处引黄虹吸。依据《水闸安全鉴定规定》(SL 214—98),黄委 2001 年组织了黄河下游水闸安全评估,上述水闸中有 6 座大型、9 座中型、17 座小型水闸存在运行安全隐患,且均达到Ⅲ类、Ⅳ类。问题主要有三个方面:一是部分水闸已达到或超过使用年限,设防标准不足,闸门、启闭机老化,止水脱落,闸室混凝土老化,如红旗闸、麻湾分凌闸等;二是部分水闸存在因土石结合部松软或基础不均匀沉降引起的渗水现象,如三义寨、黑岗口、刘庄、打渔张闸等;三是因维护经费不足,除险加固工作滞后,部分水闸存在洞身混凝土裂缝、露筋及机电设备老化现象,如共产主义闸、赫庄闸、章丘屋子闸等。一处水闸、一条虹吸就是一个险点,其险情又较堤防险点处理难度大得多,尤其是土石结合部防护与抢险更是个薄弱环节,一旦出事,危害不堪设想。溃闸决堤的例子在黄河及其他江河已不少见,因而必须引起我们的注意。

三、水库工程

黄委直属的三门峡、故县水库枢纽,是黄河中下游与小浪底、陆浑水库实现四库联合调度的上拦工程的组成部分,也存在一些不容忽视的安全隐患,需要引起思想上的重视。如两水库大坝安全监测系统技术装备水平低;机电金属结构更新改造步伐慢,防汛供电系统设备老化陈旧、缺陷故障多;水工建筑物部分,三门峡两条泄水隧洞磨损严重,故县水库存在严重的坝基漏水,坝下游右岸护坡淘刷等病害尚未彻底根除等问题。

四、河道整治工程

黄河下游河道经过多年的治理,整治工程已取得了显著成效,当前存在的突出问题是:

(1)小浪底水库建成运用后的前 15 ~ 20 年,下游中小洪水机遇增加,下泄清水会给整治工程带来安全问题。一是小流量河势变化可能造成抄工程后路险情,影响一处甚至几处工程整体安全。如三门峡运用初期的 1960 ~ 1964 年,就曾发生油房寨、林口、韦滩工程相继被冲垮的事件。二是中水时大溜顶冲,造成局部坝岸出险或滩地坍塌后退、平工着溜的危险。

(2)按照河道整治规划的布点工程尚未安设,已建整治工程长度不足,尚需续建完善。

(3)近些年来新建的整治工程较多,没有经过大水考验,根石基础浅、稳定性差,靠水出险是难以避免的。

第三节　堤防加固技术

堤防除险加固由早期的人工锥探、抽水洇堤和开挖回填等较简易手段逐步发展成为机械筑戗、压力灌浆、放淤固堤和截渗墙等多种加固措施并举的新阶段,在工程加固取得巨大成效的同时,加固技术也有了长足的进步和发展,尤其是在放淤固堤和截渗技术上有许多创新。

一、抽水洇堤

抽水洇堤是一种简单易行的传统固堤和查找隐患的方法。该方法在 20 世纪 70 年代以前黄河下游多有应用,其主要作用是通过对堤身土壤洇水饱和、排水固结及对水的渗压作用,使土粒结构重新结合,增加土体密度,提高堤身干容重。工程实践证明,抽水洇堤对堤身内存在的松土层、施工界沟和生物洞穴等隐

患的加固有一定成效。经现场测试,对沙性土,洇水后堤身内土的干容重可提高
5%～10%;对黏性土,由于洇水崩解和排水固结缓慢,加密效果甚微。

二、灌浆加固

自 20 世纪 50 年代人工锥探发现隐患,进行开挖回填,到 60 年代发展为半
机械锥探,自流充填灌浆,再到 70 年代以来,随着先进的锥探机和压力灌浆机组
的创造成功,压力灌浆处理堤身隐患技术在深度和广度上有了飞跃发展,大大提
高了劳动生产效率和加固效果。在压力灌浆过程中,多次进行开挖检验灌浆效
果,检验结果表明:①所有裂缝(包括小至 1 mm 宽的缝)都被泥浆充填密实,所
有连通的缝可 40 m 远一次灌实;②对各种洞穴、小碎石层、树根洞均可灌实;
③对散抛石基础和土石结合部空隙均能灌实;④经取样试验,灌进土体与周围结
合密实,且干容重达 1.5 t/m³;⑤松土层、沙土层不易灌实,钻孔未穿过的洞穴不
进泥浆。由于灌浆效果密实,故自 1970 年以后,不再进行人工开挖,全部用压力
灌浆消灭隐患,它解决了以前人工开挖法无法解决的诸如细裂缝、碎石层和锥探
深度不足的问题,使消灭隐患技术在深度和广度上进一步提高。此项技术不仅
在我国长江、汉江、淮河等流域推广,而且还在援外工程技术上使用,都取得了良
好的效果。黄河下游自 1950 年开展锥探以来,到 1995 年共锥探约 1 亿眼,堤防
已普遍锥灌 2～3 遍,灌入土方近 200 万 m³,处理隐患约 40 万处,堤防抗洪强度
相应有所提高。

三、放淤固堤

放淤固堤是指在黄河下游利用水流含沙量大的特点,将浑水或人工制造的
泥浆引至(或扬至)沿堤洼地或人工围堤内,以降低流速、沉沙落淤、加固堤防的
一种措施,几十年来得到了快速发展。先后采用了自流放淤固堤、扬水站放淤固
堤、吸泥船放淤固堤、泥浆泵放淤固堤以及组合式放淤固堤等形式,设备和技术
的改进、提高,大大提高了生产效率,已成为黄河堤防加固的主要措施,取得了很
大成效。

黄河难治在于泥沙。把有害泥沙用于加固堤防是治黄中的一项伟大创举。
通过放淤固堤提高了背河地面,减小了临背悬差,消除了历史决口老口门、潭坑
和多处堤防险点、险段,显著地提高了堤防的防洪能力。其主要作用如下:

(1)改善了堤防的防洪环境。放淤固堤淤填了黄河下游背河历史上决口造
成的口门和潭坑,起到了填塘固基的作用;淤填了常年积水的背河洼地,缩小了
临背悬差,背河地面普遍淤高了 1 m 以上,疏浚了河槽,引出了泥沙,起到了减缓
河床淤积的作用。

(2)增大了堤防断面。淤背使大堤断面宽度增加了50～100 m。淤背部分的土质渗透性较强,淤背固堤符合背河导渗的要求。大堤断面加宽,使堤身、堤基内部隐患可能发生的险情得到有效遏制,大堤淤宽大大增加了防洪的安全度。

(3)提高了堤防防震能力。试验和计算结果表明,在地震情况下,堤身和基础将会部分失稳滑动。通过淤背加宽堤身50～100 m,即使在地震作用下发生下滑,淤背区还有相当的宽度可以抵御洪水,并能争取抢护时间,保证大堤安全。

(4)减少了修堤与生产的矛盾。放淤固堤与人工修堤相比,可节省劳力,节约投资,少挖耕地,为多种经营创造了条件。放淤固堤为植树造林、绿化堤防、开展综合经营提供了基地。

(5)自20世纪50年代开始放淤固堤以来,累计完成土方4亿多 m³,加固堤防近1 000 km,大大提高了堤防防洪能力。

四、黏土斜墙与抽槽换土

1955～1957年,根据当时的施工条件,为加固处理1954年洪水期部分临黄堤出现漏洞、渗水、管涌等险情的堤段,在河南的郑州花园口、中牟赵口和山东的郓城四龙村、济阳马圈等28段堤身临河侧修做了黏土斜墙,同时在堤脚抽槽换筑黏土,达到临河截渗的目的。

五、砂石反滤与减压井

按照背河导渗的原则,在背河堤坡近堤脚处铺筑反滤体,或在堤脚处开挖导渗沟,打减压井,降低堤后水位,减小出逸比降。20世纪60、70年代,黄河下游少部分堤段采取了这种措施,效果良好,但由于早期井管材质较差和施工方法简单,加上连年干旱枯水,年久失修,除少量井尚保存外,大都破坏失效。

黄河堤防和长江荆江大堤修建减压井的运用经验及室内试验研究表明,减压井在运用中普遍存在化学淤堵、减压排水效率衰减以及难以管理维护等缺陷。尤其对我国北方像黄河这样枯水期很长的河流,堤防偎水时间短,修建减压井实用价值低,而维护费用较高。因此,堤防管理单位已不采用。

六、截渗加固

黄河堤防战线长,施工条件复杂,有些堤段不适宜采用上述方法,或采用上述方法存在投资大、工期长、施工难度大、工艺复杂等问题,故选用截渗技术进行加固处理。按截渗材料的不同,截渗技术可以分为土工膜截渗、混凝土截渗墙、水泥土截渗墙和黏土斜墙截渗。

(一)土工膜加固

采用土工膜加固大堤,就是在堤身或堤基修建以土工膜为主体的防渗体。按其铺设方向的不同,分为斜铺防渗、垂直防渗和水平防渗;按其位置的不同,分为堤身防渗和堤基防渗。20世纪90年代随着土工合成材料的发展,用土工膜作为防渗材料开始在黄河堤防加固中应用。河南武陟沁河新右堤、新左堤是沁河杨庄改道的主要工程之一,在经历了"82·8"超标准洪水以后,由于堤身黏性土含水量过大,土体固结后不断产生干缩裂缝,分别于1995年、1997年开始,采用复合土工膜加固处理。新右堤采用斜铺和垂直铺设土工膜截渗,新左堤采用斜铺和水平铺设土工膜截渗。山东济南黄河大堤秦家道口堤段,在历次洪水期大堤偎水时,均出现不同程度的渗水,属黄委在册险点,于1997年采用土工膜堤基垂直截渗和复合土工膜堤身斜铺截渗进行加固。

应用土工膜防渗加固堤防具有以下优点:①投资少;②工期短、用工少,减少挖耕地面积;③施工技术简单,操作简便;④料源充足,运输量少。

(二)混凝土、水泥土截渗墙加固

黄河下游自20世纪60年代以来,在截渗墙的施工方法和机具的创新以及材料的使用方面进行了大量的研究,取得了可喜的成绩,于1997年开始在黄河下游实施大规模的截渗墙加固堤防。

(1)截渗墙位置。一般情况下,截渗墙均布置在堤顶,嵌入到堤基相对不透水层中,截断堤防所有贯通裂缝、洞穴及堤基的透水层,防止动植物对大堤的穿透破坏。对深层透水堤基考虑到机具、施工等方面的因素,可将截渗墙设置在临河,上接土工布防渗护坡。

(2)截渗墙厚度。截渗墙体设计厚度主要是考虑抗渗能力的要求。截渗墙的抗渗能力不是由它的厚度而是由它的均匀性所决定的,即墙体的薄弱点如蜂窝、接头情况等的有无、多少及程度大小是影响墙体抗渗能力的主要因素。当墙厚为0.22 m时,经渗透计算满足渗流稳定要求。

(3)截渗墙深度。截渗墙一般应嵌入到隔水层或相对不透水层中;对于双层结构地基,若下卧土层的渗透系数为上覆土层的渗透系数的1/100以下,将下卧土层视为相对不透水层;若地基的表层渗透系数比堤身的渗透系数大100倍以上,则视堤身为相对不透水层。黄河大堤地基大多数双层结构或多层结构,粉细沙层中有一天然隔水层,截渗墙一般应嵌入到此隔水层中1 m,对于老口门处,由于隔水层被局部冲掉,使得老口门秸料层与粉细沙层贯通,变成了单一结构,强透水层局部增厚,处理这些堤段时,截渗墙应嵌入到深层(粉细沙层)之下的粉质黏土层和壤土层中1 m,以保证截渗效果。

(4)设计指标。混凝土截渗墙防渗标号可按S6考虑,墙体混凝土强度

10 MPa,墙体倾斜度小于1/300,截渗墙墙体厚度0.22 m,墙底高程根据地质情况嵌入到相对不透水层中1 m,墙顶高程超设防水位1 m。

采用截渗墙加固堤防,可以阻断堤身的横向裂缝、洞穴,也能阻止树根横穿堤身,且害堤动物不能对墙体造成破坏,从而防止新的隐患产生;与增大堤防断面相比,其技术先进,又能有效地消除堤防隐患,征地赔偿问题较小,且连续墙系隐蔽工程,维护及管理费用很低。

第四节　工程除险加固效果

1987年黄委组织山东黄河河务局、河南黄河河务局及所属处段在共同调查分析的基础上,将黄河下游堤防险点划分了8大类并规定了标准,进行统一编号。为明确大堤防守及加固重点,老口门潭坑指背河100 m范围内有历史决口遗留的口门潭坑,目前常年积水;管涌指曾出现过管涌,而未彻底处理;渗水指堤背100 m范围内渗水较严重,有明显渗水痕迹;裂缝指因施工质量、黏土固结、基础沉陷和偎水滑动等原因产生的连续裂缝;堤身残缺指垂直地面深达1 m以上,对堤身削弱严重;堤身缺口指大堤上的缺口,且影响防洪安全者;顺堤行洪指滩面横比降较大,沿堤较长范围内有明显提河,大堤靠水后有顺堤行洪的可能;穿堤建筑物指工程存有对度汛安全有影响的穿堤工程,如各种管线低于设防水位,涵闸虹吸工程达不到设计防洪标准等。按照上述标准,黄委发布了黄河下游临黄大堤第一批险点险段共计78处,长145.538 km。截至1992年底,已加固处理黄河大堤险点50处,长22.706 km,完成土方988万 m³,投资2 171万元,其中机淤固堤28处,长13.338 km;人工后戗16处,长8.022 km;垂直截渗墙2处,长850 m;锥探灌浆1处,长400 m;堤身补残1处,长50 m;堤身缺门填筑2处,长46 m。改建处理穿堤建筑物73处(座)83条,投资3 612万元,其中穿堤管线37处55条、涵闸27座、虹吸9处28条。据1994年底统计,第一批险点险段还有18处,长109.996 km未消除。第二次发布于1996年,共发布险点45处、险闸10座。1988年7月,黄委以黄工字〔88〕51号文下发了《关于加强调查和处理堤身裂缝工作的通知》,要求对堤身裂缝进行重点检查,对检查发现的堤身裂缝进行加固处理,在办法上主要是先开挖填筑,然后进行压力灌浆。对汛期发现的裂缝,如裂缝部位较低,工程量大,一时难以处理,必须先采取度汛应急措施,汛后彻底开挖翻修。到2001年底,黄委在册险点险段除险加固工程基本完成。

第十二章　工程养护修理

第一节　概　况

工程的养护是工程管理的主要工作内容,应遵循"以防为主,防重于修,修重于抢"的原则。首先,要做好经常性的养护和防护工作,防止工程缺陷的发生和发展。其次,工程产生缺陷后,要及时进行养护或修理,做到"小坏小修,不等大修;随坏随修,不等岁修",防止缺陷扩大,保持工程经常处于良好的工作状态。

工程一旦出现险情,水管单位应按照预案立即组织抢修,防止险情扩大。抢修时,要首先弄清出险情况,分析出险原因,慎重研究抢修措施,制订周密的抢修方案。抢修方案需充分考虑当时的人力、物力及技术条件,因地制宜,就地取材。首先要尽快使险情稳定,不再继续发展,然后采取进一步的措施,消除险情。为争取工程抢修的主动,平常应根据所管工程的实际情况,分析预测可能出现险情的种类、地点,针对不同情况编制工程抢修预案。预案中应包括抢修的方法措施、人员组织、物料供应、工具器材、交通通信、供电照明、后勤保障、安全医护等内容。

由于堤防工程建设受各种因素的影响,工程质量存在先天性不足,内部存在多种隐患,如裂缝、孔洞、松软夹层等,也有的存在堤身断面不足,堤防高度不够,堤基稳定、抗渗性能差等病险问题。这些问题通过一般性的养护修理或岁修项目难以解决,也不是堤防管理单位所能够解决的。类似这样的大修或除险加固项目,应该报上级主管部门,交由设计、施工单位研究确定处理措施,列入基本建设程序加以解决。

需要说明的是,工程管理工作不是在工程竣工验收后才开始的,而是在工程建设的前期工作时就已经开始。在工程建设的勘测、设计、施工、运行的各个层次、各个环节,管理单位都应该介入其中。作为管理单位或部门,应积极主动地参与工程建设各个环节的工作,尤其是重建设、轻管理的思想根深蒂固,近年来虽有很大的改善,但仍未完全消除。同时应积极参与工程建设的各个环节,发现问题及时协调处理,为以后的工程管理工作争取主动。

事实上,参与工程建设各环节的工作也十分必要,例如,在工程设计中应布置完善的各类管理设施(工程观测设施、管理工器具、交通设施、通信设施、照明设施、管理房舍、管理组织机构等),为工程的运行管理创造必要的条件。在工程施工中要严格评定工程质量,详细记载各部分的检查结果,尤其对隐蔽工程部分,更应加强检测,了解工程质量情况。施工期还要注意工程的观测,并做好观测记录,及时进行整理分析,发现问题及时加以解决。工程完工后要进行全面、细致的工程验收,并将全部工程技术资料(包括工程设计、工程监理、工程施工、施工期工程管理、工程竣工验收等)移交给管理单位。堤防工程的养护与修理,其对象包括堤防工程本身及其附属设施,堤防工程又分为堤顶、堤坡、护堤地,附属设施包括观测设施、堤身排水设施、生物防护工程(草皮护坡、防浪林带、护堤林带、工程抢险用材林等)、交通与通信设施、防汛抢险设施、生产管理与生活设施等。

堤防、水闸养护修理工作分为养护、岁修、抢修和大修。其划分界限符合下列规定:

(1)养护。对经常检查发现的缺陷和问题,随时进行保养和局部修补,保持工程及设备完整清洁,操作灵活。

(2)岁修。根据汛后全面检查发现的工程损坏和问题,管理单位每年编制岁修计划,报相关主管部门批准后实施。

(3)抢修。当工程及设备遭受损坏、危及工程安全或影响正常运用时,制订抢护方案,报上级主管部门批准后实施。必须立即采取抢护措施的,可采取边上报边抢护的方法处理。

(4)大修。工程发生较大损坏或设备老化,修复工程量大,技术较复杂,在岁修计划中包括不了的,须报请上级主管部门组织有关单位研究制订专项修复计划,有计划地进行工程整修或设备更新。

各种养护修理均以恢复和保持工程原计划标准为原则,如须变更原设计标准,应做出改建或扩建设计,按基建程序报批后进行。

各种养护修理情况均应详细记录,载入大事记及存入技术档案。抢修工程应做到及时、快速、有效,防止险情发展。岁修、大修工程应严格按批准的计划施工,影响汛期使用的工程,必须在汛前完成,完工后应进行技术总结,并由建设单位或主管部门组织竣工验收。

第二节　工程养护与修理

一、土质堤顶养护与修理

土质堤顶养护的一般要求是:保持堤顶平坦归顺,无坑、无明显凹陷和波状起伏,堤肩线直、弧圆,雨后无积水。

土质堤顶宜用黏土覆盖,整平压实。为便于排水,堤顶一般修成向一侧或两侧斜坡,坡度 1:30~1:50。堤顶排水分分散排水和集中排水两种形式。分散排水比较简单,即堤肩不设集水小堰,堤顶雨水沿堤肩漫溢分散,经堤坡排出堤身。分散排水要求堤肩、堤坡有较强的抗冲刷能力,适应于堤防土质及植被条件好、年内降雨比较均匀、降雨强度不大的地区。集中排水一般是堤肩挡水小堰配合堤身排水沟,由堤肩小堰集水,汇流于排水沟,排出堤身。堤肩小堰一般顶宽、高各为 30~40 cm。为防止一沟排水不畅,增加另一沟的排水负担,在两排水沟之间设分水埂。

对于土质堤顶,养护的主要内容是及时进行堤顶平整,有堤肩小堰的,经常整修堤肩小堰。无论分散排水还是集中排水,都要求在降雨时坚持进行堤顶顺水、排水,及时排除堤顶积水。如降雨过程中出现较大冲沟,应先在沟口筑埂圈围,阻止雨水进入,避免冲沟扩大,并将周围积水排走,待雨后再行整理修复。经验表明,雨后及时整修堤顶,效率高,效果好。因此,雨后要抓住有利时机,及时进行堤顶整修,恢复堤顶原貌,保持堤顶完整。

天气干燥或土质不好时堤顶会出现局部坑洼等缺陷,应随时洒水湿润,填平压实。冬季堤顶积雪,应及时清扫。

硬化堤顶(非土质堤顶)的养护,应根据其结构和采用材料的不同,采取相应的养护方法和措施。如沥青混凝土堤顶,可按照公路的养护方法;砂石路面应经常整理石屑,并及时补充石屑,等等。

二、土质堤坡养护与修理

土质堤坡养护的一般要求是:坦坡平顺、完整,上堤坡道不得侵蚀堤身、消弱堤防断面。要及时发现并正确修复处理堤坡上的雨淋冲沟、浪坎、残缺、洞穴、裂缝等缺陷,保持堤身经常处于完整无缺的状态。

堤坡出现破损、产生缺陷的主要因素是人为破坏、工程施工影响、风雨侵蚀、河道水流冲刷、风浪淘刷、工程地质和其他自然因素等。因此,对于人为破坏要依法进行制止,并根据情节轻重程度进行适当的水行政处罚。对于因工程施工造成的堤防破坏,应要求施工单位在工程完工后,按照有关标准要求,恢复堤防工程原貌(包括草皮及其他附属工程设施),或将恢复工程所需费用交给堤防管理单位,由堤防管理单位代为恢复。对于因自然因素造成的破坏,要分析产生的原因,对症进行处理,以求从根本上解决问题。

对各种缺陷要及时进行修复处理。修复处理一般采用开挖回填的方法:首先对缺陷进行开挖清除,并超挖缺陷以外 0.5 m,开挖较深时,应开挖成高 20~

30 cm 的阶梯状,以保证新老土壤结合面的施工质量,然后按照《堤防工程施工规范》的要求进行施工,分层填筑夯实,表面要略有超高,以防止雨水侵入。

三、排水沟的养护

堤防工程一般采用堤顶两侧排水的方式,堤防排水沟常用混凝土、砖石、石灰黏土、草皮等材料修筑。排水沟的布局,一般平均 30～50 m 布设一条,两侧交错布置,每条排水沟控制堤顶面积 300 m² 左右。排水沟进口设置成喇叭口,排水沟断面尺寸应根据当地降雨强度确定,与排水量相适应,以不使堤顶积水为宜。断面一般设为梯形(石灰黏土和草皮排水沟一般修成弧形),断面尺寸:顶宽 40～50 cm,深 20～30 cm,底宽 15～20 cm。排水沟出口应延伸到堤脚外一段距离,铺一层黏土或用砖石砌筑,以消力防冲,避免冲蚀堤脚。

排水沟的养护内容一般是:及时清理沟内杂物,避免堵塞,保持排水通畅。如有轻微损坏,应及时进行修补。如有严重冲蚀或损毁,应分析原因:是因为排水断面不足,还是因为布局不合理,或是其他原因,视情况及时进行改建或修补恢复。

四、生物工程养护

生物工程是堤防工程的重要组成部分,起到保护堤防安全和生态环境的作用,主要有护坡草皮、防浪林带、护堤林带、抢修用材林等。主要作用是:消浪防冲,防止暴雨、洪水、风沙、波浪等对堤防工程的侵蚀破坏,保护堤防和护岸工程,为防汛抢险提供料源,涵养水土资源,绿化美化堤容堤貌,优化生态环境。生物工程建设应在有利于防汛抢险的原则下,统一规划、统一栽植、统一标准规格、统一间伐更新。

(1)草皮养护。堤防草皮应选用适应当地气候环境、根系发达、低矮匍匐、抗冲效果好的草种。在临靠城镇的堤段,亦可种植一些美化草种。养护内容主要是清除杂草、平茬、洒水保墒,保持草皮生长旺盛。还应根据草皮生长周期,当草皮出现老化迹象时,适时进行草皮更新或复壮。

(2)树木养护。堤防植树以临河防浪、背河取材为原则。栽植新树时,应根据堤防的具体条件和植树目的(防浪、取材、美化环境等)按照适地适林的原则,选择容易存活、生长快、防护效益好、兼顾经济效益的乡土树种,或经过引进试验,推广适宜栽树的树种。同一堤段最好选用同一树种,并按树身长短一次栽植,以防造成人为林木分化,影响树木生长,影响整齐美观。根据林木营造技术要求,有些树种应混交栽植,可防止树木病虫害,有利于林木生长。此时应分行相间栽植,做到混而不乱。根据树木生长情况,应适时进行更新。更新时,在防浪要求高、林带宽度大的地方,不宜一次全部砍伐,应分期分批进行,以满足防浪要求;否则,应一次全部更新。树木更新宜在冬季进行。

幼树从栽植成活到树木成材常需要很长时间,速生树木一般也要 10 ~ 15 年,一般树种需要几十年甚至更长时间。在此期间必须加强抚育管理,保持树木生长旺盛,才能起到对堤防的防护作用。抚育管理的主要内容包括防止人为破坏、抗旱排涝、合理整枝打杈、防治病虫害、及时间伐和更新等。

第三节　堤防隐患修理

常见的堤防工程隐患可分为两类:一类是堤基隐患,主要是基础渗流和接触渗流等;另一类是堤身隐患,主要是"洞、缝、松"等。

一、堤基隐患处理

堤基隐患处理措施就是截渗和排渗。截渗措施一般采用抽槽换土法和黏土斜墙法;排渗措施是修做沙石反滤和导渗沟排除渗水。

(一)抽槽换土

抽槽换土就是在临水堤脚附近开挖沟槽,将地基中的透水土层挖除,换填黏土,分层夯实,用以截堵基础渗流。开槽深度应尽可能挖断透水层,根据施工排水条件,一般开挖深度为 2 ~ 5 m,构成黏土防渗齿墙,并与防渗斜墙连成一体,共同发挥截渗作用。

(二)黏土斜墙

黏土斜墙就是在堤防临水坡用黏土顺坡修筑一层截渗墙,用以减少入侵堤身的渗水。斜墙顶部应高于设计洪水位 0.5 ~ 1.0 m,斜墙的垂直厚度 1 ~ 2 m,外表设保护层,垂直厚度不小于 0.8 m,以保护黏土斜墙不干裂、不冻融和不受其他侵害。

(三)反滤导渗

配合截渗措施,根据情况和现场条件,还可在背水堤脚处采取反滤导渗措施,即在背水堤坡近堤脚处铺筑反滤体,或在堤脚附近开挖导渗沟,降低浸润线高度,减小渗水出逸比降。

二、堤身隐患处理

堤身隐患处理措施一般有翻修、抽水淤堤和充填灌浆等方法,有时也可采用上部翻修、下部灌浆的综合措施。

（一）翻修

翻修措施即开挖回填,先将隐患挖开,然后按照土方施工质量要求,分层回填夯实。这是处理隐患比较彻底的最简单的方法,一般适用于埋藏不深的隐患处理。

（二）抽水洇堤

抽水洇堤是在堤顶开槽蓄水,槽内打有锥眼,水由锥眼渗入堤身。抽水洇堤处理隐患的原理是,通过对堤身土壤洇水饱和、排水固结及水对土的渗压作用,使土粒结构重新结合,增加土体密度,提高堤身土壤密度。实践表明,抽水洇堤措施对沙性土地效果明显,而对于黏性土,由于土体崩解和排水固结缓慢,土体加密效果甚微。

（三）充填灌浆

堤防充填灌浆是利用人工打锥或机械打锥机在堤身造孔,将配置一定浓度的泥浆浆液以一定的压力注入锥孔内,充填堤身的内部隐患,并在浆液的作用下,挤压土壤土粒,达到充填密实的目的。充填灌浆又分为自流充填灌浆和压力充填灌浆。

充填灌浆的工序一般是造孔和灌浆。灌浆过程可分为制浆、输浆、注浆和封孔。堤防充填灌浆的主要材料是泥浆,由土料和水拌制而成。为达到较好的灌浆效果,要求拌制的泥浆浓度高、流动性好、稳定性强、失水性好。输浆由泥浆泵和输浆管完成。注浆是一道关键工序,注浆管通过分浆器与输浆管连接,注浆管上部装有压力表,用以控制灌浆压力。锥孔注满浆液,拔出注浆管后,一般锥眼上部仍有空隙,需补灌、填土、捣实、封住孔口。

第四节　工程险情抢修

堤防工程抢修是保证堤防工程安全的重要方面,也是堤防工程管理单位的重要工作内容之一。工程抢修具有时间紧、任务急、技术性强等特点,既要有宏观控制意识,又要有微观的可操作性强的实施方法。长期的工作实践证明,要取得工程抢修的成功,首先要及时发现险情;其次要有正确的抢护方案;再次要人力、物力充足;最后要组织严格、指挥得当。工程的抢修工作是一项系统工程,涉及社会的各个方面,要求各方面密切配合,通力协作。

堤防工程抢修包括渗水抢修、管涌（流土）抢修、漏洞抢修、风浪冲刷抢护、裂缝抢修、跌窝（陷坑）抢修、穿堤建筑物及其与堤防结合部抢修、防漫溢抢修、坍塌抢修等。

一、渗水抢修

（1）汛期高水位下，堤身背水坡及坡脚附近出现土体湿润或发软，有水渗出的现象，称为渗水，也称散浸或泅水。渗水是堤防较常见的险情之一，可从渗水量、出逸点高度和渗水的混浊情况等三方面判别险情的严重性。严重的渗水险情应立即采取抢护措施。抢护渗水险情，应尽量减少对渗水范围的扰动，以免加大加深稀软范围，造成施工困难和险情扩大。

（2）对水浅流缓、风浪不大、取土较易的堤段，宜在临水侧采用黏土截渗，并符合下列要求：①先清除临水边坡上的杂草、树木等杂物；②抛土段超过渗水段两端 5 m，并高出洪水位约 1 m。

（3）在水深较浅而缺少黏性土料的地段，可采用土工膜截渗。在下边沿折的卷筒内插钢管的作用在于滚铺土工膜时使土工膜能沿边坡紧贴展铺。在土工膜上所压的土袋，作为土工膜保护层，同时起到防风浪掀起的作用。

当缺少黏性土料、水深较浅时，可采用土工膜加编织袋保护层的办法，达到截渗的目的。防渗土工膜种类很多，可根据堤段渗水具体情况选用。具体做法是：①土工膜的宽度和沿边坡的长度可根据具体尺寸预先黏结或焊接（采用脉冲热合焊接器），以已满铺渗水段边坡并深入临水坡脚以外 1 m 以上为宜，边坡宽度不足时可以搭接，但搭接长度应大于 0.5 m；②铺设前，一般先将土工膜的下边折叠形成卷筒，并插入直径 4 ~ 5 cm 的钢管加重（无钢管可以填充土料、石块等），然后在临水堤肩将土工膜卷在滚筒上进行展铺；③土工膜铺好后，应在其上排压一两层内装砂石的土袋，由坡脚最下端压起，逐层错缝向上平铺排压，不留空隙，作为土工膜的保护层。

（4）对于堤防背水坡大面积严重渗水的险情，宜在堤背开挖导渗沟，铺设滤料、土工织物或透水软管等，引导渗水排出。在背水坡及其坡脚处开挖导渗沟，对排走背水坡表面土体中的渗水虽有一定效果，但要制止渗水险情，还要视工情、水情、雨情等确定是否采用抛投黏土截渗、修筑透水沙土后戗压渗等方法。抢筑透水沙土后戗既能排除渗水，防止渗透破坏，又能加大堤身断面，达到稳定堤身的目的。如渗水堤线较长，全线抢筑透水沙土后戗的工作量太大，可结合导渗沟加间隔土工织物透水后戗压渗的方法进行抢护。

堤防背水坡反滤导渗沟宜采取纵横沟、Y 字形沟和人字形沟等形式。排水纵沟应与附近原有排水沟渠连通。导渗沟沟深不小于 0.3 m，沟底宽不小于 0.2 m，竖沟间距 4 ~ 8 m，导渗沟的具体尺寸和间距宜根据渗水程度和土壤性质确定。堤防背水坡导渗沟的开挖高度，应尽量达到或略高于渗水出逸点位置。开沟后排水仍不显著时，可增加竖沟或加开斜沟。

二、管涌（流土）抢修

在渗流作用下无黏性土体中的细小颗粒通过粗大颗粒骨架的空隙发生移动或被带出,致使土层中形成孔道而产生集中涌水的现象,称为管涌。在渗流作用下,黏性土或无黏性土体中某一范围内的颗粒同时随水流发生移动的现象,称为流土。抢修中难以将管涌和流土严格区分,习惯上将这两种渗透破坏统称为管涌险情,又称翻沙鼓水、泡泉。

管涌是最常见的多发性险情之一。险情的严重程度可以从以下几方面判别:管涌口离堤脚的距离、涌水水头等。管涌抢护时,不应用不透水材料强填硬塞,以免截断排水通路,造成险情恶化。

根据所用滤料的不同,可采用砂石反滤、土工织物反滤、梢料反滤等形式的反滤围井。对严重的管涌险情应以反滤围井为主,并优先选用砂石反滤围井。根据所用滤料的不同,可采用砂石铺盖、土工织物铺盖、梢料铺盖等形式的反滤铺盖。

应用土工合成材料抢护管涌、流土的一般方法是:抢修土工合成材料反滤围井及编织土袋无滤层围井。主要是利用土工合成材料的透水保土特性,代替砂石、柴草反滤等,以达到反滤导渗、防止渗透破坏的目的。

(一)土工织物反滤围井

修筑土工织物反滤围井时,除按常规方法外,还应先将拟建围井范围内一切带有尖、棱的石块和杂物清除干净,防止土工织物扎破而影响反滤效果。铺设时块与块之间要互相搭接好,使土工织物四周嵌入土内,然后在其上面填筑40～50 cm厚的砖、块石透水料以压重。

(二)无滤减压围井

无滤减压围井(或称养水盆),是利用围井内水位减小水头差的平压原理,抬高井内水位,减小水头差,降低渗透压力,减小渗透坡降,以稳定管涌险情。此法适用于当地缺乏反滤材料、临背水位差较小、高水位历时短、出现管涌险情范围小、管涌周围地表较坚实且未遭破坏、渗透系数较小的情况。

1. 无滤层围井

在管涌周围一定范围内用编织土袋排垒无滤层围井,随着井内水位升高,逐步加高加固,直至制止涌水带沙,使险情趋于稳定为止。为防止产生新的险情,围井高度一般不宜超过 2 m。

2. 背水月堤

当背水堤脚附近出现范围较大的管涌群时,可采用编织土袋在堤背出险范围外抢修月堤(又称围堰),截蓄涌水,或抽蓄附近坑塘里的水抬高水位。月堤可随水位升高而加高,一般不宜超过 2 m。

三、漏洞抢修

堤防漏洞水流常为压力水流,流速大,冲刷力强,漏洞险情发展很快,特别是出现浑水后,将迅速危及堤防安全,是堤防最严重的险情之一。因此,漏洞抢修一定要行动迅速,尽快找到漏洞进水口,临背并举,充分做好人力、材料准备,力争抢早抢小,一气呵成。塞堵法是最有效、最常用的方法,尤其在洞口周围地形起伏,或有灌木杂物时更适用。所用的软性材料有土工织物、草捆、棉被、棉衣、编织袋包、网包、草包、软楔等。

(一)水充袋

水充(水布)袋是借助水压力堵塞洞口。采用耐压不透水土工布或采用柔软、轻薄、不透水尼龙布料加工制成的楔形布袋,长度在 1 m 以上,袋口固定一个阻滑铁环即可。阻滑铁环直径一般在 0.5 m 以上,以圆形为最佳,使用直径 16 mm 以上的钢筋或采用直径 18 mm 以上的空心钢管制作。将水充袋塞入洞口,或接近洞口,靠水的吸力吸进洞内,水充袋迅速膨胀,使水袋与洞壁挤压紧密,阻滑铁环覆盖洞口,达到密封洞口的作用。

(二)土工布胶泥软楔

土工布胶泥软楔前段为实体,后段为空袋。实体部分以长 1.0 m 多的柔性橡胶棒为中心,裹以胶泥、麻皮等,外裹土工布。直径从 5~8 cm 渐变到 15~20 cm,再接 0.5 m 长的空袋,袋口设一直径 30 cm 的钢筋环,总长度 1.5 m。

(三)圆锥形橡皮囊软楔

圆锥形橡皮囊软楔,利用橡胶柔软可变形的特性,能很好地适应漏洞的形状。它的圆锥部分起软楔作用,圆锥底橡胶圆盘起软帘作用,是一种软楔和软帘结合的堵漏工具。

四、风浪冲刷抢护

(1)在吹程大、水面宽、水深大的江、河、湖、海堤岸的迎风面,风浪所形成的冲击力强,容易发生此种险情。对临水面上未设置护坡的土堤,应采取消减风浪冲刷能量、加强堤坡抗冲能力的措施,防止风浪冲刷。

(2)铺设土工织物或复合土工膜防浪具有速度快、灵活、效果好等特点,宜大力推广应用。

(3)挂柳防浪法适用于风浪拍击,堤坡开始被淘刷的险情,且柳料充足的堤段。

(4)土袋防浪法适用于土坡抗冲性差,当地缺少秸、柳等软料,风浪冲击较严重的堤段。

(5)草、木排防浪的方法是一些湖区和部分中等河流上常采用的一种防浪方法,具有就地取材、费用小、做法简便的优点。

(一)编织土袋防浪

编织土袋防浪用于土坡抗冲性能差,当地缺少秸、柳等软料,风浪冲击较严重的堤段。具体做法是:用土工编织袋装土或砂石缝口,装袋饱满度一般为70% ~80% ,以利于搭接密实;根据风浪冲击的范围将编制土袋码放在堤坡上,互相叠压,袋间排挤严密,上下错缝。一般土袋以高出水面1.0 m或略高出浪高为宜。堤坡较陡时,则需在最下一层土袋底部打一排木桩,以防止土袋向下滑动,也可抛投土袋进行缓坡。为防止风浪淘刷堤坡,也可在编织土袋下面先铺设土工织物反滤层。

(二)土工织物(膜)防浪

用土工织物或土工膜铺设在堤坡上,以抵抗风浪对堤防的破坏作用。使用这种材料,造价低,抢险工艺简单,便于推广。

在土工膜铺设前,应清楚铺设范围内堤坡上的块石、树枝、杂草和土块等,以免损伤土工织物。当土工膜尺寸不够时,可进行拼接。宽度方向上的拼接应黏结或焊接,长度方向可搭接,搭接长度0.5 ~1.0 m,并压牢固,以免被风浪掀起。

铺设土工膜时,其上沿一般应高出洪水位1.5 ~2.0 m,或根据风浪爬高而定。土工膜用平头钉固定(也可用编织土袋压重固定),平头间距为2 m×2 m。

(三)土工织物软体排防浪

应用聚丙烯编织布或无纺布缝制成简单排体,单幅宽度按5 ~10 m,长度根据防浪高和超高确定,一般为5 ~10 m,在编织布下端缝上直径0.3 ~0.5 m 的横枕长管袋。铺放时,将排体置于堤顶,横枕内装土(装土要均匀)封口,滚排成卷,沿堤坡推滚展放,下沉至浪谷以下1.0 m 左右,并抛压编织土袋或土枕,防止土工织物排体被卷起或冲走。当洪水位下降时,仍存在风浪淘刷堤坡的危害,应及时放松排体挂绳下滑。

视风浪情况,可在排体上每隔3 ~5 m 放一组编织土袋压载。排体与排体之间的搭接宽度不小于1.0 m,沿搭接缝必须有压载。

五、裂缝抢修

裂缝抢修应根据裂缝的性质、成因及危害程度,分轻重缓急,采取相应的抢护措施。漏水严重的横向裂缝,在险情紧急或河水猛涨,来不及全面开挖时,可先在裂缝段临水面做前戗截流,再沿裂缝每隔3 ~5 m 挖竖井并填土截堵,待险情缓和,再采取其他处理措施。

裂缝险情,可采用土工膜封堵缝口、土工膜中间截堵及经编土工布加固等。对于横向裂缝,主要是利用土工膜的防渗作用阻断水流穿过堤身,避免裂缝冲刷扩大。对属于滑坡的纵向裂缝或不均匀沉陷引起的横向裂缝,主要是利用经编土工布对滑坡土体的加筋及反滤功能,来增强堤身的稳定性。

(一)土工膜封堵缝口

对埋深较大的贯穿性裂缝及裂缝隐患,可在临水堤坡铺设防渗土工膜或复合土工膜,并在其上用土帮坡或盖压高摩擦编织土袋、沙袋等,隔离截渗。在背水坡采用透水土工织物进行反滤排水,保持堤身土体稳定。

(二)土工膜中间截堵

对贯穿性横缝也可用中间截堵法。即用插板机将土工薄膜或复合土工薄膜从堤顶打入堤身,截裂缝。也可利用高压水流喷射结合振动器使土松动,将土工薄膜插入堤身。

(三)经编土工布抢护堤防滑坡

采用经编土工布抢护堤防滑坡时,根据险情可先在滑裂缝上覆盖不透水的土工膜,防止雨水灌入而加剧险情,然后在滑坡体范围内进行缓坡,清理杂物,整理平顺。应先铺放直径约 10 cm 的苇靶,底部与集水沟相连,再铺设经编土工布,四周及搭接缝处进行锚固,并用编织土袋压载。为进一步加固滑坡体,也可用编织砂石袋抢修透水土撑,一般间隔 5~10 m 修一道,土撑宽度 3 m 左右,边坡应缓于 1∶3。

六、跌窝(陷坑)抢修

跌窝(陷坑)是在大雨、洪峰前后,或高水位情况下,经水浸泡,在堤顶、堤坡、戗台及坡脚附近,突然发生局部凹陷而形成的一种险情。跌窝险情发生的主要原因是:①施工质量差;②堤防本身有隐患;③堤防渗水、管涌或漏洞等险情未能及时发现和处理。这种险情既破坏堤防的完整性,又常缩短渗径,有时还伴随渗水、漏洞等险情同时发生,严重时有导致堤防突然失事的危险。

跌窝(陷坑)抢修应根据险情出现的部位及原因,采取不同的措施,以"抓紧翻筑抢护,防止险情扩大"为原则,在条件允许的情况下,宜采用翻挖、分层填土夯实的方法予以彻底处理。当条件不允许,如水位很高、跌窝较深时,可进行临时性的填土处理。若跌窝处伴有渗水、管涌或漏洞等险情,可采用填筑反滤导渗材料的方法处理。如跌窝(陷坑)发生在堤顶或临水坡,宜用防渗性能不小于原堤身土的土料回填,以利于排渗。

七、穿堤建筑物及其与堤防结合部抢修

若穿堤建筑物受损而不及时抢修,则将危及穿堤建筑物和堤防的安全,甚至引起工程失事。因此,穿堤建筑物发生损坏时,应立即停止运行,按有关规定进行修理。

穿堤建筑物与堤防结合部是堤防的薄弱环节,容易发生渗漏、接触冲刷,深水险情的抢修应特别予以重视。

当闸前有滩地、水流速度不大而险情又很严重时,可在闸前抢筑围堰。围堰临河侧可堆筑土袋,背水侧填筑土戗,或者两侧均堆筑土袋,中间填土夯实,以减少土方量。两侧均用散土填筑的,临水坡可用复合土工膜上压土袋防护。围堰填筑工程量较大,且施工场地较小,短时间内抢筑相当困难,因此宜在汛前就将围堰两侧部分修好,中间留下缺口,并备足土料、土袋、设备等,根据洪水预报临时迅速封堵缺口。

在临水侧水不太深、风浪不大,附近有黏性土料,且取土容易、运输方便的情况下可采用黏土截渗的方法抢修。临水截渗时注意:①靠近建筑物侧墙和涵管、管道附近不要用土袋抛填,以免产生集中渗漏。②切忌乱抛块石或块状物,以免架空,达不到截渗目的。背水反滤导渗时,切忌用不透水料堵塞,以免引起新的险情。采用闸后养水盆在堤防背水侧蓄水反压时,水位不能抬得过高,以免引起围堰倒塌或周围产生新的险情。穿堤管线是穿堤管道和线缆的总称。穿堤线缆与堤防结合部发生渗水时,除采取临水封堵、背水导渗措施外,还可采取中间截渗措施。

八、防漫溢抢修

当确定对堤防或土心坝垛漫溢进行抢护时,应根据洪水预报和江、河、湖、海实际情况,抓紧时间实施抢护方案,务必抢在洪峰到来之前完成。

堤防防漫溢抢护,常采取以抢筑子堤为主的临时性工程措施来加高加固堤防,加强防守或增大河道宣泄能力。

防漫溢抢修时间紧、战线长,为节省工程量,加高堤防和坝垛顶部常采用修筑子堤的形式。常见的子堤有纯土子堤和土袋子堤等。应用土工合成材料抢护漫溢险情,主要是利用编织袋代替麻袋抢险,常用的方法是修筑子堤,如编织袋及土混合子堤、编织袋与土工织物软体排子堤、土工织物与土子堤等。具体方法与一般麻袋相同。

抢修纯土子堤适用于堤顶宽阔、取土容易、风浪不大、洪峰历时不长的堤段。抢筑时,应在背河堤脚50 m以外取土,宜选用亚黏土或取用汛前堤上储备的土

料堆,不宜用沼泽腐殖土。万不得已时,可临时借用背河堤肩浸润线以上部分土料修筑,但不应妨碍交通并应尽快回填还坡。此法具有就地取材、修筑快、费用省的优点,汛后可加高培厚使子堤成为正式堤防。

抢修土袋子堤是抗洪抢险中最为常用的形式。土袋子堤适用于堤顶较窄、风浪较大、取土困难、土袋供应充足的堤段。一般用草袋、麻袋或土工编织袋装土,土袋主要起防冲作用。要避免使用稀软、易融合、已被风浪淘刷的土料。不足1 m高的子堤,临水叠砌一排土袋,或一丁一顺。对较高的子堤,底层可酌情加宽为两排或更宽些。还可采取组合式机动防洪设施的建造模式。

预报洪水位较高,子堤抢护难以奏效时,漫溢不可避免。为防止过坝水流冲刷破坏,可在坝顶铺设防冲材料防护,常用方法有柴把、柴料护顶和土工织物护顶。

九、坍塌抢修

堤防坍塌是堤防临水面土体崩落的重要险情。坍塌险情的前兆是裂缝,因此要密切注意裂缝的发生、发展情况。坍塌险情抢护以护脚和缓冲防塌为主。一旦发生堤防坍塌险情,宜首先考虑抛投料物,如块石、土袋、石笼、柴枕等,以稳定基础,防止险情的进一步发展。

对于大溜顶冲、水深流急、水流淘刷严重、基础冲塌较多的险情,如采用抛块石抢护,往往效果不佳,采用柴枕、柴石搂厢等缓流的措施则对减缓近岸流速、抗御水流冲刷比较有效。对含沙量大的河流,效果更为显著。

以块石等散状物为护脚的堤岸防护工程,在水流冲刷下,护脚料物走失,局部出现沉降的现象称为坍塌险情。坍塌险情有以下三种表现形式:①护脚坡面轻微下沉;②护坡在一定长度范围内局部或全部失稳坍塌下落;③护坡连同土心快速沉入水中。

护脚坡面轻微下沉的现象也称为塌陷险情,一般采用抛石、抛石笼的方法进行加固,即使用机械或人工将块石(混凝土块)或石笼抛投到出险部位,加固护脚,提高工程的抗冲性和稳定性,并将坡面恢复到出险前的设计状况。

护坡在一定长度范围内局部或全部失稳坍塌下落的现象,称为滑塌险情。滑塌险情的抢护要视险情的大小和发展的快慢程度而定。一般的护坡块石滑塌宜抛石、抛石笼、抛土袋抢修。当土心外露时,应先采用柴枕、土袋、土袋枕或土工织物软体排抢护滑塌部位,防止水流直接淘刷土心,然后用石笼或柴枕固基,加深加大基础,提高坝体稳定性。

护坡连同部分土心快速沉入水中的险情,是最为严重的一种险情。当发生这种险情时,应先对出险部位进行保护,防止土心被进一步冲刷。对土心的冲刷防护,可根据出险范围的大小,采用抛土袋、柴枕或柴石搂厢的方法。在加固坍塌部位后,应抛块石、石笼或柴枕固基。

对于大溜顶冲、水深流急、堤基堤身土质为沙性土、险情正在扩大的情况,宜采用柴石搂厢抢修。柴石搂厢是以柴(柳、秸或苇)、石为主体,以绳、桩分层连接成整体的一种轻型水工结构,主要用于堤防坍塌及堤岸防护工程坍塌险情的抢护。常用的有三种形式:①层柴层石搂厢;②柴石混合滚厢;③柴石混厢。此处所指的柴石搂厢为层柴层石搂厢。柴石搂厢的作用是抗御水流对河岸的冲刷,防止堤岸坍塌。它具有体积大、柔性好、抢险速度快的优点,但操作复杂,关键工序应有熟练工人操作。

土袋枕是由织造土工织物缝制而成的大型土袋,装土成型后可替代柴枕使用。空袋可预先缝制且便于仓储和运输。用土袋枕抢险,操作简单,速度快,对袋中土料没有特殊要求,与抛石相比节省投资。

十、滑坡抢修

堤防滑坡又称脱坡,是指堤坡(包括地基)部分土体失稳滑动,同时出现趾部隆起外移的险情。滑坡一般是由于水流淘刷、内部渗水作用或上部压载等所造成的。滑坡后堤身断面变窄,水流渗径变短,易诱发其他险情。发现滑坡险情后,应查明原因,按"减载加阻"的原则,采取切实可行的综合处理措施。

堤岸防护工程在自重和外力作用下失去稳定,使护坡、护脚连同部分土心从顶部沿弧形破裂面向河槽滑动的险情,称为滑动险情。滑动情况可分为缓滑、骤滑两种。缓滑险情发展较慢,抢修的方法是:加固基础,增加阻滑力;减轻上部荷载,减小滑动力。发生裂缝、出现缓滑情况时,可迅速采取抛块石、柴枕、石笼等措施加固根基,以增大阻滑力;与此同时,移走坝顶重物,以减小滑动力。骤滑险情突发性强,历时短,易发生在水流直接冲刷处,因此抢护困难。若堤岸防护工程发生骤滑,宜采用柴石搂厢或土工织物软体排等保护土心,防止险情进一步发展。

对渗流作用引起的滑动,可在滑坡范围内全面抢筑导渗沟,导出滑坡体渗水,以减小渗水压力,降低浸润线,消除产生进一步滑坡的条件。当滑坡面层过于稀软,不易做导渗沟时,可在滑坡面层满铺反滤层,使渗水排出,以阻止险情的发展。

在堤防背水坡排渗不畅、滑坡范围较大、险情严重的堤段,抢筑滤水土撑和滤水后戗既能导出渗水,降低浸润线,又能加大堤身断面,可使险情稳定。取土困难的堤段,宜修筑滤水土撑;取土容易的堤段,宜修筑滤水后戗。滤水土撑和滤水后戗的抢筑方法基本相同,其区别在于:滤水土撑是间隔抢筑,而滤水后戗是全面连续抢筑;滤水土撑的顶面较宽,而滤水后戗的顶面较窄。

对于水位骤降引起临水坡失稳滑动的险情,可采用抛石或抛土袋的方法抢护,其作用在于增大抗滑力,减小滑动力,制止滑坡发展,以稳定险情。抢险时一定要探清水下滑坡的位置,然后在滑坡体外沿抛石或抛土袋固脚。

实际上,处理堤防隐患就是对堤防工程的加固。堤防工程的加固除上述措施外,还有黏土铺盖、前戗后戗、吹填固堤、压渗平台、减压井、截渗墙、铺塑截渗、劈裂灌浆等措施。应根据堤防工程的实际情况,进行加固方案比选后,通过工程设计,确定选用的具体措施,并应选择专业施工队伍,严格控制施工质量。

第五节　河道整治工程管理及养护

一、管理制度

河道整治工程险工、控导、护滩(岸)工程,管理上主要实行管理工日制、班坝责任制和工资浮动制等。

(1)管理工日制。即在险工、控导、护滩(岸)工程的经常性管理中,对一些具有实物工程量的管理任务(如坝岸坦石排整,坦石小量拆改,根石、护脚石的拾整,备防石料整理,坝面整修,高秆杂草铲除等)不投资只投劳的一种管理形式。各基层单位根据工程量参照施工定额,定出完成任务所需的工日,把具体工作任务、所需管理工日、质量要求落实到每个管理职工身上,促使职工积极参与工程管理,保证各项管理任务的完成。

(2)班坝责任制。长期以来,黄河各基层河务部门在体制上属于"修、防、管、营"四位一体的建管模式,在基建和防洪任务较重的情况下,从思想认识到工作安排,很难从根本上解决重建轻管的问题。因此,河道整治工程管理存在着管理人员不固定、责任不落实、管理水平低、安全无保障等问题。随着工程管理正规化、规范化建设及工程管理达标活动和河道目标管理上等级活动的深入开展,河道整治工程管理在黄河普遍实行班坝责任制。班坝责任制一是明确管理人员管理班坝的数量(坝、道、段),二是明确管理的目标和要求。管理人员与水管单位或分段(河务段)签订责任承包书。

管理人员的主要任务是:负责垛面、坦面、根石、排水沟的日常维修和养护;搞好坝顶、坝基顺水,及时填垫水沟浪窝;每年汛前、汛后两次排拣根石、护脚石,保证根石坡度、宽度符合工程标准;整理备防石垛,保持坝面整洁、无乱石杂物;搞好绿化美化;管理好各种工程标志,保证坝牌、标桩、测量标志齐全和醒目;负责河势工程观测,整理水情资料和根石断面图,及时分析预测险情。要求达到

"五知"、"四会",即知工程沿革和现状、知坝岸着溜情况、知抢险用料情况、知根石状况、知险工备料情况;会整修、会抢险、会探摸根石、会观测河势。为加强险工、控导工程的管理和班坝责任制的组织实施,水管单位由 1 名副局长负责,工务科由 1 名副科长和 1~3 名专职干部负责,河务段由 1 名段长负责,组织实施班坝责任制,不但管理人员责任明确、任务具体,而且把职工的经济利益同任务完成好坏结合起来,因此出现了两个面貌上的变化:一是管理职工的精神面貌发生了变化;二是工程面貌发生了变化。

(3)工资浮动制,即以百分考核为基础的工资(奖金和施工补助)浮动制。为了改变过去"吃大锅饭"的平均主义分配办法,调动管理职工的积极性,各基层单位在实行管理工日制、班坝责任制的基础上,建立了以百分考核为主要内容的工资浮动制。多数单位只把奖金和施工补助加以浮动,也有部分单位从每人每月的基本工资中抽出一小部分(一般为基本工资的3%~5%),连同奖金和全额施工补助捆在一起进行浮动。

二、整修加固

河道整治工程是抗洪的前沿阵地,加强经常性的维修养护是保持工程稳定和提高工程抗洪强度的主要管理措施,包括坝基土方补残,垛面整修和绿化美化,坝身坦石整修,根石(护脚石)排整加固,修补堤身裂缝,整修排水沟,检查处理獾狐洞穴,整理备防石垛,汛前、汛后根石探测等。汛期坚持冒雨顺水查险摸水,观测河势流向和工情变化,填报管理日志、大事记,实行险情汇报制度。工程管理长期坚持以防洪保安全为中心、以提高工程抗洪强度为重点,强化工程经常性维修养护,使险工、控导(护滩)工程在历次抗洪斗争中发挥了控导主溜、稳定河势、护滩护堤的重要作用。

第六节　涵闸工程管理及养护

一、涵闸工程常出现的问题及原因

任何一座涵闸工程,不论其规模大小或结构繁简,均承担一定的任务。为使涵闸工程达到预定的目的和要求,除正确的规划设计和良好的施工质量外,其建成后的正确运用和科学管理养护至关重要,决不允许忽视此项工作。通过对工程观测资料整理和经常系统的工程检查,可以随时了解涵闸工程出现的问题,分析原因,采取相应的措施,从而能够防微杜渐,减少或避免发生工程事故及其他破坏现象,达到延长寿命、发挥其最大效益的目的。

(一)常出现的问题

水闸工程由于设计、施工和管理方面的原因,在实际运用中常出现以下几种问题:

(1)不均匀沉陷。黄河下游两岸引黄闸是建筑在冲积层软基上的,由于地基的土层分布不均,层次复杂,受荷后引起工程的不均匀沉陷,通常会使混凝土块体之间的接缝止水发生破坏,严重的会使混凝土产生裂缝。

(2)混凝土工程的裂缝。有少数工程由于建筑物的布置未能适应沉陷的要求而引起裂缝,这些裂缝的产生降低了工程的整体性,有些裂缝发生在铺盖、闸底板、洞身或消力池中,形成冒水、冒沙的危险。

(3)止水设施失效。混凝土建筑物块体之间伸缩缝的止水设施,由于施工质量不良、材料不好等,以致止水破坏,降低了建筑物的防渗效果,给工程管理带来较繁重的维修任务。

(4)混凝土的渗水。由于混凝土振捣不实,在运用期间发现混凝土体有渗水现象。有的闸底板,由于渗水,混凝土体中的游离钙质析出,降低了混凝土强度。

(5)闸门震动。闸门震动是建筑物上经常碰到的问题。

(6)闸门漏水。闸门水封由于设计不妥、施工质量不好、安装不牢固或漂浮物卡塞等原因而漏水。

(7)下游消能破坏。由于运用不当,造成下游防冲槽、海漫、护坡受集中水流、折冲水流冲刷,蛰陷、断裂、塌坡以至于破坏。

(8)由于河道淤积,防洪保证水位不断提高,造成大部分涵闸满足不了防洪要求。

(二)出现问题的原因

1. 设计方面的原因

(1)工程布置不当。如消能和防冲设施布置不当,使建筑物下游发生危害性的水流,引起下游冲刷现象,使工程遭受破坏或发生严重事故;或工程在布置中未采取适当(分块或分节)的分缝措施,在工程建成后的运用过程中,建筑物产生危害性的裂缝;或荷载布置不当,产生不均匀沉陷,造成整体性破坏等。

(2)防渗设施实际不足。设计时对渗透水流的危害性估计不足,对地基的渗透性能未能很好地了解,因而在设计地下防渗排水系统时,凭经验估算,采用防渗的措施过简,与实际情况不符,使建筑物下部产生较大的渗透压力,或因渗流末端逸出比降大,引起地基土壤渗透变形。此外,地下不透水部分接头处的止水采取简单措施,起不到应有的止水作用,也是造成工程发生事故的原因。

(3)工程观测设计不全面。在工程运用期间,由于缺少必要的观测设备,不能及时发现不正常现象的发生,也常因此导致工程失事。

2. 施工方面的原因

(1)在混凝土工程施工中,为操作方便,水灰比控制不严;对砂石没有进行严格的筛分和冲洗;浇筑时振捣不实;混凝土养护不好等,造成施工质量差,一直发生裂缝、渗水、蜂窝等现象,影响工程强度。

(2)钢筋未按照设计要求加工制作和布筋,受力钢筋在混凝土浇捣时下沉或被压弯,不仅减小了混凝土的有效厚度,而且削弱了钢筋的应有作用,往往在很大程度上降低了钢筋混凝土的设计标准和抗弯强度。

(3)对防渗、反滤工程施工质量重视不够。如截短防渗板桩、板桩间缝隙过大,铺盖土料选择或压实不符合要求,止水设施铺设不平、黏结不牢,填料不实、搭接不严等;如反滤料级配不当、铺设时任意踩踏、层次混杂,都会降低工程防渗、反滤效能,给工程运用带来严重后果。

3. 管理方面的原因

(1)闸门运用不按规定程序操作,人为地使水流集中,往往使下游的消能、防冲设施和下游渠道遭受冲刷,甚至造成严重事故。

(2)没有进行经常的养护和检修,使一些本来可以避免和补救的缺陷不断地发展和扩大,造成工程事故,影响建筑物的使用和安全。

(3)因观测和资料整理分析不经常化,不能及时了解工程动态、发现不正常现象,对闸门盲目运用,致使工程受到损坏。

二、管理制度

黄委 1984 年颁布的《黄河下游涵闸管理办法(试行)》,1985 年颁布的《黄河下游涵闸工程观测办法》,2002 年颁布的《黄河下游水闸安全鉴定规定(试行)》是进行黄河涵闸工程管理的规范性文件。涵闸的管理范围为涵闸上游防冲槽至下游防冲槽后 100 m,渠道坡脚两侧各 25 m,工程外侧 7 ~ 10 m。以上工程用地范围,予以划定或征购,并办理、完善有关征地手续,竖立永久性标志,任何单位和个人不得侵占。已划定或征购过的土地,被侵占的,应由涵闸管理单位限期收回。

落实涵闸虹吸工程管理岗位责任制度,每年汛前、汛后进行工程普查,黄委负责审查汇总,以确保汛期做到启闭灵活,安全运用。分、泄洪涵闸的维修养护经费由国家负担。引黄涵闸的维修养护由各管理单位自己负责,其维修养护经费从收取的水费中列支。黄委 1987 年 1 月颁布了《黄河下游工程管理考核标准》,这是开展工程管理达标活动的基本标准和依据。自 1987 年开展工程管理达标活动以来,各涵闸管理单位在经费十分紧缺的情况下,克服困难,坚持搞好工程的维修养护,做出了显著成绩。到 1996 年底,共有 107 处涵闸工程被确认为工程管理达标工程。

为贯彻《全民所有制工业交通企业设备管理条例》和《水利部设备管理规定》,提高水利工程设备的管理水平,保证工程安全运行,充分发挥工程效益,1993 年 2 月,水利部水管司以管库〔1993〕6 号文颁布了《水利工程闸门及启闭机、升船及设备管理等级评定办法》(以下简称《评定办法》),在全国各流域机构开展水利工程闸门及启闭机设备等级的评定工作。1994 年 8 月,水利部下发了《关于开展水利工程闸门及启闭机设备管理等级评定的通知》。1994 年 12 月,黄委河务局下发了《关于开展水利工程闸门及启闭机设备管理等级评定工作的通知》,开始了黄河涵闸闸门及启闭机设备管理等级评定工作。

通过涵闸闸门及启闭机设备管理等级评定,检验了涵闸的设备运行状况,进一步提高了涵闸管理水平,促进了涵闸管理正规化、规范化建设,有力地推动了涵闸工程管理工作的开展,但也暴露出分洪闸和排水闸因岁修经费严重不足,必要的维修养护不及时,造成工程老化、失修等问题。

黄委在 2002 年以黄建管〔2002〕9 号文颁布了《黄河下游水闸安全鉴定规定(试行)》,要求涵闸工程投入运用后每隔 15 ~ 20 年,进行一次安全鉴定。引黄涵闸的安全鉴定工作由管理单位报请省级河务局组织实施,分泄洪闸的安全鉴定工作由黄委组织实施。目前,黄河下游引黄水闸、分泄洪闸按照始建年代,绝大部分需要进行安全鉴定,但仅有潘庄引黄闸、赫庄排灌闸进行了安全鉴定。下一步应抓紧编制黄河下游水闸安全鉴定规划年度实施计划,尽快组织实施,给水闸的养护修理提供依据。

三、控制运用

黄河涵闸控制运用,分为引水兴利与分洪分凌。涵闸控制运用又称涵闸工程调度管理,按照工程的设计指标和所承担的任务制定相应的控制运用操作规程,有计划地启闭闸门,以达到调节水位、控制流量、发挥工程效益的目的。黄河的涵闸分引黄闸、分泄洪闸和排灌闸三类。

涵闸的控制运用,不得超过工程设计中规定的设计防洪水位、最高运用水位、最大水位差及相应的上下游水位、最大过闸流量及相应的单宽流量、下游渠道的安全水位和流量、灌溉引水允许最大含沙量等各项指标。当花园口水文站测报超过 5 000 m³/s 流量时,所有涵闸停止引水;确需引水的,需进行技术论证,报经上级主管部门批准后实施。涵闸的控制运用必须做到以下几点:确保工程安全;符合局部服从全局、兴利服从防洪的原则,统筹兼顾;综合利用水资源;按照批准的运用计划、供水计划和上级的调度指令等有关规定合理运用;与上、下游和相邻有关工程密切配合运用。由于黄河河床逐年淤积抬高,当涵闸防洪水位超过原工程设计防洪水位时,应于汛前采取围堵、加固等有效度汛措施。

在冰冻期涵闸的运用应符合下列要求:

(1)启闭闸门前,必须采取措施,消除闸门周边的运转部位的冻结。

(2)冰冻期间,应保持闸上水位平稳,以利于上游形成冰盖。

(3)解冻期间一般不宜引水,如必须引水,应将闸门提出水面或小开度引水。

闸门操作运用的基本要求如下:

(1)做好启闭前的准备工作,检查管理范围内有无影响闸门正常启闭的水上漂浮物、人、畜等,并做妥善处理。检查闸门启闭设备状态,看有无卡阻现象,检查电源、机电设备是否符合启闭要求;观察上、下游水位及流态,查对流量等。

(2)过闸流量必须与下游水位相适应,使水跃发生在消力池内,可根据实测的闸下水位—安全流量关系图表进行操作。过闸水流应平稳,避免发生折冲水流、集中水流、回流、旋涡等不良流态。关闸或减小过闸流量时,应避免下游河道水位降落过快,避免闸门停留在发生震动的位置。闸门应同时分级均匀启闭,不能同时启闭时,应由中间孔向两边依次对称开启,由两边向中间孔依次对称关闭。应避免洞内长时间处于明、满流交替状态。

(3)应由熟练业务的人员进行闸门启闭机的操作和监护,固定岗位,明确职责,做到准确及时,保证工程和操作人员安全。闸门启闭过程中如发现沉重、停滞、杂声等异常情况,应及时停车检查,加以处理。当闸门开启接近最大开度或关闭接近闸底时,应减小启闭机运行速度,注意及时停车,严禁无电操作启闭机。遇有闸门关闭不严现象时,应查明原因并进行处理。

(4)闸门操作应有专门记录,并妥善保存。记录内容包括启闭依据,操作时间、人员,启闭过程及历时,上、下游水位及流量、流态,操作前后设备状况,操作过程中出现的不正常现象及采取的措施等。

涵闸工程管理单位应按年度或分阶段制订控制运用方案,报上级主管部门审批。制订汛期控制运用计划、防御大洪水预案和各类险情抢护方案,报相应人民政府防汛抗旱指挥部黄河防汛办公室备案,并接受其监督。

分泄洪闸根据花园口洪水预报确定需要分洪时,各闸的爆破人员必须立即上堤,待花园口报峰、省防汛抗旱指挥部确定运用方案后,首先在围堤破口处消弱围堤断面,接到分洪命令时迅速进行全面破除,闸门启闭时机和开度(或泄流指标)必须严格按照上级防汛抗旱指挥部下达的命令执行,保证完成。

在涵闸控制运用中,广大技术人员不断革新技术,改进设备,提高管理水平。1999年豆腐窝分洪闸安装了闸门自动启闭设备,在山东黄河河务局率先实现了涵闸闸门的自动启闭。2000 年引黄济津前位山引黄闸安装了涵闸远程监控设施,在黄委就可以对位山引黄闸进行远程监视和闸门远程启闭控制。随后,山东黄河河务局引黄涵闸远程监控工作发展迅速,2002 年曹店等 9 座涵闸实现了远程监控;2003 年邢家渡等 30 座涵闸实现了远程监控,对李家岸、大王庙两座试点涵闸进行了安全监测设计,对涵闸的沉陷、位移、底板扬压力、渗流和绕渗进行了自动监测;2004 年完成两座试点涵闸自动监测的施工工作。

四、养护修理

(一)环境与设施管理

水闸的维修养护工资应本着"经常养护、随时维修、养重于修、修重于抢"的原则进行,加强经常养护和定期检修,保持工程完整,安全运用。

水闸管理范围内环境和工程设施的保护,遵守以下规定:

(1)严禁在水闸管理范围内进行爆破、取土、埋葬、建窑、倾倒和排放有毒或污染的物质等危害工程安全的活动。

(2)按有关规定对管理范围内建筑的生产、生活设施进行安全监督。

(3)禁止超重车辆和无铺垫的铁轮车、履带车通过公路桥。禁止机动车辆在没有硬化的堤顶上雨雪天行车。

(4)妥善保护机电设备、水文、通信、观测设施,防止人为破坏。

(5)严禁在堤身及挡土墙后填土区上堆置超重物料。

(6)离地面较高的建筑物,应装置避雷设备,并定期检查,保证完好有效。

(7)工程周围和管理单位驻地应绿化美化、整洁卫生,各种标志和标牌应齐全、标准、美观大方。

(二)土工建筑物的养护修理

(1)堤(坝)出现雨淋沟、浪窝、塌陷及岸、翼墙后填土区发生跌塘、下陷时,应随时夯实修补。

(2)堤(坝)发生渗漏、管涌现象时,应按照"上截、下排"的原则及时进行处理。

(3)堤(坝)发生裂缝时,应针对裂缝特征按照下列规定处理:

干缩裂缝、冰冻裂缝和深度小于 0.5 m、宽度小于 5 mm 的纵向裂缝,一般可采取封闭缝口处理。

深度不大的表层裂缝,可采用开挖回填处理。

非滑动性的内部深层裂缝,宜采用灌浆处理;对自表层延伸至堤(坝)深部的裂缝,宜采用上部开挖回填与下部灌浆相结合的方法处理。裂缝灌浆宜采用重力或低压灌浆,并不宜在雨季或高水位下进行。当裂缝出现滑动迹象时,应严禁灌浆。

（4）堤（坝）出现滑坡迹象时,应针对原因按"上部减载、下部压重"和"迎水坡防渗、背水坡导渗"等原则进行处理。

（5）堤（坝）遭受白蚁、害兽危害时,应采用毒杀、诱杀、捕杀等办法防治;蚁穴、兽洞可采用灌浆或开挖回填等方法处理。

（6）河床冲刷坑已危及防冲槽或河坡稳定时应立即抢护。一般可采用抛石或沉排等方法处理;不影响工程安全的冲刷坑可不做处理。

（7）河床和涵洞淤积影响工程效益时,应及时采用人工开挖、机械疏浚或利用泄水结合机具松土冲淤等方法清除。

（三）石工建筑物的养护修理

（1）干砌石和浆砌石表面应平整严密、嵌接牢固,如发现塌陷、隆起、错动等情况,应重新翻砌整修。灰浆勾缝脱落或开裂,应冲洗干净后重新勾缝。

（2）浆砌石岸墙、挡土墙出现倾斜或滑动迹象时,可采用降低墙后填土高度等办法处理。

（3）对抛石防冲槽和闸前两侧裹头护根石应经常进行探摸,发现蛰陷、走失等情况,应及时填补、修整。

（4）工程本身的排水孔、排水管及其周围的排水系统要保持畅通,如有堵塞或破坏,应及时修复或补设。

（四）混凝土建筑物的养护修理

（1）消力池、门槽范围内的杂物应定期清除。

（2）经常露出水面的底部钢筋混凝土构件,应采取适当措施,防止其遭到腐蚀和受冻。

（3）钢筋的混凝土保护层受到侵蚀损坏时,应根据侵蚀情况分别采取涂料封闭、砂浆抹面或喷浆等措施处理,并应严格掌握修补质量。

（4）钢筋混凝土结构脱壳、剥落和发生机械损坏时,可根据损坏情况,分别采取砂浆抹补、喷浆或喷混凝土等措施进行修补,并应严格掌握修补质量。

（5）混凝土建筑物出现裂缝后,应加强观测,查明裂缝性质、成因及其危害程度,据以确定修补措施。混凝土的细微表层裂缝、浅层裂缝及缝宽水上区小于0.20 mm、水位变动区小于0.25 mm、水下区小于0.30 mm 时,可不予处理或采用涂料封闭。缝宽大于规定时,应分别采取表面涂抹、表面黏结、凿槽嵌补、喷浆或灌浆等措施进行修补。

裂缝应在基本稳定后修补,并应在低温季节开度较大时进行。不稳定裂缝应采用柔性材料修补。

（6）混凝土结构的渗漏,应结合表面缺陷或裂缝进行处理,并根据渗漏部位、渗漏量大小等情况,分别采取砂浆抹面或灌浆等措施。

(7)伸缩缝填料如有流失,应及时填补。止水设施损坏,可用柔性材料灌浆或重新埋设止水予以修复。

(五)闸门的养护修理

(1)闸门表面附着的水生物、泥沙、污垢、杂物等应定期予以清除,闸门的连接固件应保持牢固,运转部位的加油设施应保持完好、畅通,并定期加油。

(2)金属闸门防腐可采取涂刷涂料和喷涂金属等措施,并按相应规范的要求进行。金属闸门的钢木结构,应定期油漆,防锈防腐,一般可 2~4 年油漆一次,水下部分油漆周期可适当缩短。

(3)钢筋网或钢筋混凝土闸门表面应选用合适的涂料保护,其保护层剥落、脱落、漏筋、漏网等,应用高标号水泥砂浆或环氧砂浆修补。

(4)闸门滚轮、吊耳、支承、支铰、门槽、门框、护面及底坎等部位,必须保证完整和牢固,其中活动部分要定期清洗,加油润滑。金属闸门产生门叶变形、杆件弯曲或断裂、焊缝开裂、铆钉或螺栓松动等现象,应立即修复、更换或补强。部件和止水设备损坏或缺少时,应予以修理和补齐。

(5)检修闸门及其附属起吊、运转设备,应妥善保护,保持完整,以备随时使用。

(六)启闭机、机电设备的养护修理

1. 一般要求

(1)启闭机和动力设备,应严格按照有关规定和规程进行维护与保养。

(2)启闭制动器要保持灵活、准确、可靠。传动部分、钢丝绳、螺杆等构件,应防止松动、变形、断丝,并经常涂油润滑防锈。为防风沙,启闭机械可设防护罩,丝杆可用油布包裹,妥善保护。电源电气线路,机电动力设备,各种仪表和集控装置,以及照明、通信等设施,均应保持运用灵活、准确有效、安全可靠。

(3)启闭设备和动力设备在不工作期间,应至少每月进行一次运转试验,检查其是否正常。

(4)避雷针(线、带)及引下线如锈蚀量超过截面面积的 30% 以上,应予以更换;导电部件的焊接点或螺栓接头如脱焊、松动应予补焊或旋紧;接地装置的接地电阻值应不大于 10 Ω,如超过规定值20%,应增设补充接地极;防雷设施的构架上严禁架设低压线、广播及通信线。

2. 启闭机养护

启闭机是水工建筑物的主要机械,往往存在使用不当和养护不及时等情况,致使机件受到破坏。在黄河涵闸中,有电动机、人工手摇两种活动式启闭机,一般还有启闭机架和行走轨道。启闭机各部分的养护内容如下:

（1）动力部分。电动机外壳要保持清洁，无灰尘污物，以利于散热，并注意防潮，接线盒压线螺栓要拧紧，轴承润滑油脂脏了要及时更换，保持填满轴承空腔的 1/2~2/3。主要操作设备如闸刀、电磁开关、限位开关及补偿器等，应保持清洁、干净、触点良好。

（2）传动部分。要求传动装置有充足的润滑油料，特别是沿黄风沙大、沙土侵入机体，磨损严重，要增加检修次数，勤清洗，勤上油；润滑油质量要选用合格的，有水分、油块、杂质的不宜使用。应根据机器零件特性选用，一般当零件的接触压力大、转速慢、周围环境温度较高时，选用浓度大的润滑油；反之，选用浓度较小的润滑油。在注新油之前，应清洗加油设施，如油孔、油道、油槽，对联轴器更要注意保护。传动装置上的零件破坏，要及时更换，最主要的是严防在缺油情况下进行。

（3）制动部分。启闭机运行时的刹车制动，要求动作灵活、制动准确，因此应常保持制动轮与制动瓦的清洁。棘爪、棘轮制动器应经常清洗，擦去油污，固定要牢靠。对蜗轮、蜗杆传动机构制动器应按要求加油保养，工作一定时间后，要清洗换油一次。同时，闸门锁定装置必须灵活可靠，防止锈蚀，锁链绳孔要防止污物堵塞。

（4）悬吊装置。启闭机与闸门的连接是依靠悬吊装置，包括钢丝绳、链条、拉杆、螺杆各部分。黄河上常用的是钢丝绳、螺杆。钢丝绳容易锈蚀，而且受黄河沙土侵蚀，应定期除尘、涂抹油脂保养，对于不在卷筒或滑轮转动部分，可用布条、油纸等缠裹。为了除尘，钢丝绳卷筒罩壳应封盖严密。钢丝绳悬吊装置两端接头要牢固，各滑轮之间的松紧不合适要及时调整。螺杆式启闭机丝杆应定期擦洗上油，运用中要慎重操作，防止压弯及偏扭，人力启闭的摇把随机放置，不得乱放乱砸。

（5）电气部分。按照电业部门的规程进行操作和保养，特别是高压线路、变电设备、进出线等要定期检修，对不合乎标准或损坏的元件、器具要及时更换，保证安全生产。

采用发电机组作动力的，其保养要按照机械的性能、出厂产品的说明书进行。其他如闸门开度指示器的调整，移动式启闭机的自动挂钩、道轨等，都必须进行定期的清理、维修和养护，以使动作灵活，操作平稳可靠。

五、水闸工程抢修

（1）水闸工程在紧急防汛期或突然发生如下险情时，应立即进行抢修（护）：上游铺盖断裂或其永久缝止水失效，上游翼墙变位、渗漏或其永久缝止水失效，闸体位移异常，护坦变位或有隆起迹象，下游翼墙变位，闸下消能设施被冲坏，闸门事故(不能开启或关闭),上、下游护坡破损,上、下游堤岸出险,穿堤闸涵事故等。

(2)经检查或根据实测扬压力、渗水量及水色分析判定,软基上的水闸上游铺盖断裂或其永久缝止水失效,将危及水闸安全,应立即抢护:①尽可能降低闸前水位,疏通护坦和消力池的排水孔并做好反滤;②在上游铺盖截渗处理,可大面积沉放加筋防渗土工布并压重、抛土袋及新土。

(3)上游翼墙变位、渗漏或其永久缝止水失效,应采取如下措施:①墙后减载、做好排水并防止地表水下渗;②尽可能嵌填止水材料修复永久缝止水(如有可能,应抢筑围堰处理止水);③贴墙敷设加筋防渗土工布并叠压土袋;④抛石支撑翼墙等。

(4)发现闸体位移异常,经验算分析确认水闸抗滑稳定或闸基渗流存在问题时,应立即抢护:①尽可能降低闸前水位,疏通护坦和消力池的排水孔并做好反滤;②尽可能在水闸上压载阻滑;③可在闸室打入阻滑桩;④在下游打坝,抬高下游水位,保闸度汛。

(5)护坦变位或有隆起迹象,分析诱发原因并采取适宜措施,同时可采取如下措施:①尽可能降低闸前水位,疏通护坦和消力池的排水孔并做好反滤;②抛填块石、石笼镇压。

(6)下游翼墙变位,应采取如下措施:①墙后减载、做好排水并防止地表水下渗;②抛石支撑翼墙等。

(7)闸下消能设施冲坏,应采取如下措施:①如允许关闸,宜关闸抢护(砌护或抛填块石、石笼等);②如不能关闸,在抛填块石、石笼的同时,可在海漫末端或下游抛筑潜坝。

(8)闸门事故,应按具体情况处理。

泄洪闸门不能开启的应急措施如下:①启闭系统故障,抢修不成功时,改用其他起吊机械或人工绞盘开启;②污物卡阻闸前或闸门槽,设法清除;③闸门吊耳、绳套或启闭机具与闸门连接处故障,及时抢修,必要时由潜水工作业,如原有机具不便连接,可改用其他方式,以吊起闸门泄流为原则;④埋件损坏(特别是主轨),设法抢修,抢修无效时,放弃该孔闸门泄流,并采取措施防止险情扩大。

闸门不能关闭的应急措施。由于闸门变形、埋件损坏、杂物卡阻等,经抢修及清理仍不能奏效时,采取封堵闸孔的办法:①框架沙土袋封堵闸孔,即将钢木叠梁、型钢及钢筋网、钢筋混凝土预制管穿钢管等沉在门前、卡在闸墩或八字墙,再抛填砂石、土袋及土料闭气;②抢筑围堰封闭闸孔;③如水泥薄壳闸门脆性破坏,相当于闸门不能关闭,可用前法封堵闸孔(也有用沉船、抛汽车代替框架的)。

（9）上、下游护坡破损，应采用如下措施抢护：①局部松动，砂石袋压盖；②局部塌陷，抛石压盖，冲刷严重时，应抛石笼压盖；③垫层、土体已被淘刷，先抛填垫层，再抛压砂石袋、块石或石笼等。

（10）上、下游堤岸出险，应采取相应的措施抢护：①水下部位塌坑，可抛投土袋等材料填坑，抛投散料封闭；②堤岸风浪淘刷严重，应按"提高堤岸抗冲力、消减风浪冲刷"的原则，采取土工织物、土袋防浪及柴排消浪等措施；③堤岸发生崩塌时，在"缓流挑流、护脚固基、减载加帮"的原则下，可采用抛石（石笼、土袋）护脚、抛柴石枕护岸等方法抢护。

（11）穿堤（坝）闸涵事故，应按具体情况处理。

建筑物与堤（坝）结合部出现集中渗漏（接触冲刷）时，应按上堵下排的原则处理：①可采用上游沉放加筋防渗土工布并压重、抛土袋及新土等措施防渗；②下游反滤导渗（如开沟导渗、贴坡反滤、反滤围井等），以渗清水为原则，同时，回填洞顶及出口的陷坑；③如险情严重，应在其下游河道（渠）打坝（必要时加修侧堤），抬高下游水位，缓解险情；④可在上游抢筑围堰，保住闸涵。

穿堤（坝）涵洞（管）出现裂缝、断裂或接头错位，水流向堤（坝）渗漏时，应立即关闭闸门或封闭闸孔，同时回填洞顶及出口等部位的陷坑。

穿堤（坝）闸涵下游出现管涌（流土）时，应在其下游河道（渠）打坝（可筑多道），抬高下游水位，缓解险情。

第十三章　流域河道管理

根据国务院批准的《水利部职能配置、内设机构和人员编制规定》（国办发〔1998〕187号）以及国家有关法律、法规，黄河水利委员会是水利部在黄河流域和新疆、青海、甘肃、内蒙古内陆河区域内（以下简称流域内）的派出机构，代表水利部行使所在流域内的水行政主管职责，负责黄河流域的规划、水资源管理、水土保持、防洪等治理与开发工作。在河道水工程管理方面主要是负责流域内的河段、河道、堤防、岸线及重要水工程的管理、保护和河道管理范围内建设项目的审查许可，指导流域内水利设施的安全监管。

第一节　河道安全管理

一、工程管理范围和保护范围的确定

1989年3月水利部下达了《关于抓紧划定水利工程管理和养护范围的通知》，沿黄晋、陕、豫、鲁四省积极响应，相继出台了水利工程管理方面的规范性文件。

（一）河南省

《河南省黄河工程管理条例》规定黄河堤防工程管理范围包括堤（坝）身、护堤地和堤防工程安全保护区。

（1）黄河护堤地范围的划定标准：黄河堤，兰考县东坝头以上，南北岸临、背河堤脚外各不少于30 m；东坝头以下和贯孟堤、太行堤、北金堤以及孟津、孟县、温县的黄河堤，堤脚外临河不少于30 m，背河不少于10 m；沁河堤，堤脚外临河不少于10 m，背河不少于5 m。险工、涵闸、重要堤段要适当加宽。

原护堤地大于以上规定的，保持原边界；达不到以上规定的，由县（市、区）人民政府按规定标准划出，黄河河务部门应按国家和省的相关规定办理征用或划拨手续。

（2）黄河堤防工程安全保护区的范围：黄河堤脚外临河50 m，背河100 m；沁河堤脚外临河30 m，背河50 m。

在黄河堤防工程安全保护区外200 m范围内，一般不准进行爆破作业，必须进行爆破作业或在200 m范围外进行大药量爆破危及堤防工程安全的，施工单

位应向当地黄河河务部门申请,由黄河河务部门会同公安部门审查批准后,方可实施。黄河工程管理单位和群众性护堤组织要经常进行堤防检查,做好日常维修、养护工作。

(3)河道控导、护滩工程划定护坝地的范围:临河自丁坝坝头联线向外 30 m,背河自联坝坡脚向外 50 m。

(4)黄河涵闸、虹吸、提灌站工程的管理范围:从工程上游防冲槽至下游防冲槽以下 100 m(包括渠堤外侧各 25 m)。在此范围内属于集体所有的土地,应由工程兴办或管理使用单位按国家和省的有关规定予以征用。

(二)山东省

《山东省黄河河道管理条例》和《山东省黄河工程管理办法》规定了堤防工程、险工工程、控导工程、涵闸工程保护范围。

堤防工程:护堤地宽度从坡脚算起,有淤临(背)区和前(后)戗的堤段,从淤临(背)区和前(后)戗坡脚算起。临黄大堤、北展堤和废金堤均为临河 7 m,背河 10 m;右岸南岭子和左岸纪冯以下(包括河口堤)淤临、背宽度各 50 m;南展堤临河 10 m,背河 10 m;北金堤临河 7 m,背河 5 m;大清河堤临河、背河均为 5 m;东平湖围坝的护坝地,临、背湖均为 7 m,二级湖堤临、背湖均为 5 m。

险工工程:护坝地宽度上下游坡脚两侧均为 10 m。

控导工程:管理用地为沿控导工程向外 30 m。

涵闸工程:上游防冲槽至下游防冲槽后 100 m,渠道外坡脚两侧各 25 m。

临河护堤地以外 50 m,背河护堤地以外 100 m,临河有防浪林的堤段,其保护范围顺延。

(三)陕西省

《陕西省河道堤防工程管理办法》规定护堤地宽度:黄河韩城至潼关段,防洪堤临河 100～200 m,背河 50～100 m(从堤坡脚算起,下同);渭河宝鸡桥至潼关段,防洪堤临河 20～50 m,背河 10～30 m。护堤地由河道堤防管理单位管理使用。临河护堤地主要用于营造防浪林,背河护堤地主要用于抢险取土和营造防汛用材林。

护堤地由县(区)人民政府负责,组织土地管理部门、水利部门(城市为城建部门)共同划定。集体有证土地划为护堤地的,由县(区)人民政府从国有滩地中予以调整;无法调整的,权属不变,但其经营利用方式须服从统一规划和堤防管理的要求。

安全管理范围:主要堤防临河、背河各宽 50～100 m;一般堤防由所在地(市)确定,安全管理范围内的土地权属不变。

(四)山西省

1981 年山西省运城地区行政公署以运署发〔1981〕35 号文批转了山西省三门峡库区管理局《关于黄河三门峡库区和小北干流堤防工程管理的意见》,根据堤防建设和管理的需要,堤坝内、外各 100 m 为工程管理范围。由治黄单位营造林带,抢险取土,堆放料物。护村、护站和库区防护工程 335 m 高程以上的土地,除工程占地外,要留足 10 m,以便抢险取土。

二、河道安全管理现状

河道管理范围和保护范围内工程管理的中心任务是保证防洪工程的安全运行。新中国成立后,治黄工程建设走向全面规划、统一治理、统一管理的新阶段,20 世纪 70 年代,水电部已提出"把水利工作的重点转移到以工程管理为中心上来",以"安全、效益、综合经营"作为管理工作的三项基本任务。黄委积极贯彻上述精神,于 1980 年在山东济阳县召开了黄河工程管理会议,推动工程管理与河道管理的各项工作向正规化、制度化、科学化方向发展。

(一)强化工程管理范围和保护范围内的安全管理

为保证防洪工程安全,在工程安全保护范围内,严禁取土、采砂、打井、爆破等活动。针对一些水管单位领导和管理人员工程安全意识不强,监管不力,对严重损坏堤防、近堤取土、河道内大面积种植片林等违章事件反应迟钝,给河道有序管理造成被动的情况,黄委 2003 年制定并印发了《黄河工程突发事件应急处理与报告制度》,建立了黄河水利工程管理应急反应机制。该机制从事故发现、报告、受理、指令、处理等环节,明确了相关单位的责任,强调了时限要求。该机制的建立,使工程安全保护范围内的管理工作显著加强。如 2003 年 5 月,河南开封郊区黄河河务局发现滩区违章取土事件后,仅用了 10 min 就使取土行为得到制止,处理结果及时上网发布,引起了相关单位对河道管理工作的重视。

(二)强化监管,积极预防,保障安全

针对黄河流域河道管理具有点多、线长、面广、量大的特点,坚持"预防为主、查处并重"的原则,重点加强对省际界河的监督管理。对黄委管辖范围内黄河干流和重要支流建立了巡查制度,特别是对城镇人口聚集、河道开发利用关系较为复杂的重点河段,增加巡查次数,加大监管力度,做到及时发现问题、及时解决问题。紧紧依靠地方政府,积极配合水行政主管部门对侵占河道,影响河道防洪安全的违法水事活动坚决予以制止和纠正。同时建立了有效的监督管理信息网络,提高管理的科技含量,促进流域河道管理与执法工作的快速、顺利开展。

三、河道管理中应把握的几个关键问题

在流域管理与区域管理相结合的实践中，由于目前的配套法规尚未完善，流域河道管理与水行政管理工作难度很大，在坚持依法管理的同时，要把握好以下几个关键问题，以使工作收到较好的效果。

（1）河道运用安全优先，兼顾地方经济发展。黄委代表国家维护黄河流域公共利益，其目的是维护河道运用安全，促进社会经济的可持续发展，具体表现在宏观规划、水资源配置、水事管理、监督协调等方面。不论是黄河旱情紧急情况下的水量调度，还是抗洪救灾中分、滞洪区的使用，以及涉河违章工程的清障拆除等，都必须坚持河道运用安全优先，同时促进流域当地经济发展的原则。

（2）坚持相互协调的处理方法。流域管理与区域管理既具有对立性，又具有统一性，需要相互协调、相互支持。在河道管理、水资源的统一管理与调度等方面都存在这种情况。

（3）要坚持依法、公正的原则。对各类新建、改建、扩建的非防洪河道大中型建设项目，要严格按照《河道建设项目洪水影响评价报告》进行技术审查，坚持流域管理机构、评审专家组、被审查单位、地方政府水行政主管部门等参加的开放式审查，使流域河道管理工作取得依法、公正、科学、合理的效果。

（4）紧紧依靠地方政府。强化流域河道管理，需要依靠区域管理。特别是在处理矛盾比较突出的河道违章事件中，如调水指令的执行、河道防洪及违章工程拆除等，没有地方政府的紧密配合是根本无法实现的。

四、积极开展水法规宣传，提高沿黄群众的守法意识

在"世界水日"和"中国水周"期间认真安排全河集中开展了内容丰富、形式多样的水法规宣传活动，组织召开了治黄专家参加的水周座谈会，组织在《黄河报》等报刊发表专题宣传文章进行报道，组织委属单位开展了新水法宣传活动。据不完全统计，仅2003年水周期间全河就出动宣传车辆564台次，张贴宣传标语23 000余条，发放宣传材料48万余份，各级领导发表电视讲话80余次，宣传活动涉及713个市、县、乡镇，受教育人数达近千万人次，收到了良好的宣传效果，对依法保护河道安全产生了积极的推动作用。

第二节　河道管理范围内建设项目管理

河道管理范围内建设项目管理是河道主管机关的一项重要职责。为加强河道管理范围内建设项目的管理，确保防洪工程安全运用，促进国民经济发展，水

利部、国家计委于 1992 年颁发了《河道管理范围内建设项目管理的有关规定》，黄委于 1993 年发布了《黄河流域河道管理范围内建设项目管理实施办法》。从此，黄河河道管理范围内建设项目的申请立项、设计审批、施工监督、清障验收和维护运用等工作内容有了法律依据，从而规范了工作程序，明确了建设方与河道管理部门的权利和义务。这标志着黄河河道管理范围内建设项目管理上了一个新台阶。

河道管理范围内建设项目的审查权限、审查内容、审查程序与方法及管理情况详见本书第十四章相关内容，这里不再赘述。

第三节　河道采砂

一、河道采砂管理

河道采砂是指在河道、湖泊、水库、人工水道、行洪区、蓄滞洪区等管理范围内开采砂、石、土，以及淘金(含淘取其他金属和非金属)等翻动砂石的活动。非法和无序的河道采砂人为地改变了河床的天然地形地貌，加之河道内超深开挖和采砂弃料乱堆乱放等现象，极易造成滩岸坍塌、河势改变等后果，严重影响河道行洪与堤防防洪安全。因此，依法规范河道采砂管理是非常重要的工作。

20 世纪 90 年代以前，河道采砂大部分处于无序管理状态。有些河段实行"一河两制"管理，即城市河段由城建部门管理，农村河段由水利部门管理。随后，地矿部门也开始插手河道采砂管理，一度造成河道采砂管理混乱。20 世纪 90 年代以后，水利部、财政部、国家物价局联合颁发了《河道采砂收费管理办法》，河道采砂管理才逐步规范起来。黄河流域各省区相关部门都针对辖区河段情况出台了配套政策。如 1992 年，甘肃省水利厅与省财政厅、省物价委员会联合颁发了《甘肃省河道采砂收费管理实施细则》;陕西省水利厅与省财政厅、省物价局联合颁发了《陕西省河道采砂收费管理实施办法》;山东黄河河务局与省财政厅、省物价局联合颁发了《山东省黄河河道采砂收费管理规定》;1993 年1 月，河南黄河河务局与省财政厅、省物价局联合颁发了《河南省黄河河道采砂收费管理规定》等。各地(市)、县(区)也制定了相应的管理实施办法或实施细则，对所辖区域内的河道采砂作了进一步的规范和要求，采砂管理做到了有法可依、有章可循。

水利部门河道采砂管理分工:县(市、区)水利部门具体负责河道采砂管理的日常工作，如河道采砂审批、河道采砂许可证的发放、河道采砂规划、河道采砂收费等;市水利部门主要负责河道采砂的监督管理和协调;省水利厅主要负责河道采砂管理法规政策的制定,河道采砂的监督管理,指导市、县水利部门对河道采砂的较大违法事件进行查处。黄河流域河道采砂管理主要实行采砂许可制度和采砂管理领导责任制。沿黄各省区对境内主要采砂河道划段定界,明确地方政府、水行政主管部门、河道管理单位等各级负责人,建立起河道采砂管理责任制,实行领导责任考核制和管理单位定期巡查制度。在进行采砂审批工作中,注重采砂规划,在主要河道划分了"准采区"和"禁采区",按照开采种类、方式、范围、深度、时段等,发放各采砂点河道采砂许可证。为维护河道采砂秩序,沿黄各省区水行政部门都积极加强河道采砂的监督管理,对采砂作业范围、弃渣堆放、河床形态、水利设施保护等依法进行控制。如 2002 年 7 月,陕西省开展了河道采砂专项治理活动,依法取缔河道采砂场 1 060 处,停业整顿采砂场 1 525 处,封存采砂设备 675 台(套),回填覆平砂坑 452 处。山西省也对汾河河道非法采砂进行了严厉打击。这些措施有力地保护了河道防洪工程的安全,保障了沿黄人民的生命财产安全。

二、河道采砂收费

对于河道采砂收费,沿黄各省区规定不一。甘肃省规定河道采砂、采石、取土按当地销售价格的 15% ~ 30% 计收,淘金按产值的 1% ~ 2% 计收,淘金并采砂者按淘金、采砂分别计收,具体收费标准由各地(州、市)河道主管部门报同级物价、财政部门核定。陕西省河道采砂收费标准为:在河道采砂、取土按销售价格的 35% ~ 40% 计收;在河道淘金按淘金机、船设计容量计费,每升年缴费 150 元;在河道采矿按开采量计费,每吨缴费 3 ~ 5 元。河南省规定河道采砂、采石、取土按当地销售价格的 10% ~ 20% 计收,淘金按产值的 3% ~ 5% 计收,淘金并采砂者按淘金、采砂分别计收。山东省规定河道采砂、采石、取土按当地销售价格的 20% 计收,开采其他资源按不高于采砂、采石管理费标准计收。河道采砂费由发放许可证的单位计收,并使用财政部门行政事业性收费统一票据。也有个别河道区段、个别工程由于归属地方城建部门管理,地方政府给予了减免采砂费的特殊政策;国家重点建设项目采砂,政府也批准免缴采砂费。

采砂收费方法基本有按方收费、按砂场规模收费和以招标方式承包采砂场按合同收费等三种。从收费情况来看,按方核收采砂费操作中存在较多问题,实际多根据砂场规模和估算的开采量一次定费,分次收取。河道采砂费按预算外资金上缴财政专户储存,专款专用。采砂费主要用于河道整治、堤防维护和机构人员的管理,包括人员工资、法规宣传、职工培训等。

第四节　河道清障

一、民埝兴废

黄河下游河道的民埝,起自1855年铜瓦厢决口后的初期,河道滩区居民为保护村舍筑埝自卫。当时清廷因忙于镇压农民起义,无力顾及修堤,只好"劝谕各州、县自筹经费,顺河筑埝"。于是沿河两岸先后修起了一些民埝。据清咸丰十年(1860年)官方的一次调查,"张秋以东自鱼山到利津海口皆经地方官劝筑民埝"(《再续行水金鉴》)。后来随着新河道逐渐形成,有部分民埝收归官守,历经培修,遂基本形成两岸的临黄堤。但是,滩地居民为保护村舍、耕地仍近水修埝自卫。民国时期下游河道有官修大堤,近水民埝由民修民守,并设有埝工局管理。遇到汛期涨水,居民先守埝,埝溃后大堤亦决。过去这种情况屡见不鲜。实践证明,民埝对河防不利。民国二十二年(1933年)山东河务局呈请省政府制止民众在滩地修筑民埝,称"民众临河筑埝,希图圈护滩地垦种,一旦汛涨水发,河窄不能容纳,势必逼溜危及堤防安全。为此,请下指令,严行制止临河修埝,以安河流"(《山东河务特刊》)。1938年黄河从花园口改道南流后,故道内居民增加,河道大部分已被垦为农田。1947年黄河归故后,滩区居民为保护生产,修补并增修了一些民埝。

新中国成立后,黄河下游治理贯彻"宽河固堤"的方针,实行废除滩区民埝的政策。1950年黄河防汛总指挥部《关于防汛工作的决定》中指出:"废除民埝应确定为下游治河政策之一。"已经冲毁的民埝不准再修,未毁的民埝不准加培。河南、平原、山东三省执行这一政策后,大部分地区已停止修筑民埝,部分旧民埝亦有拆除。据1954年统计,东坝头至梁山河段仅有民埝36.31 km。为进一步贯彻废除民埝政策,1954年中共山东分局批转了中共山东河务局党组《关于废除滩区民埝问题的报告》。同年,中共河南省委发出《为确保黄河安全贯彻废除民埝政策的指示》,指出在河床滩地修民埝,与水争地,缩窄河道,必然逼高水位,增加大堤危险,影响全河治理,为扩大河道排洪能力,增强堤防安全,必须继续贯彻废除河床民埝政策,未修者杜绝再修,新修者立即有步骤地废除。由于各级党委及政府的重视,措施得力,废除滩区民埝政策得以贯彻落实。

1958年末,在"大跃进"的影响下,对黄河泥沙淤积问题认识不足,片面地认为三门峡水库建成后,黄河防洪问题就可基本解决,致使滩区群众普遍修起了生产堤(即民埝)。据1959年底统计,河南滩区修建生产堤长322 km,山东省的菏泽至长清河段内修筑生产堤长161.2 km。此后,对生产堤的兴废有不同认识,曾执行过"防小水不防大水"的政策。

　　1960 年黄河防汛总指挥部确定:黄河下游生产堤的防御标准为花园口水文站流量 10 000 m³/s,超过这一标准时,根据"舍小救大,缩小灾害"的原则,有计划地自下而上或自上而下分片开放分滞洪水。此后每年执行生产堤破口计划。

　　1974 年 3 月,国务院在批转黄河治理领导小组《关于黄河下游治理工作会议的报告》中指出:从全局和长远考虑,黄河滩区应迅速废除生产堤,修筑避水台,实行"一水一麦",一季留足群众全年口粮的政策。由于生产堤直接关系到群众生产生活的切身利益,又系多年形成,彻底破除阻力很大,仍执行汛期安排生产堤破口计划。据 1975 年汛前统计,黄河下游滩区生产堤和渠堤全长 838 km,计划破除口门 293 处(河南 82 处,山东 211 处),已破除 228 处(河南 43 处,山东 185 处),占计划的 77.8%。1982 年,为进一步贯彻废除生产堤政策,对各地生产堤破除实行责任制,拒不执行的要追查责任,严肃处理,这使大部分生产堤按生产堤长度的 20% 破除破口的计划执行。同年 8 月,花园口洪峰流量 15 300 m³/s 洪水期间,生产堤绝大部分破除进水行洪,使滩区起到了滞洪削峰的作用。

　　1993 年汛前黄河下游共有生产堤 527 km,按生产堤长度的 50% 破除,应破 263.5 km,实破 264 km。1993 年以后,尽管国家防汛抗旱总指挥部办公室和黄河防汛总指挥部每年汛前都要求破除生产堤,但个别地方仍出现生产堤堵复和新修现象。截至 2003 年,黄河下游共有生产堤 566.649 km,其中河南 194.780 km,山东 371.869 km。近年来加固加修生产堤的主要是河南濮阳和山东菏泽两市。从几何尺寸来看,生产堤的顶宽大部分在 4~5 m,最窄为 1 m,最宽达 11~12 m;平均高度为 2 m 左右,最低 0.4 m,最高 3.8 m;平均坡比为1:1.5左右,最小坡比为 1:0.6,最大坡比为 1:4.5。随着黄河下游"二级悬河"治理步伐加快,黄河下游滩区生产堤问题将会得到妥善的解决。

　　二、清除行洪障碍

　　黄河下游河道在贯彻废除生产堤的同时,对阻碍行洪的建筑物,如灌溉渠堤、公路路基、格堤、片林等,汛前进行检查清除,清除标准为与当地地面平,最高不高于当地地面0.5 m。对河道堤防两侧的违章建筑物,如房屋、砖瓦窑、石灰窑、坟头、水井等进行了清除。黄委的管理制度规定:

　　(1)严禁在黄河河道内任意修建阻水、挑水工程,确实需要修建时,要在不影响河道行洪和上下游、左右岸堤防安全及不引起河势变化的前提下,事先征得当地治黄部门的同意,做出设计,按规定程序,经省级河务局审核后,转报黄委批准,方能施工。对河道内已建工程,凡不符合工程管理规定的,要限期拆除,拆除费由原来建筑单位担负。

（2）严禁向河道内排放废渣、矿渣、煤灰及垃圾等杂物。已排放的，按照"谁设障，谁清除"的原则，限期由排放单位清除。严禁任何单位将有毒有害的污水排入河道，需要排放的，必须经过净化处理，符合国家规定排放标准，经环境保护主管部门批准方可排放。

（3）护堤林、护坝林须在规定范围内种植。严禁在行洪区植树造林、种植芦苇和其他高秆阻水作物。

按照上述规定，实行行政首长负责制后，对违章建筑进行了处理。2000年以来河南沿堤搬迁房屋604间，拆除砖（灰）窑123座，移坟1352座，平井100眼。近年来，在黄河河道管理范围内出现了大量违章种植片林现象，且有快速蔓延趋势，给黄河防洪造成了严重影响。对此，2003年黄委采取了严厉、果断的措施，迅速作出部署，连续下发了《关于禁止在黄河下游滩区内退耕还林和种植片林的通知》和《关于进一步清除河道行洪障碍的紧急通知》，要求晋、陕、豫、鲁四省防汛指挥部按照行政首长负责制的规定，加强对河道管理、清除河道行洪障碍的领导，明确清障责任人，对擅自在河道内种植片林，进行生态、旅游开发并影响行洪安全的，要依法进行查处。委属有关单位紧急行动，单位主要领导亲自挂帅，认真组织开展了拉网式普查。在普查的基础上，黄委研究制定了清除实施意见，黄河防汛总指挥部下达了清除令，并组成了3个督察组深入沿黄地区监督检查。各单位顶住各方压力，克服重重困难，加大清障工作力度。经过艰苦努力，违章片林清除工作取得了显著成效，有效遏制了滩区违章种植片林的蔓延趋势。河南、山东、山西、陕西4省共清除各类违章片林4.45万亩，树株1299.82万株，其中河南省清除违章片林2.67万亩，树株1151.14万株；山东省清除违章片林1.61万亩，树株132.51万株；河南、山东两省河道控导工程之间的违章片林全部清除完毕；山西省清除违章片林1568亩，树株14.15万株；陕西省清除违章片林146亩，树株2.02万株。

第十四章 河道管理范围内建设
项目管理

为加强河道管理范围内建设项目的管理,确保防洪工程安全运用,促进国民经济发展,水利部、国家计委于1992年颁发了《河道管理范围内建设项目管理的有关规定》,黄委于1993年发布了《黄河流域河道管理范围内建设项目管理实施办法》。从此,黄河河道管理范围内建设项目的申请立项、设计审批、施工监督、清障验收和维护运用等工作内容有了法律依据,从而规范了工作程序,明确了建设方与河道管理部门的权利和义务。这标志着黄河河道管理范围内建设项目管理上了一个新台阶。

第一节 审查权限

一、河道管理范围内建设项目的定义

建设项目是指在黄河流域河道管理范围内新建、扩建、改建的建设项目,包括开发水利水电、防治水害、整治河道的各类工程,跨河、穿河、跨堤、穿堤、临河的桥梁、码头、道路、渡口、管道、缆线、取水口、排污口等建筑物,厂房、仓库、工业和民用建筑以及其他公共设施。

二、建设项目技术审查权限

在水利部划定的河段河道管理范围内实施建设项目审查,必须按照规定权限,经审查同意后,方可按照基本建设程序,履行审批手续。黄河干支流审查权限划分如下:

(1)黄河干流托克托(头道拐水文站基本断流)以上河道,支流湟水(含大通河)、皇甫川、窟野河和渭河耿镇桥以下(含泾河)河道管理范围内兴建大型建设项目,分别由地方省级河道主管机关提出意见,经黄河上中游管理局初审后,报黄委审查;兴建中型建设项目,分别由地方省级河道主管机关提出意见,报黄河上中游管理局审查。

(2)黄河干流托克托至禹门口区间河道管理范围内兴建大中型建设项目,分别由地方省级河道主管机关提出意见,经黄河上中游管理局初审后,报黄委审

查;兴建其他项目,由地方河道主管机关审查,抄黄委和黄河上中游管理局核备。

（3）黄河干流禹门口以下,左岸至风陵渡黄河铁路桥,右岸至陕豫两省交界处河道（包括该段三门峡库区）管理范围内兴建各类建设项目,分别由山西、陕西黄河河务局提出意见,报黄委审查。

（4）黄河干流左岸至风陵渡黄河铁路桥,右岸陕豫两省交界处至三门峡大坝保护区,渭河干流耿镇桥以下至吊桥工程处河道（包括该段三门峡库区）管理范围内兴建各类建设项目,分别由陕西、山西省三门峡库区管理局和河南省三门峡库区管理局提出意见,报黄委审查。

（5）黄河干流三门峡大坝保护区至西霞院河道管理范围内兴建各类建设项目,报黄委审查。

（6）黄河干流西霞院至黄河入海口河道管理范围内兴建大型建设项目及各类穿堤建设项目,分别由河南、山东黄河河务局提出意见,报黄委审查;兴建其他建设项目,分别由河南、山东黄河河务局审查。

（7）支流沁河紫柏滩以下至入黄口河道管理范围内兴建大型建设项目,由河南黄河河务局提出意见,报黄委审查;兴建其他建设项目,由河南黄河河务局审查;紫柏滩以上河道管理范围内兴建大中型建设项目,报黄委审查。

（8）黄河北金堤滞洪区管理范围内兴建大型建设项目,分别由河南、山东黄河河务局提出意见,报黄委审查;兴建其他建设项目,分别由河南、山东黄河河务局审查。其中金堤干流北耿庄以下至张庄闸区间河道管理范围内兴建大型建设项目,由河南黄河河务局提出意见,报黄委审查;兴建其他建设项目,由河南黄河河务局审查。

（9）支流大汶河戴村坝以下河道、东平湖滞洪区、齐河北展宽滞洪区、垦利南展宽滞洪区管理范围内兴建大型建设项目,由山东黄河河务局提出意见,报黄委审查;兴建其他建设项目,由山东黄河河务局审查。

（10）黄河河口三角洲（以宁海为顶点,北起套尔河口,南至支脉沟口）地区规划流路和现行流路范围内兴建大型建设项目,由山东黄河河务局提出意见,报黄委审查;1976 年黄河改道清水沟流路前老河道管理范围内兴建中小型建设项目,由山东黄河河务局审查。

（11）三门峡大坝保护区范围内兴建各类建设项目,由三门峡水利枢纽管理局审查。

（12）故县水库库区及大坝保护区管理范围内兴建大型建设项目,由故县枢纽管理局提出意见,报黄委审查;兴建其他建设项目,由故县枢纽管理局审查。

（13）在黄河流域其他支流兴建大型水利工程项目,由当地省级河道主管机关提出初审意见,报黄委审查。

（14）除上述已明确的河道管理范围内建设项目审查权限外，在黄河干、支流河道管理范围内兴建其他建设项目，由地方各级河道主管机关根据流域统一规划分级实施管理，地方河道主管机关在发放建设项目审查同意书时，须抄黄委核备。

第二节　项目审查

一、建设项目审查程序与方法

建设单位申请建设项目时，必须按照管理权限领取并填报河道管理范围内建设项目申请书，并提交下列文件：

（1）申请书。

（2）建设项目所依据的文件。

（3）建设项目涉及河道与防洪部分的方案。

（4）占用河道管理范围内土地情况及建设项目防御洪涝的设防标准与措施。

（5）说明建设项目对河势变化、堤防安全、河道行洪、河水水质的影响以及拟采取的补救措施。

对重要的建设项目，建设单位还应编制更详尽的防洪评价报告。

河道主管机关接到申请后，应及时进行审查。

在建设项目审查过程中，需补做的勘察、试验、技术评价等工作，其费用由建设单位承担。

建设项目批准后，建设单位必须将批准文件和施工安排、施工期间度汛方案、占用河道管理范围内土地情况，报送负责建设项目立项审查的河道主管机关或其委托的河道管理部门审核，经审核同意后发给河道管理范围内施工许可证，建设单位方可组织施工。

因建设项目的兴建，占用、损坏河道管理范围内滩地、工程设施，降低工程效益及防御洪水标准的，应采取补救措施或按规定给予补偿；施工期间施工区的防汛任务由建设单位承担，确保防洪安全。

为保证建设项目竣工后现场清理干净，保证河道安全畅通，施工单位在开工时按清理现场的工作量向填发河道管理范围内施工许可证的河道管理部门预缴现场清理复原抵押金，全部清理完毕后抵押金退还施工单位。

建设项目竣工后，经填发审查同意书的河道主管机关或其委托的河道管理部门检验合格后方可启用。

二、建设项目管理审查内容

审查的主要内容为：

（1）是否符合黄河流域综合规划和有关的国土及区域发展规划,对规划实施有何影响。

（2）是否符合防洪标准和有关技术要求。

（3）对河势稳定、水流形态、水质、冲淤变化有无不利影响。

（4）是否妨碍行洪,降低河道泄洪能力。

（5）对堤防、护岸和其他水工程安全的影响。

（6）是否妨碍防汛抢险。

（7）建设项目防御洪涝的设防标准与措施是否适当。

（8）是否影响第三人合法的水事权益。

（9）是否符合其他有关规定和协议。

第三节　管理情况

一、管理成效

水利部、国家计委和黄委发布的河道管理范围内建设项目管理的有关规定（办法）,对加强河道管理起到了积极的推动作用,具体表现在以下几个方面:

（1）明确了黄河干流、支流不同河段与不同规模的建设项目审查审批权限,规范了申报审批手续,同时也界定了各级河道管理部门的责任与建设项目所应遵守的报批手续,满足了防洪标准及水文设施、水质保护等技术要求。河务部门及时提供服务,积极配合建设单位的工作。

（2）搞好工程清障验收,保证了河道行洪畅通、工程完建、清障复原;保证了河道管理范围内建设项目严格符合防洪要求,有利于河道工程维护管理和防洪安全。1995年济源黄河河务局针对在修筑侯马至月山铁路五龙口大桥时抛渣严重情况,向铁道部第三工程局计征工程补偿维护费9万元的同时,另收取2万元清障抵押金,工程清障完成后返还给建设单位。1996年河南省三门峡库区管理局在批复冯佐煤炭试验码头时,依法计收建设单位清障抵押金和工程监理费4万元,为清障验收工作争取了主动。京九铁路跨黄河特大桥建成后,建设单位主动要求黄委进行清障验收,对验收中提出的问题,采取得力措施予以解决,整个大桥的清障工作圆满完成。

（3）严格建设项目管理,有利于黄河河道主管部门协调左右岸、上下游的关系,减少水事纠纷,加快前期准备工作,促进团结治河。

(4)依法维护了河道管理部门的权益,减轻了因工程建设给河道管理单位带来的不应有的维修养护负担。主要表现在:一是对采用架空或爬越跨堤方式的桥梁、管线类工程,严格按照建设程序报批、立项、可研、设计及施工方案设计的审查批复,征求各级河务部门和有关方面的意见,加强沟通,严格遵守防洪、水质、工程管理等技术标准,达到了减少当地河务部门管护负担的目的。二是电厂、涵闸(泵站)和浮桥码头类工程,运用过程中避免不了对河道堤防造成淤积、挖压、侵蚀、水文设施迁移和水质污染等,审查是在最低限度降低或避免危害的前提下,按照"谁受益谁负担"的原则,由建设单位支付占压工程、土地补偿维护费。如滨州黄河河务局对跨河、穿堤的管线、浮桥的防汛和运用管理提出了具体要求,由建设单位委托河务部门管理并缴纳维护管理费40万元/年;泺口、北店子、清河镇等浮桥,依法收取工程维护补偿费,维护了河道管理部门的权益;涵闸(泵站)工程建设,由建设单位或受益地区投资,设计、施工和运用管理权属河务部门,水费按部委制定的标准计收,执行法规得力,维护了河道管理部门的权益。

二、存在问题

总结黄河河道管理范围内建设项目管理工作,虽说成效显著,但同时也存在不少问题。主要表现在:一是思想观念转变不够,没能按市场机制规范管理工作,"国家办水利、水利为社会"的旧观念还存在,其结果是我们无条件地支持了社会各方的经济建设项目,河道管理单位却背上一个个包袱。如一些引黄闸由国家投资建设,建成后还需河道管理单位管理维护,水费却收不上来,个别涵闸甚至连水量也无法控制;有些工程建成后,管理维护、防汛责任制不落实,给工程防洪安全留下隐患。二是执法不严,缺乏力度,没有深入地领会和把握有关水法规的实质,从而丧失了向政策要效益的机会,造成自身管护工作被动。如个别路桥已建成通车,而跨堤的防洪工程设施还留下不少问题,追加工程难度很大;个别单位如交通部门利用河道工程修筑浮桥,却没有依法办理手续,工程占压补偿费分文未缴。三是职责不清,权限不明,造成管理单位内部工作扯皮,上下脱节,不利于河道的管理。如有些引黄泵站建设,涉及引水引沙和护岸防护,工程已施工,河道管理单位尚未见到有关报批文件;越权审批工程的情况也时有发生。四是对外宣传不够,建设单位在前期工作中不了解黄河河道管理有关规定和项目报批的内容与程序,给项目的审查、审批带来诸多困难。

三、转变观念,加强管理

(1)转变观念,增强服务意识。河道管理范围内建设项目的管理,是国家赋予黄河各级水行政管理部门的职责,又是配合与服务从事建设的社会各行业应尽的义务,其工作好坏,关系到防洪工程的安全运用,关系到河道管理部门的权益保护、行业权威。这就要求各级河道管理部门的领导转变思想观念,增强服务意识,把建好、管好、用好黄河河道管护范围内建设项目列入重要议事日程,在组织上、措施上切实予以加强,搞好行业管理与服务。

(2)强化管理职能,严格执行建设程序。水利部、黄委关于河道管理范围内建设项目管理的规定非常明确,对新建、改建、扩建的防治水害、整治河道、跨河穿堤建筑物、工业及民用建筑设施等,要按项目大小、管理权限的规定严格履行建设报批手续,做到责任明确、程序规范。在项目申请、立项、施工许可、设计变更、施工监督、清障验收及运用管理的各环节上实施行业的监督与管理;建设单位进场前,要取得河道管理部门发放的施工许可证,并缴纳现场清理复原抵押金;设计变更要重新履行审查手续;竣工及清障资料要按时报送并接受验收。

(3)坚持原则性与灵活性相结合,依法维护河道管理部门的权益。河道管理范围内的建设项目多数是地方政府或其他行业投资建设,这些项目有其特殊的技术经济要求,建设单位和河道管理部门都希望建好、用好、管好建设项目,很多具体问题需要我们研究处理。保证防洪标准和有关技术要求,这是基本原则,需要河道管理部门的同志熟练掌握,并了解建设项目的一般技术知识。从事具体工作的同志不仅要具有良好的业务素质、政策水平,而且要有良好的工作作风,处理问题时不违背原则;因建设项目涉及面广,矛盾协调处理复杂,又要求具有灵活性,一般问题要经过双方讨论,在不损害河道管理部门权益的前提下达成共识。

(4)加强内部沟通,力戒工作脱节。一个建设项目的审查、审批,涉及有关各部门的利益,主办单位要征求当地河务部门及内部局办或处室意见,各有关单位也要注意情况交流和意见反馈,部门与部门、上下级、左右岸之间要加强沟通联系,这样黄委的批复意见才全面,才有利于建设项目的管理实施,不会造成工作脱节、权限不明、经济损失和管理混乱。

(5)依法加强建设项目的管理。黄河流域线长面广,各地区情况千差万别,管理起来难度相当大。各级河务部门要紧密结合本地区、本单位的实际情况,善于正确运用权责,在管理过程中,对占用河道工程、管理范围内用地的建设项目,按规定收取一定的补偿费。对严重违反规定、影响防洪安全、造成严重后果的,要按有关法规严肃查处,以维护法制的权威,树立黄河河道主管部门的行业管理权威,真正把河道内建设项目管理纳入法制管理轨道。

第十五章　附属设施管理

黄河工程管理的中心任务是通过管理、检查观测、维修养护和除险加固来巩固与提高工程强度,增强工程的抗洪能力,保证工程安全运行。因此,工程管理是黄河防洪工作的基础。但是工程管理仅靠管理工作者的双手是不够的,必须借助管理附属设施来进行。附属设施管理的好坏也直接影响工程管理的质量,附属设施主要指工程养护设备、工程观测设施、排水设施、标志标牌、管护基地、堤防道路等。

第一节　工程养护设备现状及配置标准

一、工程养护设备现状及存在问题

1998 年以前,黄河堤防 90% 以上的堤顶为土质堤顶,由于黄河工程管理附属设施的制约,黄河基层水管单位的管理技术手段还处于比较低的水平,工程的日常维护还处在"铁锨加镰刀手工"时代,缺乏机械化作业的洒水车、夯实机、翻斗车、割草机等管护工器具,一个县级河务局也仅有自制的 1~2 台刮平机,别无其他养护设备,远不能满足养护要求。1998 年以后,国家开始加大黄河工程建设的投资力度,防洪工程逐年增多,经济建设对防洪安全的要求也越来越高,养护标准也逐步提高,工程养护任务越来越重。尽管近几年国家为基层水管单位配备了一些工程养护设备,如洒水车、割草机等,但和正常的管理需要还相差很大。已配的养护机械还存在着技术含量低、设备陈旧、不配套等问题。这些问题已经影响了工程维修养护的正常进行。如已硬化的堤顶道路没有配套相应搅拌、摊铺、压路机等维修养护设备,造成路面出现裂缝、局部损坏时,不能及时得到修复。

二、工机具配置标准

黄委所属各县(市、区)河务局一般管辖堤防 30~50 km,险工、控导工程 8~10 处,垛坝 150~200 道。为维持工程完整,确保工程抗洪强度,水管单位要对工程进行日常维护:清除高秆杂草,维修养护草皮,对防浪林和行道林进行病虫害防治,养护堤顶路;每遇干旱天气,要对土坝(堤)顶进行洒水养护,对护堤(坝)地种植树木进行浇灌;雨后要及时进行坝顶刮平压实、填筑水沟浪窝等。因此,配备相应的工程养护设备是做好工程日常管理、减轻一线养护人员劳动强度、提高工程养护机械化水平的必要条件。为此,黄委于 2002 年编制了《黄河下游标准化堤防工程附属设施及管理机具配备标准》。养护设备配置标准见表 15-1。

表 15-1　养护设备配置标准

序号	项目名称	单位	数量	备注
一	堤防工程维护			
1	小翻斗车	辆	1～3	以管理段为单位配置,按管辖堤防长度确定
2	小型推土机	部	1	以县河务局为单位配置
3	夯实机	套	1	以县河务局为单位配置,包括平板式和冲击式各 1 台
4	小型刮平机	部	1	以县河务局为单位配置
5	50 拖拉机	台	1	以县河务局为单位配置
6	小型装载机(0.5 m³)	部	1	以县河务局为单位配置
二	生物工管管护			
1	小型割草机	台	2	2 台/km
2	除草机	台	2	以管理段为单位配置
3	挖树坑机	套	1	以县河务局为单位配置
4	灭虫撒药机	套	5	以管理段为单位配置
5	灌溉设备	套	1	1 套/km,用于堤肩行道林、防浪林、淤背区防护林、堤防护坡草皮等灌溉配套,包括潜水泵、输水管等
三	交通车辆			
1	皮卡工具车	辆	1	以管理段为单位配置
2	面包车(20 座以下)	辆	1	以县河务局为单位配置
四	道路维护			
1	小型沥青拌和机	部	2	以市河务局为单位配置
2	小型压路机	部	1	以市河务局为单位配置
五	办公设备			
1	台式电脑	台	1	以管理段为单位配置
2	数码照相机	架	1	以县河务局为单位配置
六	附属设备			
1	小型发电机	台	1	以管理段为单位配置
2	其他小型管理器具	套	2	以管理段为单位配置,如小型自记雨量计、剪刀、土夯、铁锨等

第二节　附属设施设备

一、工程观测设施

工程观测是黄河水利工程管理的基础,是建设以"数字工管"为标志的工程管理现代化的必要条件。布设合理的工程观测设施,对及时掌握工程运行安全状况、提高工程维护决策的科学性和前瞻性具有十分重要的意义。

(一)工程观测现状及存在问题

目前黄河下游防洪工程观测设施基本是空白。堤防、河道整治工程安全信息主要靠每年汛前的徒步拉网式普查和一线管理人员日常巡视检查获得。反映河势信息的河势图主要靠眼观手描绘制;根石断面信息靠人手和竹竿探摸获得;水闸工程虽布设有测渗流的测压管和检测沉降的水准点等设施,但设备起点低,且大部分已超期服役,设备陈旧、老化、损毁现象严重,测值可信度太低。对于黄河下游堤防隐患,虽然从1998年起各县河务局都采用电位法对部分堤段进行了探测,但探测的结果存在人为解析等因素,使隐患状况的真实性降低。

黄河堤防的安危关系到黄河健康生命,关系到黄淮海平原亿万人民群众生命财产的安全,历来为世人所瞩目。为及时掌握黄河下游各类防洪工程的实际运行状况,尽早发现险情,真正做到对险情抢早抢小,保证工程安全,必须配备相应的观测设施。

(二)工程观测设备配置

1. 位移观测设备

黄河大堤堤身位移(水平位移和沉降),可利用沿堤顶埋设的固定测量标点定期或不定期地进行观测。地质条件较复杂的堤段,应适当加密测量标点。堤身位移观测断面应选在堤基地质条件复杂、渗流异常、有潜在滑移危险的堤段。每一代表性堤段的位移观测断面应不少于3个。每个观测断面的位移观测点不宜少于4个。对于水闸来讲,观测的重点是闸室和穿堤涵洞的不均匀沉降。黄河下游共有分泄洪闸和铁路口闸14座,各闸每年都要进行垂直沉降测量,大部分闸直接从国家二等水准点上引测,由于便于测量,按二等水准测量的精度进行引测,每闸均在安全可靠部位埋设1个永久性的闸基点。

根据黄河各防洪工程的变形特点,同时考虑到黄河堤防线长、点多的特点,变形观测采用传统外部变形观测方法进行监测,即水平位移采用GPS和全站仪进行观测,垂直位移采用全站仪和水准仪进行监测。仪器配置标准:以省河务局为单位配GPS系统设备2套,绘图机2台、绘图软件2套;每个地(市)河务局配置托普全站仪 1 架;每个县河务局配置北测 S3 型水准仪 1 架。

2. 渗流观测设备

汛期受洪水位浸泡时间较长,可能发生渗透破坏的堤段,应选择若干有代表性和控制性的断面进行渗流观测。渗流观测断面应布置在堤防决口风险大、地质条件差、堤基透水性强、渗径短、对控制渗流变化有代表性的堤段。每一代表性堤段布置的观测断面应不少于 3 个。观测断面间距一般为 300 ~ 500 m,如地质条件无异常变化,断面间距可适度扩大。渗流观测应结合进行现场和实验室的渗流破坏性试验,测定和分析堤基土壤的渗流出逸坡降与允许水力坡降,判别堤基渗流的稳定性。渗流观测的方法很多,根据各类工程实践及便于实现自动化观测考虑,选用渗压计观测渗流较为理想。配置标准为每个断面 5 套仪器。每套仪器包括传感器、电缆等。

3. 坝垛根石探测设备

河道整治工程垛坝位于挡水前沿,直接受到水流的冲刷,它的破坏直接影响大堤、滩区的安全。而垛坝的稳定取决于其基础根石走失情况。对根石走失目前没有有效的监测方法,黄河上较为流行的是采用移动式根石探测机来探测根石走失的程度。多年来,黄河河道整治工程的根、坦石探测工作很不规范,较少有固定的断面桩,同一断面每次探测的结果误差较大。为了准确地进行根、坦石探测工作,河道整治工程均设置根、坦石探摸测量断面桩,《黄河河道整治工程根石探测管理办法》中规定:根石断面布设原则是上、下跨角各设 1 个,坝垛的圆弧段设 1 ~ 2 个,迎水面根据实际情况设 1 ~ 3 个断面。每个测量断面设置不少于 2 根断面桩。而且,汛前探测坝垛数量不少于靠大溜的 50%,汛期对靠溜时间长或有出险迹象的坝及时进行探摸,汛后探测不少于当年靠河坝垛的 50%。

移动式根石探测机配置标准:以县河务局为单位,每个县河务局配置 1 套。

4. 堤防隐患探测设备

黄河下游河道高悬于两岸地面,堤防是在历代民埝基础上逐步加高培厚修筑而成的。由于其填筑质量差,新老堤面结合不良,以及历代人类、动物活动等,堤身及其基础存在许多裂缝、洞穴等隐患,尤其是在历史上曾决口的老口门堤段,存在堵口时淤泥、秸料、椿料和砖石料等杂物,为最薄弱堤段。人民治黄以来,对堤防隐患进行了大量的探测工作,积累了许多有价值的资料,在千里堤防线上,如何快速、准确地探测堤防内部隐患的分布、产状和大小,一直是黄河部门关注的重点。黄委经过长期实践发现用"高密度电阻率法"探测堤防隐患,一次可完成纵横二维探测过程,且具有精度高、成像能力强的优点。为此,堤防隐患探测多采用基于电法原理的隐患探测仪来进行。

配置标准:每个地(市)河务局配 1 套。

5. 工程观测附属设备

为提高工程管理的科学化水平,适应信息化、数字化建设对工程管理发展的需要,结合黄河下游工程管理工作的实际需要,办公设备需要进行适当配置。

配置标准:省、地(市)、县(区)三级管理机构配置笔记本电脑各 1 台,台式计算机各 2 台。

二、排水设施

为利于堤防集中排水和淤背区绿化种植灌溉,需对防洪大堤及其淤背区进行灌排渠道配套建设。建设为一次性投资,建设完成后,各管理单位要逐步实现自我维持、自我发展。排水沟标准:临背堤坡设置排水沟。沿堤线每 100 m 设置 1 条,临、背侧交错布置。放淤固堤的堤段,淤区的顶端设置排水沟,间距为 100 m。排水沟采用混凝土浇筑,断面宽 40 cm,深 20 cm。

三、标志标牌

防洪工程标志标牌主要指各种管护性标志桩、牌、碑等工程管理标志,包括千米桩、百米桩、边界桩、标注桩、警示牌、交通管理标志牌、拦车卡、排水沟等。按照黄委《工程管理设计若干规定》和《黄河防洪工程标志标牌建设标准》,各类管理标志设计标准如下。

(1)千米桩标准:高 80 cm,宽 30 cm,厚 15 cm,两面标注千米数,埋深 50 cm,材料采用坚硬石料或预制钢筋混凝土标准构件。

(2)百米桩标准:高 80 cm,宽 15 cm,厚 15 cm,两面标注百米数,埋深 30 cm,材料采用坚硬石料或预制钢筋混凝土标准构件。

(3)边界桩标准:高 180 cm,宽 15 cm,厚 15 cm,材料采用预制钢筋混凝土标准构件。

(4)标注桩标准:每处险工、控导工程均应设置工程标注桩,标注桩标准尺寸为高 100 cm,宽 150 cm,厚 15 cm,材料采用坚硬石料或预制钢筋混凝土标准构件。

(5)警示牌标准:沿堤线重要路口的堤顶应设置禁止雨后行车的警示牌,警示牌标准为高 100 cm,宽 140 cm,材料采用铝合金或合成树脂类板。

(6)交通管理标志牌标准:沿堤县、乡等交界处应统一设置交通管理标志牌,其标准尺寸为高 100 cm,宽 150 cm,厚 15 cm,材料采用坚硬石料或预制钢筋混凝土标准构件。

各类标志标牌一般随工程建设进行设置,是工程管理目标考评内容之一。

四、管护基地

管护基地,包括险工班(河务段)管理房、控导工程管理房及分泄洪闸管理房,是工程维护队伍进行经常性维修养护、安全监测、查险、报险、抢险等的生产生活办公场所。近几年国家适当增加了管护基地建设的投资,基地用房短缺问题得到一定的缓解,但由于长期受"先治坡后治窝"思想的影响,以往国家批复的基建投资大部分用于防洪工程建设,对管护基地建设的投资较少,一线职工住房短缺问题仍然较多,影响了治黄队伍的稳定。

(一)现状及存在的主要问题

目前,黄河下游许多管护基地房屋是 20 世纪六七十年代建成的砖木结构建筑,已超过使用年限,由于维护经费短缺,年久失修,墙体出现裂缝、风化腐蚀,屋顶漏雨,严重影响了房屋的安全使用。许多单位的管理房,标准低,面积小,布局不合理。生活区地理位置非常偏僻,工作、生活条件艰苦,给基层职工的生活及子女的就学、就医等日常生活带来了极大的不便;道路、给水、供电、排水等一系列问题都不易得到解决,给广大职工的生活带来了诸多不利影响,这对工程管理队伍的稳定与事业的发展是极为不利的。

(二)管护基地建设标准

根据《堤防工程管理建设设计规范》,结合黄河防汛的实际情况,管护基地建设标准按职工人数人均建筑面积 37 m^2;增加前方人员的用房面积,按人均建筑面积 12 m^2。计算人数按职工人数的 80% 计。

五、堤防道路

根据有关规定,黄河堤防一般不作为公路使用,如确有必要利用堤防作为公路,要经河务局批准。这是出于维护堤防完整、保护堤身绿化植被考虑的。但随着国家交通事业和沿黄地区经济的不断发展,上堤车辆剧增,而且呈逐年发展的趋势。利用黄河堤防作为公路使用,既有影响堤防工程管理的一面,又有利于黄河工程建设和防汛交通的一面。2002 年 6 月黄委制定了《黄河堤顶道路管理与维护办法》,明确规定:堤顶道路是黄河堤防的组成部分,黄河部门是黄河堤顶道路的主管部门,负责管理与维修养护;除防汛车辆外,过往车辆应按照有关收费标准缴纳堤顶道路维修养护补偿费;各级河务部门应按照工程管理规范化建设的要求,对堤顶道路管理维护工作进行定期检查,对堤顶路面管理状况进行考评。另外,还规定了禁止和奖惩事项等。

第三节　附属设施的维护管理

一、一般要求

依据黄河下游工程管理考核办法,基层水管单位都因地制宜地制定了《工程管理若干规定》,对各类标志、界桩及一切附属设施的结构、规格、形状都作了明确的规定,主要包括以下内容:

(1)控导工程要求做到"一顺、二平、三直、四整齐"。"一顺"即丁坝坦坡顺,"二平"即丁坝和联坝坝面平,"三直"即查水路边、土石结合边和坦石口边直,"四整齐"即备防石、行道林、护坝地和坝号桩整齐。

(2)堤防工程规定"一碑、二桩、三牌"。"一碑"是指乡界碑,"二桩"是指公里桩和柳荫边界桩,"三牌"是指县界牌、护堤牌、宣传牌。

二、附属设施的养护和修理

(一)排水设施的养护和修理

1. 排水设施养护

(1)应保持排水沟(管)完好无损。及时清除排水沟(管)内的淤泥、杂物及冰塞;对排水沟(管)局部松动、裂缝和损坏,应及时恢复。

(2)排水孔每年汛前、汛后应普遍清理一次。平时如发现排水不畅,应及时进行疏通。清理时,不得损坏其反滤设施。

2. 排水设施修理

(1)在堤顶、堤坡设置的排水沟发生沉陷、损坏,应视其结构的具体情况,拆除损坏部位,回填压实堤身,按原有结构修复排水沟及堤坡。

(2)部分排水沟(管)发生破坏或堵塞,应挖除破坏或堵塞的部分,按原设计断面进行修复。

(3)排水沟(管)修理时,应根据排水沟(管)的结构类型,分别用相应的材料按《堤防工程施工规范》(SL 260—98)的规定进行施工。

(4)排水沟(管)的基础被冲刷破坏,应先修复基础,再按设计断面修复排水沟(管)。

(5)排水孔损坏或堵塞,应按原设计要求补设。

(二)工程观测设施的养护和修理

工程观测设施包括观测仪器设备和堤身及管理范围内设置的沉降、位移、水位、潮位、浸润线、渗压观测点和河道断面等。养护和修理要求为:

（1）技术要求高的专用设施、仪器、工器具,应由专业人员操作使用,按其技术要求由具备养护修理资格的人员对其进行养护与修理。

（2）观测设施和测量标志,应由专业人员定期检查校正,若发生变形或损坏,及时修复、校测。

三、交通道路的养护和修理

交通道路养护和修理的要求为:

（1）已硬化的堤顶道路、路肩及上、下堤辅道,应根据结构不同,参照公路养护有关规定,结合工程实际适时进行洒水、清扫保洁、开挖回填修补等养护修理工作。

（2）若交通道路发生老化、洼坑、裂缝和沉陷等损坏,应参照公路修理有关规定及时修理。

（3）与交通道路配套的交通闸口,如有损坏,应及时维修,恢复正常工作状态。

四、其他管理设施的养护与修理

其他管理设施的养护与修理要求为:

（1）各种管理设施应位置适宜、结构完整,若发现损坏和丢失,应及时修复或补设。

（2）各种设施、设备、工器具,应按其相应操作程序正确运用。

（3）小型混凝土构件和机械设施的易损配件,应保持一定备件,若发现损坏和丢失,应及时更换,保证设施正常运行。

（4）管护基地应定期检查,对门窗损坏、油漆脱落、屋顶漏雨等缺陷应及时修理,恢复其原有使用功能。

（5）堤防工程设置的里程碑、百米桩、界桩(碑)、交通标志、护路杆等,应坚固耐用、醒目美观、位置适宜、尺度规范。同时,应定期进行检查和刷新,若发现损坏和丢失,应及时进行修复和补设。

第十六章　工程设计、施工与工程管理

第一节　规定要求

在治理黄河的事业中,工程管理仍然是一个薄弱环节。除管理部门自身的原因外,还有在水利建设各个环节中不重视管理工作,如有不少设计文件缺乏工程管理方面的必要内容,甚至连管理手段和生活设施都不具备;在基建过程中,尾工大,没有严格执行验收制度就交付使用,不少基层单位要负担建设与管理的双层任务,以致工程效益不能充分发挥,管理单位负担过重,不能形成自我维持、良性运行的管理机制。

为了加强工程管理,改善工程管理设施不配套与管理手段落后的状况,积极为工程管理创造必要条件,使工程竣工后能充分发挥综合效益,增强自我维持和发展的能力,水利部于 1981 年颁发了《关于水利工程设计、施工为管理创造必要条件的若干规定》,黄委根据此规定于 1990 年颁发了《工程管理部门参与工程建设工作程序的实施办法》。

《关于工程设计、施工为管理创造条件的实施规定》中要求:工程设计文件的上报、审批、备案、修改及工程验收等,必须经管理单位或同级管理部门会签,会签情况应在设计文件中明确显示;否则,上级主管部门不予受理。工程设计文件中应单列工程管理章节或条款,对管理范围、通信、交通、工程观测、水沙测验、机构编制和人员配备、管理房舍、调度运行程序、技术操作规章、工程标志、必要的工程维护养护工器具、经营管理设施、工程绿化、竣工验收等提出具体设计或要求。规定各项内容所需投资应列入工程概(预)算。

《工程管理部门参与工程建设工作程序的实施办法》中规定:各类规划、可行性研究报告的编制,其中工程管理章节,应由有关工程管理部门负责编制或审查。在审查规划、可行性研究报告时,必须有工程管理部门参加。所有上报及批复的规划、设计文件中应印有会签的管理部门名称,以表明该文件已经过管理部门同意;否则上级主管单位不予受理并应将有关文件退回上报单位。在工程动工前,应向管理部门报送施工组织设计文件,凡影响到已有工程及工程附属设施时,施工单位必须报送专项报告,经主管部门审批后方可动工。工程中间验收和竣工验收应有工程管理部门参加,验收前建设单位应提前将验收文件提交工程管理部门审查。验收报告或验收鉴定书应有管理部门签字。

随着防洪工程建设投资的不断增加,设计、施工给管理遗留的问题越来越多。2000 年黄委颁发了《工程管理设计若干规定》,对堤防河道整治工程、涵闸工程在改建、加固设计时涉及的管护设施、生物防护措施、交通设施、观测设施等设计提出了明确的标准,使设计有据可依。

第二节　必要措施

一、规划设计是防洪工程的灵魂,要为工程管理创造必要的条件

关于工程规划设计要为建成后长期的工程管理创造必要的条件是一个老话题。由于设计指导思想上过分追求"省",因而带来工程上的"漏"(项)。如有的工程主体完成多年,相应的附属工程久拖不决;淤背区不及时盖顶,造成大量水土流失;堤防加高完成了,相应堤段险工点改建滞后,防洪仍有风险;东平湖、南北展主体工程早已完成,仍有大量遗留问题,增加了防洪运用阻力;工程管护设施欠账太多,给工程管理单位带来很多麻烦,等等,这些都是计划经济的后遗症。在近几年国家大量投资治理黄河的时候,不能再重复那种"重建轻管"的老路,不能再作茧自缚,给工程管理留下遗憾。防洪工程的规划设计,从一定意义上讲是防洪工程的灵魂,将长期在防洪工程的管理、运用中发挥重要作用,应予高度重视。设计部门要注意以下问题。

(1)防洪工程的规划设计要彻底摒弃"重建轻管"的思想,给工程管理以正确的定位。要全心全意地为长期的工程管理创造良好的工作条件。要充分了解、理解工程管理部门的难处,树立设计与工程管理为一体的思想。在进行一项工程的设计时,应从大局出发,尽可能地从设计方面为工程管理创造条件。

(2)由于整体机制上的原因,职权、事权的分割妨碍了设计部门与管理部门的有机联系,因而形成部门之间的思维差异。设计部门往往以确定的几项指标为依据开展工作,以交付图纸为任务的结束,最多参与部门施工,而对大量的、繁杂的管理工作比较生疏。因此,设计部门难以考虑为工程管理创造必需的条件也在情理之中。但在市场经济体制中,应该将工程管理单位挂钩,建立帮助工程管理部门综合发展的连带关系、责任关系,从而促进设计工作的优化和增加工程管理部门的发展后劲。

(3)设计部门在进行设计时,要充分听取工程管理部门的意见和要求,尊重业主单位的合理建议,适当跨越为设计而设计的圈见,不断改进设计工作。基层工程管理单位的同志长期从事工程管理工作,经验较多,体会最深,他们期盼从

设计上给予解决的问题,往往正是设计工作中需要不断补充的新内容和精心设计需要借鉴的资料。设计部门充分听取工程管理部门的意见,从而促使理论与实际相结合,避免以题作文的片面性,做到创造性地开展设计工作。

(4)设计的审批工作要高屋建瓴,总揽防洪工程的长远应用与工程管理单位的发展方向。特别是目前在要求工程管理单位自我维持、滚动发展的形势下,必须为其创造生存发展的条件,在设计、业主单位提出正当要求的情况下,审批单位应给予适当考虑。

二、工程管理是防洪工程的生命,工程管理部门要为设计部门反馈技术信息和资料

防洪工程建设的目的在于运用,工程管理的目的也在于运用,但黄河防汛工程运用的时间较短,每年的汛(凌)期不超过半年,60多年来花园口站发生超过 10 000 m³/s 洪水仅有 10 次,因而相对来讲,大多数时间防洪工程处于管理之中,而不是"建"和"用"。工程管理的任务相当繁重,责任重大,需要防止大量自然的和人为的破坏与侵蚀,保证防洪工程的完整和强度不受削弱。因此,工程管理是防洪工程的生命。管理有力,工程的寿命可以延长;管理不当,工程即遭破坏,从而影响防洪大局。同时,工程管理单位也应该认真思考以下问题。

(1)工程管理单位要全面理解与掌握设计意图,进行科学管理。任何一项工程的设计,对工程施工好后期的工程管理都有明确的要求。管理单位应要求设计部门认真做好技术交底,并吃透设计的条件、运用规则和维护管理注意事项。据了解,在这方面,工程管理部门有很多工作要做。事实上,不领会设计意图、不掌握设计原理及计算方法等,很难说是一个合格的工程管理者。

(2)工程管理单位应清除"重建轻管"的思想,自觉加强工程管理。据了解,不少工程管理单位的同志存在着"技术要求不高、工程管理一般应付"的想法,把这项重要的工作理解成"守摊子"。因此,工程管理工作往往冷热交替,擅搞突击式的维护,跳不出经验管理的窠臼,工程管理工作处于被动的状态。人员配备上少而不精,技术力量薄弱,这显然是一种轻视工程管理工作的表现。

(3)管理单位要及时向设计单位反馈运用和管理信息及资料,弥补以后设计中的不足。黄河防洪工程基层单位都有月检查、季评比、半年中评、年终总评的规定,工程管理检查中,都获得了大量有价值的数据信息,其中不乏与设计有关的信息,但因对数据缺乏深入的理论分析研究,不可能向设计单位提出明确的建议和要求。例如,涵闸管理规范中有按时观测沉降的要求,有的工程疏于观测,有的虽有观测,但无分析研究,仅有数据的罗列,而不能从理论与实践结合上

向设计部门反馈信息,提出合理建议,以致同类问题在同一工程屡屡发生,给工程管理工作造成困难。

(4)工程管理部门应积极参与工程的规划设计、审查、建设、施工、竣工验收的全过程。根据上级的规定,从长期进行工程管理的角度,提出部门的意见,在工程交付使用时不能敷衍了事、随意接收,要认真把好关。有问题要及时向上级部门反映,争取及时妥善解决。

三、防洪工程运用是对设计工作的检验,抗洪抢险也应关注设计的优缺点

防洪工程在运用中,能否达到防洪保安全的目的,对工程的设计是一个全面的检验。实践证明,尽管很多工程未经设计指标的洪水考验,但黄河防洪工程的设计从强度来看是可靠的,不会有太多的问题。不过,从抗洪抢险的实践来看,设计为防洪运用提供条件,也有一些值得商榷的地方。

(1)设计单元的划分以河段为宜。以一定长度的河段为设计对象,统筹考虑,可以建一个河段,全面提高一个河段的抗洪能力。例如在堤防加高培厚的同时,与该河段堤防相应的险工应接着改建加固,并继续进行淤背(如有必要)、防浪林建设、堤顶道路硬化、防汛屋建设等。这样可以提高该河段的整体抗洪能力,避免同一河段单项工程进行多次重复建设而造成浪费,也可减少设计审查、审批的程序,有利于防洪工作的正常开展。

(2)设计要为抗洪抢险的特殊需要提供条件。抗洪抢险的实践表明,防洪工程从设计计算来看完全符合要求,但从抗洪抢险的实践来看就不满足要求。例如险工抢险,现有的险工顶宽过窄,无法实施机械化抢护,装备的机械抢险队不能发挥其优势,有可能导致险工失事。所以,从设计上应为运用当代抢险方法及机具方面创造条件。险工的顶面、堤防的顶面均应适当加宽。从交通道路方面考虑,设计往往忽视上堤道路,然而大堤修得再好,仍离不开抢险人员的工作,但目前不少地方上防道路很少,紧急情况下,抢险队伍的上防以及增援运输都受到影响。诸如此类的问题都应纳入防洪工程设计当中。

(3)从防洪的实践出发,防洪工程的设计构造上可不断改进,以适应需要。例如险工根石的抛放,目前采用半机械化抛石架,运输安装都不够便捷。如果设计时在险工坝面上适当的部位布置几条抛石滑道,或者在险工坝面上预埋部分抛石架安装螺栓,届时根据需要临时安装滑板,可免去抛石架的安装不便。对这些方面的很多问题做一些研讨,或许就会给防洪抢险实战带来极大的方便。

四、设计为工程管理经营发展赋予潜力，是工程管理单位转轨变型的重要因素

水利部要求，工程管理单位要从事业型转变为事业经营型，进而转变为企业型，这个转变是很有难度的。黄河防洪工程是以社会效益为主的，防洪保安全本身产生的经济效益被其他行业所共享，变成隐性收入，工程管理单位无法兑现为直接的经济收入。加之防洪工程依河傍水而建，地处经济欠发达的偏僻地区，还有工程浩大、线长面广、工程自然和人为破坏较多、维修费用拮据等，虽经多年来管理部门努力拼搏，发展多种经营，尽可能地挖掘工程优势，但收效有限。如果工程设计在不违反规定的前提下，预先赋予防洪工程后期的潜力，不失为一条可行的路子。可从以下几个方面考虑：

（1）结合工程加高，在城市近郊发展旅游休闲场所，扩展经营门路。这方面郑州邙金黄河河务局、济南天桥黄河河务局已作了尝试，但规模小。如果从设计角度考虑，适当扩大淤背范围，在土地利用方面给予扶持，仍然是有发展前景的。有类似情况的滨州、垦利、菏泽等均可在这方面做一些工作。

（2）结合相对地下河的建设，建沿堤高速公路，或独资建设黄河公路桥。从规划设计的角度来看，修建相对地下河是必要的。尽管对建相对地下河有不同看法，但可以抓紧论证，这在国外有成功的先例，这样也为工程管理部门提供了生存与发展的条件。至于黄河公路桥建设，公路部门已抢占了优势，但仍有可以修建的桥位，当然建桥不能利用治河的投资，应从规划设计的角度出发，控制局势，为投入技术股做准备，这是有必要的。

综上所述，防洪工程的规划设计与工程管理、防汛、经营紧密相关，影响深远，认真执行水利部、黄委关于为工程管理等工作创造条件的意见，这是规划设计部门、计划管理部门义不容辞的责任，需要共同协作，具体全面落实，以图黄河的长治久安。

第十七章　工程管理目标考核

第一节　考评办法

一、等级和标准

水利工程管理考核的对象是水利工程管理单位(指直接管理水利工程,在财务上实行独立核算的单位),重点考核水利工程的管理工作,主要是组织管理、安全管理、运行管理和经济管理。

水利工程管理考核实行 1 000 分制。考核结果为 920～1 000 分的(含 920分,其中各类考核得分均不低于该类总分的 85%),确定为国家一级水利工程管理单位;考核结果为 850～920 分的(其中各类考核得分均不低于该类总分的80%),确定为国家二级水利工程管理单位。

水利工程管理考核,按工程类别分别执行《河道工程管理考核标准》、《水库工程管理考核标准》和《水闸工程管理考核标准》。

二、权限和程序

水利工程管理考核工作按照分级负责的原则进行。水利部负责全国水利工程管理考核工作。县级以上地方各级水行政主管部门负责所管辖区域的水利工程管理考核工作。流域管理机构所属水利工程管理考核工作由流域管理机构及所属单位分级负责,水利部直管水利工程管理考核工作由水利部负责。

水利工程管理单位根据考核标准每年进行自检,并将自检结果报上一级主管部门。上一级主管部门及时组织考核,将结果逐级报至省级水行政主管部门。流域管理机构所属工程管理单位自检后,经上一级主管部门考核后,将结果逐级报到流域管理机构;水利部直管水利工程管理单位自检后,将结果报水利部。

大型水库、大型水闸、七大江河干流、省级管理的河道堤防工程(包括湖堤、海堤工程)的考核结果由省级水行政主管部门汇总后报流域管理机构备案。

国家一级水利工程管理单位由水利部组织验收,也可委托有关单位组织验收;国家二级水利工程管理单位由水利部委托流域管理机构组织验收。

省级水行政主管部门负责本行政区域内国家一、二级水利工程管理单位的初验、申报工作。省级水行政主管部门对自检、考核结果符合国家一、二级水利工程管理单位标准的组织初验,初验符合国家一级标准的,向水利部申请验收,并抄报流域管理机构;初验符合国家二级标准的,向流域管理机构申报验收,验收合格的报水利部批准。水利部和流域管理机构接到申报后要及时组织验收。

流域管理机构负责所属工程国家一级水利工程管理单位的初验、申报工作和国家二级水利工程管理单位的验收、申报工作。流域管理机构对自检、考核结果符合国家一级水利工程管理单位标准的组织初验,初验符合国家一级标准的,向水利部申报验收批准;对自检、考核结果符合国家二级水利工程管理单位标准的组织验收,验收合格的报水利部批准。

水利部负责部直管工程国家一、二级水利工程管理单位的验收工作。水利部对自检结果符合国家一、二级水利工程管理单位标准的组织验收,验收合格的予以批准。

水利部建立水利工程管理单位考核验收专家库,国家一、二级水利工程管理单位验收专家组从专家库抽取验收专家的数额不得少于验收专家组成员的2/3;被验收单位所在的省(自治区、直辖市)或流域管理机构的验收专家不得超过验收专家组成员的1/3。

经考核验收确定为国家一、二级水利工程管理单位的,由水利部颁发标牌和证书。各级水行政主管部门及流域管理机构可对国家一、二级水利工程管理单位获得者给予奖励,具体奖励办法自行制定。

已确定为国家一、二级水利工程管理单位的,由流域管理机构每三年组织一次复核,水利部进行不定期抽查;水利部直管工程由水利部组织复核,对复核或抽查结果达不到原确定等级标准的,取消其原定等级,收回标牌和证书。

黄委负责黄河河道目标管理考评工作。按照分级管理原则,河南、山东黄河河务局负责本辖区范围内的河道目标管理考评工作。

河道管理考评以县(市、区)河道管理单位为单元,分自检、初验、验收发证三个阶段进行。

县(市、区)河道主管机关进行自检;市(地)河道主管机关负责三级管理单位的初验和推荐,指导县级河道主管机关做好一、二级河道目标管理单位的自检工作;河南、山东黄河河务局负责三级河道目标管理单位的考评验收和二级河道目标管理单位的初验、推荐工作;黄委负责二级河道目标管理单位的验收认定及一级河道目标管理单位的初验和推荐工作。

河南、山东黄河河务局每年年底须向黄委报送阶段考评成果和工作总结以及翌年的工作计划。需申请验收的单位,应按规定权限上报申请报告、考评成果和工作总结等材料。被验收的单位应准备好如下材料:工作总结、自检报告(包括自检评分原始记录)、初验后整改结果和评分情况、各类管理运行的技术资料和规定的文件或证书。

河道堤防工程的考评验收采取抽验方式。堤防工程抽验长度不少于河道目标管理单位管辖总长度的20%,坝(垛、护岸)抽验数量(以坝、垛道数为单位)不少于管理总数的30%。

河道目标管理单位等级评定的初验和验收,采取"看、听、问、查"的方式。

看:外看现场,内看资料。看现场采取全面看和重点看相结合的方法,重点察看平均每5～10 km一个点,其中一半由管理单位安排,一半由考评组随机确定。看资料分三种情况:一是复印发给考评组成员的资料;二是不便印发的资料,可集中摆放,供考评人员翻阅;三是考评人员认为需要提供的资料,管理单位应尽量提供。

听:听取管理单位情况介绍,包括集中介绍和现场介绍。

问:边看边问,边听边问。由负责汇报的单位负责人和有关业务部门负责人回答,问谁由谁回答。

查:考察管理单位有关领导对管理范围基本情况、技术指标、有关法规政策等的熟悉和掌握程度。

等级认定后,被考评单位应认真落实考评组提出的整改措施,并将整改后的情况按权限逐级上报。

对已认定等级的河道管理单位应按验收的权限进行复查,每三年复查一次,复查单位数量不少于已评定数的20%～30%,复查采用和验收评定同样的方式。复查后发现不符合原等级标准的单位,限期达到原等级标准,否则将给予降级处理。

三、奖励与激励政策

奖励:根据水利部有关规定,一、二级河道目标管理单位证书和奖牌均由水利部统一制作发放,省黄河河务局可以给予适当物质奖励。

激励政策:对获得一级河道目标管理单位的县(区)黄河河务局,各级主管部门要在岁修经费安排上予以倾斜,使这些单位在目标管理上保持较高水平。

第二节　考评内容

一、组织管理

(一)管理体制和运行机制

理顺管理体制,明确管理权限;实行管养分离,内部事企分开;分流人员合理安置;建立竞争机制,实行竞聘上岗、优化组合;建立合理、有效的分配激励机制。

(二)机构设置和人员配备

管理机构设置和人员编制有批文;岗位设置合理,按部颁标准配备人员;技术工人经培训上岗,关键岗位要持证上岗;单位有职工培训计划并按计划实施,职工年培训率达到30%以上。

(三)精神文明

管理单位领导班子团结,职工敬业爱岗;庭院整洁,环境优美,管理范围内绿化程度高;管理用房按要求设置,管理有序;配套设施完善;单位内部秩序良好,遵纪守法,无违反治安管理条例和计划生育条例的行为发生;近三年获县级(包括行业主管部门)以上"精神文明单位"称号。

(四)规章制度

建立健全并不断完善各项管理规章制度,包括人事劳动制度、学习培训制度、岗位责任制度、请示报告制度、检查报告制度、事故处理报告制度、工作总结制度、工作大事记制度等,关键岗位制度明示,各项制度落实,执行效果好。

(五)档案管理

档案管理制度健全,有专人管理,档案设施齐全、完好;各类工程建档立卡,图表资料等规范齐全,分类清楚,存放有序,按时归档;档案管理获档案主管部门认可或取得档案管理单位等级证书。

(六)工程标准

河道堤防工程达到设计防洪标准。

(七)河道安全

在设计洪水(水位或流量)内,未发生堤防溃口或其他重大安全责任事故。

(八)工程隐患及除险加固

对堤防进行有计划的隐患探查;工程险点隐患情况清楚,并根据隐患探查结果编写分析报告;有相应的除险加固规划或计划;对不能及时处理的险点隐患要有度汛措施和预案。

（九）防汛组织

各种防汛责任制落实,防汛岗位责任制明确;防汛办事机构健全;正确执行经批准的汛期调度运用计划;抢险队伍落实到位。

（十）防汛准备

按规定做好汛前防汛检查;编制防洪预案,落实各项度汛措施;重要险工、险段有抢险预案;各种基础资料齐全,各种图表(包括防汛指挥图、调度运用计划图表及险工险段、物资调度等图表)准确规范。

（十一）防汛料物

各种防汛器材、料物齐全,抢险工具、设备配备合理;仓库分布合理,有专人管理,管理规范;完好率符合有关规定且账物相符,无霉变、无丢失;有防汛料物储量分布图,调运方便。

（十二）工程抢险

能及时发现、报告险情;抢险方案落实;险情抢护及时,措施得当。

二、河道防洪安全与保护

（一）确权划界

划定河道管理范围及工程管理和保护范围;划界图纸资料齐全;工程管理范围边界桩齐全、明显;工程管理范围内土地使用证领取率达95%以上。

（二）建设项目管理

河道滩地、岸级开发利用符合流域综合规划和有关规定;河道管理范围内新建、改建、护建项目等情况清楚;对建设项目审查严格;无越权审批项目,审查程序符合有关规定,手续完备;审查、审批及竣工验收资料齐全,按有关规定对新、改、扩建项目的施工、运行进行有效监督。

（三）河道清障

了解河道管护范围内阻水生物以及建筑物的数量、位置和设障单位等情况,及时提出清障方案并督促完成清障任务,无新设障现象。

（四）水行政管理

定期组织水法规学习培训,领导和执法人员熟悉水法规及相关法规,做到依法管理;水法规等标语、标牌醒目;河道采砂等规划合理,无违章采砂现象;配合有关部门对水环境进行有效保护和监督;案件取证查处手续和资料齐全、完备,执法规范,案件查处结案率高。

三、运行管理

（一）日常管理

堤防、河道整治工程和穿堤建筑物有专人管理，按章操作；管理技术操作规程健全；定期进行检查、维修养护，记录完整、准确、规范；按规定及时上报有关报告、报表。

（二）堤身

堤顶高程、宽度、边坡、护堤地（面积）保持设计或竣工验收的尺度；堤坡平顺；堤身无裂缝、无冲沟、无洞穴、无杂物垃圾堆放；草皮整齐，无高秆杂草。

（三）堤顶道路

堤顶（后戗、防汛路）路面满足防汛抢险通车要求；路面完整、平坦，无坑、无明显凹陷和波状起伏；堤肩线直弧圆；雨后无积水，便于防汛检查和抢险。

（四）河道防护工程

河道防护工程（护坡、护岸、丁坝、护脚等）质量达到设计要求；无缺损、无坍塌、无松动；备料堆放整齐，位置合理；工程整洁美观。

（五）穿堤建筑物

穿堤建筑物（桥梁、涵闸、各类管线等）位置、尺寸、质量符合安全运行要求；金属结构及启闭设备养护良好、运转灵活；混凝土无老化、破损现象；堤身与建筑物联结可靠，结合部无隐患、无渗漏现象。

（六）害堤动物防治

在害堤动物活动区有防治措施；防治效果好，无獾狐、白蚁及其洞穴等。

（七）生物防护工程

工程管理范围内（包括护堤、护坝、护闸地）宜绿化面积中绿化覆盖率达95%以上；树、草种植合理，宜植防护林的地段要形成生物防护体系；堤肩草皮（有堤肩边埝的除外）每侧宽 0.5 m 以上；林木缺损率小于 5%，无病虫害；有计划地对林木进行间伐更新。

（八）工程排水系统

按规定各类工程排水沟、减压井、排渗沟齐全、畅通，沟内杂草、杂物清理及时，无堵塞、破损现象。

（九）工程观测

按要求对堤防、涵闸等进行工程观测，以及对河势变化进行观测；观测资料整编成册；根据观测提出有利于工程安全、运行、管理的建议；观测设施完好率达90%以上。

（十）河道供排水

河道（网、闸、站）供水计划落实，调度合理；供、排水能力达到设计要求；防洪、排涝实现联网调度，效益显著。

（十一）标志标牌

各类工程管理标志标牌（里程桩、禁行杆、分界牌、疫区标志牌、警示牌、险工险段及工程标牌、工程简介牌等）齐全，醒目美观。

（十二）管理现代化

积极引进、推广使用管理新技术；引进、研究开发先进管理设施，改善管理手段，增加管理科技含量；工程观测、监测自动化程度高；积极应用管理自动化、信息化技术。

四、经济管理

（一）费用收取

根据有关法规及授权积极收取河道工程修建维护管理费、采砂管理费（砂石资源费）等各种规费及供、排水费，收取率达95%以上。

（二）财务管理

维修养护、运行管理等费用来源渠道畅通，财政拨款及时足额到位；开支合理，严格执行财务会计制度，无违章、违纪现象。

（三）工资、福利及社会保障

人员工资及福利待遇达到当地平均水平以上，并能及时兑现；按规定落实职工养老、医疗等各种社会保险。

（四）河道资源利用

有水土资源开发利用规划，可开发水土资源利用率达到70%以上，经营开发效果好。

第三节　目标考评

自1996年水利部在全国开展目标管理工作以来，黄委始终把这项工作作为推动工程管理工作上台阶的一项重要内容，作为全面衡量一个单位工作质量的标准，并结合黄河实际情况对部颁标准进行了细化和完善，编制了《黄河下游目标管理考评细则》，对河道目标管理考评权限、申报程序、验收办法等都作了明确规定，从而促进了全河河道目标管理上等级工作的开展。

一、统一思想，提高认识

《河道目标管理考评办法》是衡量一个单位综合管理水平的一把尺子，考评验收只是手段,提高水平才是目的。一是要求各单位认真领会考评办法的精神实质,提高认识,把目标管理考评工作列入重要议事日程,层层分解,签订目标责任书。二是加强对该项工程的宣传。河道目标管理考评工作,不仅对防洪工程建设与管理提出了量化指标,而且对政策性收费、综合经营、职工收入明确了标准,还对档案、财务、计量、统计、精神文明建设、管理规章制度、职工素质等基础工作提出了具体要求,使每个职工都认识到这项工作的重要性,增强紧迫感,全力以赴投入到达标上等级工作中。

二、制定规划,梯次推进

河道目标管理上等级工作,量大面广,标准要求高,不可能所有单位一下子都晋升为一级单位。因此,黄委各级管理单位都要制定切实可行的发展规划和年度实施计划,并结合部颁《河道目标管理考评办法》,修改制定适合本单位的考评验收细则。河南、山东两省河务局分别制定了中、长期发展规划和逐年实施计划,把河道目标管理工作作为管理工作的重点内容进行部署,在具体工作中量力而行,梯次推进,促进全面健康发展。对基础条件较好的单位可以先推荐为一级单位;对一些工程基础较差、历史遗留问题较多的单位,要有奋斗目标,每年都要解决一些实际问题,争取在较短时间内跃上新台阶。

三、加强正规化、规范化建设

管理工作的正规化、规范化建设是河道目标管理的重要内容。各单位根据管理办法的要求做了大量工作。一是每年年初制定工作意见,对全年的河道目标管理工作提出指导性意见和奋斗目标,然后层层签订目标责任书,保证各项管理工作的顺利完成。二是制定完善各项管理办法和检查考评制度,如管理工作岗位责任制、管理人员工日制、专群管人员考核奖惩制度、工程达标验收办法等。各地(市)、县(区)河务局还根据自己的实际情况,制定了工程管理办法、防汛工作行政首长负责制及防汛工作正规化和规范化办法、河道采砂管理办法、浮桥与码头收费办法等。如原阳黄河河务局较完备的班坝责任制卓有成效,济阳黄河河务局土地开发经营管理办法完善、效益显著。三是加强了对工程技术资料的整理。对工程管理统计报表、工程观测报表、工程问题报告及工程管理大事记等都按要求填写,做到资料真实、完整统一,并及时整理归档。四是抓好河道目标管理的"两检一验"制度。各县(区)河务局实行月检查、季评比、年终总评的自检制度,地(市)河务局实行半年初验,年终由省河务局对申报的三级单位进行验收,对申报的一、二级单位进行初验。这一整套检查考评办法已形成制度。

四、根据整改意见,攻克薄弱环节

考评验收后,黄委要求各单位根据考评组提出的整改意见,加大力度,逐项落实。如郑州邙金黄河河务局针对专家组提出的意见,投资36万元领取了土地使用证。1996年3月,在上级拨款未到位的情况下,河南黄河河务局拿出50万元用于全局的土地确权划界工作;1998年植树节前后,又拿出160万元用于工程的绿化工作,重点解决申报二级单位的堤顶行道林种植、更新以及防浪林断带问题。各单位针对岁修经费少、管理任务大的实际,一是精打细算,合理利用有限的岁修经费。二是从自筹资金中挤出一部分,在堤防、渡口等规费收入和经营收入中安排一部分,对重点工程进行整修。三是发动管理职工投工投劳,规定每个职工每月必须按定额完成规定的实物工作量,完不成任务的扣发应得报酬。各县(区)河务局还实行"领导包片,科室包段"责任制,使河道目标管理工作经常化。四是省、地(市)河务局领导亲自蹲点,协助县(区)河务局攻克薄弱环节,实现重点突破。这些做法,有力地推动了黄委河道目标管理工作的开展。

五、取长补短,相互促进

1996年11月,济阳、原阳、惠民、邙金四县(区)河务局被验收为国家一级目标管理单位后,黄委及时将他们的先进经验在全河予以推广,并号召各单位向他们学习,以推动河道目标管理工作的全面开展。近几年来,各级管理单位加强了考察交流,相互取长补短。通过考察交流,找到差距,更新观念,鼓足干劲。河南黄河河务局在年终工程管理检查时对一级单位实行免检,并在岁修经费使用上予以倾斜,对有功人员进行奖励,从而消除了个别领导干部中存在的管理"等级上去了,投资减少了"的顾虑;山东黄河河务局在年终工程管理检查时开展评选红旗单位、十佳单位、十佳工程活动,从而促使整个河道目标管理工作上了一个新台阶。

六、认真考评,严格验收

工程管理目标考评工作不仅是对被考评单位工作的客观评价,而且从侧面反映了一个单位的整体管理水平。各单位积极性都很高,都想争创一级管理水平。因此,黄委要求各级管理单位认真把关,一是县(区)河务局要按部颁标准从严掌握,实事求是地给自己打分。二是地(市)河务局要为县(区)河务局当好参谋,做好评分及申报工作。三是省河务局严把初验关,对申报的一级单位,不管以前是什么先进单位,都要站在同一起点上,重新打分。黄委考评组认真负责,不搞照顾,不送人情,严格标准,达不到标准的,一律不予推荐。黄委曾先后取消了三个单位的一级推荐资格,使得推荐的一级单位名副其实,经得起考验。对二级单位,规定凡土地确权划界没有完成的,一律不能通过验收。仅1997年就有三个单位因土地确权划界没有完成而没有通过二级验收。

第四节　以目标管理促日常管理

工程的日常管理是河道目标管理的基础,河道目标管理反过来又促进日常管理的不断深化,两者相辅相成,相互促进。通过开展河道目标管理考评,黄河工程日常管理得到强化。其主要表现在以下几个方面。

一、管理基础工作得到加强

(1)全面完成了土地确权划界工作。确权划界工作难度很大,黄委把这项工作作为目标管理的重点,实行一票否决制,凡没有完成的,河道目标管理考评不予验收,从而促进了土地划界工作的顺利完成。

(2)近堤违章建筑的摸底调查。借鉴1998年"三江"大水的经验教训,确定近堤违章建筑是防洪安全的重要隐患,也是工程管理需要解决的重要基础工作。1999年,作为工作重点之一,黄委对近堤的坑塘、渠道、房屋、窑厂、坟墓、水井等违章建筑进行了详细调查,摸清了情况,准备采取措施,加大力度进行处理。

(3)加强内业资料的整理分析。根据目标考评标准的要求,各单位注意各种资料的收集、整理和归档工作,并把各种资料刊印成册,确保了第一手资料的完整、齐全、真实、准确。同时,还要求对基础技术资料进行整理分析,以便及时掌握工程运行状态和变化情况,提高管理的技术水平。

(4)加强堤防隐患探测和河道工程根石探测工作。1999年,黄委列专项进行了堤防隐患探测和河道工程根石探测。通过探测,掌握了工程动态,争取了维护管理工作的主动。

(5)涵闸闸门、启闭机等级评定。按照水利部的工作部署,黄委于1996年2月全面完成了这项工作,对评定中出现的问题也采取了相应的措施。

二、管理工作成绩斐然

工程管理水平明显提高,一些常年残缺的堤防和险工、河道整治工程得到整修或改造,堤顶进行了硬化(柏油路面)或砾化,对邻近村庄或使用概率较小的备防石料进行混凝土包角。堤防管理基本上实现了堤(坝)顶平坦化、边坡草皮化、土牛(备石)整齐化、标志醒目齐全化、管理单位驻地园林化、堤(坝)身坚固化、排水设施标准化。涵闸管理实现了机房整洁卫生,规章制度悬挂整齐,启闭机定期保养、启闭灵活、安全运用,管理单位驻地三季有花、四季长青。

三、管理责任制日臻完善

管理责任制是日常管理的一项重要内容,这几年黄委主要加强和完善了目标管理责任制、堤防管理责任段制度,险工、控导工程管理班坝责任制、涵闸管理岗位责任制、引黄供水责任制、工程管理工日制以及领导、技术员签字负责制等。通过这些责任制的建立和完善,促进了工程日常管理的正规化、规范化。

四、规章制度建设更加完善

完善充实各种规章制度,是搞好管理的有效措施,也是搞好河道目标管理的重要工作。这几年黄委相继颁发了《根石探摸管理办法》、《黄河堤防隐患探测管理办法》、《防汛物资管理办法》,河南黄河河务局相继颁发了《河南黄(沁)河工程管理评分办法》、《示范工程管理办法》,山东黄河河务局颁发了《工程管理达标考核细则》、《山东黄河淤区管理办法》等,对原有的一些管理规定和检查、考评办法,根据形势发展和工作需要进行了修改完善等。

五、日常管理工作得到加强

(1)各单位制定了工程日常管理考核标准和考核办法,平时主管部门下基层,随时记录工程管理开展的情况及存在问题,并将日常管理的考核分数按30%计入年终工程管理检查评比结果。

(2)实行工程管理定期通报和季报制度,及时将工程管理的主要成绩和存在问题进行通报。

(3)在年度工程管理要点中制订具体的日常管理目标、工程达标计划和相应的措施,层层纳入各级目标责任书,作为年终考核的依据。

(4)对每年发生的雨毁工程,各单位及时上报,及时恢复,保持了工程的完整性,为工程安全度汛奠定了坚实基础。

(5)坚持实行"月检查、季评比、半年初评、年终总评"制度,表彰先进,树立典型。通过采取这些措施,日常管理得到了进一步加强。

第十八章　黄河水利工程管理
体制改革

2002 年 9 月以来,在水利部的正确领导下,黄委按照上级统一部署与工作要求,认真贯彻落实国务院《水利工程管理体制改革实施意见》精神,结合黄河实际,积极开展了水管体制改革工作。经过黄委、省河务局、市河务局和水管单位广大干部职工的共同努力,2006 年 6 月 15 日,黄委所属水管单位全部完成了管理单位、维修养护公司、施工企业等岗位竞聘,人员全部上岗到位,实现了管理单位、维修养护单位和其他企业的机构、人员、资产的彻底分离,黄委水利工程管理体制改革工作全面完成,初步建立了符合社会主义市场经济要求的新的工程管理体制和运行机制。

第一节　基本情况

一、工程概况

人民治黄以来,党和国家对黄河的治理开发与管理给予了高度重视,投入大量资金进行了大规模的防洪工程建设,兴建了干支流水库、堤防、河道整治工程,开辟了分滞洪区,初步建成了"上拦下排,两岸分滞"的防洪工程体系。

目前,黄委直管工程主要有堤防、河道整治工程、水闸、水库等四大类工程。其中堤防 2 606.25 km,包括临黄堤、东平湖围坝、支流堤防和其他堤防,共有一级堤防 1 983.16 km,二级堤防 274.19 km,三级堤防 103.74 km,四级堤防 245.16 km;河道整治工程 667 处,12 866 道坝段,工程长度 1 571.21 km,护砌长度 1 250.45 km;分泄洪闸 12 座,排涝闸 39 座,设计流量共计 30 675 m^3/s;三门峡、故县两座水库,三门峡水利枢纽工程主坝长 713.2 m,最大坝高 106 m,防洪库容 55.67 亿 m^3;故县水库大坝长 315 m,最大坝高 125 m,设计库容 11.75 亿 m^3。

二、管理机构、人员及管理模式

黄委所辖工程分别由山东黄河河务局、河南黄河河务局、陕西黄河河务局、山西黄河河务局、三门峡水利枢纽管理局、故县水利枢纽管理局、陕西省三门峡库区管理局、山西省三门峡库区管理局、三门峡市黄河河务移民管理局等九个单位管理。其中三个库区管理局行政上隶属于地方政府,工程建设与管理由黄委投资。

黄河水利工程管理实行统一领导,分级分段管理,形成了黄委、省、市、县四级比较完善的管理机构。黄委直属水管单位共计65个,其中山东黄河河务局30个,河南黄河河务局25个,陕西黄河河务局4个,山西黄河河务局5个以及故县水利枢纽管理局。改革前,黄委所属水管单位在职人员共12 829人,离退休人员4 577人。另有群管护堤(坝)员5 244人。

黄委直管工程水管单位(即三个库区管理局所属水管单位)共有11个,其中陕西省三门峡库区管理局6个,山西省三门峡库区管理局2个,三门峡市黄河河务移民管理局3个。

在长期的计划经济体制下,多年来黄委所属各水管单位形成了集"修、防、管、营"四位于一体的管理体制,在工程管理方面,既是管理者又是维修养护者,既是监督者又是执行者,外部缺乏竞争压力,内部难以形成监督、激励机制。

第二节 改革指导思想与目标

以国务院《水利工程管理体制改革实施意见》为指导,以水利部、财政部《水利工程管理单位定岗标准(试点)》为依据,以适应社会主义市场经济体制为导向,以水利工程管理单位"管养分离"为核心,结合黄河实际情况,调整和规范水利工程管理和维修养护的关系,理顺管理体制,实现管理单位、维修养护单位和其他企业的机构、人员、资产的彻底分离,形成基层单位事、企全面分开的格局。通过改革,逐步建立适应社会主义市场经济体制要求,充满生机与活力,"事企分开,产权清晰,权责明确,运行规范"的水利工程管理体制和良性运行机制。通过改革,使黄河治理开发与管理事业更好地发展,使黄河职工队伍的生活水平、生活质量进一步提高。

第三节 改革的基础工作

在《水利工程管理体制改革实施意见》颁布后,黄委及时召开黄河水利工程管理体制改革工作会议,对改革工作进行动员部署,结合黄河实际,重点做好了以下几方面的基础工作:

第一,按照《水利工程管理体制改革实施意见》关于划分水管单位类别和性质的规定,依据各水管单位承担的任务和收益状况,对所属水管单位进行了分类定性。76个县(区)河务局和分泄洪闸管理单位定性为纯公益性事业单位,故县、三门峡水利枢纽管理局分别定性为准公益性事业单位和企业。

第二,按照《水利工程管理单位定岗标准(试点)》,进行了水管单位定岗定员测算工作。经水利部核定,黄委所属的65个水管单位管理人员数为6 430人。

第三,根据直管工程和人员数量,按照《水利工程维修养护定额标准》完成了维修养护经费测算。经测算,黄委水管单位每年需维修养护经费4.1亿元,基本支出1.6亿元。

第四,在完成对水管单位分类定性、定岗定编等工作的基础上,2002年底,编制了《黄河水利工程管理体制改革实施方案》并上报水利部。实施方案确立了改革的指导思想、目标和原则,确定了管理单位和维修养护单位的机构设置和人员编制,对改革提出了具体的实施步骤、进度安排及相关保障措施。在新的"两定"标准印发后,2004年又进行了实施方案修改,改革方案经水利部审定后,为黄委水管体制改革的实施奠定了坚实基础。

根据国务院《水利工程管理体制改革实施意见》精神和黄河实际,黄委党组经过多次研究,确立了黄委水管体制改革后的体制架构为:通过水利工程管理体制改革,将县级河务局及其所属单位按照产权清晰、权责明确、管理规范的原则,分离为由对应市级河务局管理的县级河务局、维修养护公司和其他企业。

第四节　改革组织与实施

一、试点改革

按照水利部、财政部要求,2005年3~6月,黄委25个试点单位正式实施了水管体制改革。

由于本次改革是黄河自明清以来在管理体制上力度最大、最具实质性的改革,与职工的切身利益具有直接的关系,涉及人员身份的变化、财产的分割、隶属关系的调整等多方面的复杂问题,是一项全新的工作,现有可供借鉴的经验不多。黄委党组经过多次研究,确定了"试点先行,稳步推进"的改革工作方针,将河南原阳、山东济阳黄河河务局作为25个试点单位中的试点,黄委建管、财务、人劳等有关部门重点"解剖麻雀",黄委直接批复两县河务局改革实施方案,并派出观察组全程参与改革,遇到问题及时研究解决,在河南、山东两省河务局的统一领导和精心组织下,率先完成了"管养分离"体制改革工作。

2005年4月,依照原阳、济阳黄河河务局改革成功经验全面推进改革,其余23个试点单位根据改革文件精神,结合单位实际细化了改革方案,制定了具体措施,精心安排,周密组织,规范操作。在改革实施期间,各单位领导小组均进驻试点单位,确保改革严格按照省河务局批复的方案组织实施。黄委和河南、山东黄河河务局还分别成立了改革巡视组,对各试点单位的改革工作进行巡回监督指导,保证了改革的顺利进行。2005年6月13日,黄委所属试点单位按照实施方案的要求,圆满完成了定编定岗、人员分流工作,实现了管理单位、维修养护单位和其他企业的人员、机构和财产的彻底分离,三驾马车并驾齐驱的格局已经基本形成,建立了产权清晰、权责明确的管理体制。

2005年10月,黄委组织专家组,对水利部水管体制改革试点联系单位原阳黄河河务局试点开展情况进行了验收,对水管单位组织机构、改革政策贯彻、管养分离、社会保障、基本支出与维护经费使用等方面进行了逐项考评,编制了验收报告报水利部。2005年底,河南、山东黄河河务局也分别组织进行了试点单位改革工作验收。

二、全面实施改革

在成功完成25个试点单位水管体制改革的基础上,2006年上半年,黄委其余51个水管单位体制改革工作全面实施。

为进一步深化改革,保证水管单位与维修养护单位、施工企业彻底分离,2006年实施改革时,黄委党组提出以市级河务局为单位组建维修养护企业,整合所属施工企业的新的改革方案。

为积极稳妥地推进改革,黄委党组决定率先在新乡、济南黄河河务局开展改革工作,并研究批复了两市河务局的改革实施方案。2006年4月11~12日,新乡、济南黄河河务局水管体制改革正式实施。为保证改革顺利进行,黄委建管局、人劳局、财务局、监察局、经管局等单位和部门,抽调人员组成观察组,实行组长负责制,责任明确到人,参与改革全过程的监督。河南、山东黄河河务局成立督导组进驻改革实施单位,对改革进行全过程的监督指导。新乡、济南黄河河务局作为改革的责任单位,成立了改革领导小组,加强对改革工作的组织领导,落实分工责任制,严格工作程序,严守工作纪律,确保改革顺利推进。

在黄委党组研究确定的改革体制框架基础上,黄委建管局、人劳局、财务局、经管局等有关单位和部门,明确分工,密切协作,根据国务院《水利工程管理体制改革实施意见》精神,结合黄河实际情况,分别就改革工作中的机构设置和人员上岗、维修养护队伍组建、施工企业整合、财务和资产管理等关键问题,进行多次调研讨论,反复征求基层单位意见,研究提出了《黄河水利工程管理体制改革指导意见》,在新乡、济南黄河河务局试点改革后,依据两市河务局改革经验,对水管体制改革指导意见进行了修改完善,并印发执行。

2006年5月12日,黄委召开主任办公会议,对改革工作进行了统一部署,明确责任单位,提出了具体的时间要求,水管体制改革在全河全面展开。

黄委所属有关单位认真组织学习《黄河水利工程管理体制改革指导意见》精神,结合自身实际,完成了改革实施方案编制与批复。在改革实施过程中,人员上岗按照县级河务局、维修养护公司、施工企业的顺序依次进行。首先确定单位领导班子主要负责人及其成员,再确定各科室的主要负责人,并履行相关报批和备案手续。县级河务局副科级、企业部门经理,以及一般岗位,全面推行竞争上岗,择优聘用。竞争上岗严格按照公布岗位、个人申报、资格审查、公开答辩、择优聘用的程序进行。

在改革过程中,基层单位对改革中人员调整、安置及分流等难点问题,认真贯彻民主集中制原则,按照上级批复的方案因事设岗,以工作量定员,涉及人员定岗、转岗、资产处置、干部任免等重大问题,坚持集体讨论决定。在竞聘中坚持任人唯贤的用人原则,真正实现了优秀人才的脱颖而出。同时,各单位结合自身实际,创造性地开展工作,保证了改革的稳步推进。

由于组织严密,措施得力,2006年6月15日,黄委所属水管单位全部完成管理单位、维修养护公司、施工企业等岗位竞聘,实现了水管单位、维修养护单位、其他企业的人、财、物的彻底分离,形成三驾马车并驾齐驱的格局。在改革进行的关键时期,做到了工程有人守,维修养护有人做,河势工情有人查,整个改革过程达到了思想不散、工作不断和秩序不乱的目标要求。

第五节　保障措施

一、强化组织领导,密切部门协作

水管体制改革涉及面广,是一项十分重要而又非常复杂的工作,必须加强组织领导,有关部门通力配合。在黄委的改革过程中,黄委主任多次主持专题会议进行研究部署,黄委和所属单位均成立了水管体制改革领导小组,办公室人员由建管、财务、人事等有关部门人员组成,实行部门分工负责与沟通协作机制,由专门的办事机构和人员负责管理体制改革工作,及时解决改革中出现的问题。黄委成立改革巡视组,省河务局成立改革督导组,市河务局成立改革工作组,进驻改革单位,为改革顺利实施提供了组织保证。

二、注重学习,加强宣传发动

各基层单位采取会议传达、座谈讨论等多种方式,积极组织学习《黄河水利工程管理体例改革指导意见》精神,广泛宣传改革政策,深刻领会其内涵,把握精神实质,转变思想观念,充分认识水管体制改革的重大意义,使干部职工对改革有了充分的认识,始终保持良好的思想状态,积极参与和支持改革,营造了良好的改革氛围。

三、注重调查研究,及时指导改革

注重调研,了解实际,及时解决改革中存在的关键问题,是推动改革顺利实施的有效措施。黄委在改革过程中多次进行典型调研,及时协调解决定员编制、经费核定、分流人员安置与社会保障等问题;先后印发了《基层单位工程管理体制改革实施方案编制大纲》、《黄委水管体制改革试点工作实施意见》和《黄河水利工程管理体制改革指导意见》等文件,对改革的关键问题提出了指导意见;在改革实施各阶段多次派出巡视组进行巡回检查,确保了改革工作的稳步推进。

四、规范工作程序,实施"阳光"作业

在改革中,各(省)市河务局及时制定了各类岗位的竞争上岗实施办法,明确各岗位职责和申报条件,严格资格审查,规范工作程序。实行封闭命题,公开竞争,择优聘用岗位人员。整个竞争上岗过程严格遵循"公开、公平、公正"原则,提高改革中各个环节的透明度,自觉接受上级领导和职工群众的监督,取得了很好的效果。

五、坚持以人为本,维护职工利益

在改革过程中,认真贯彻落实以人为本的科学发展观,关心职工,尊重职工,理解职工,及时搞好引导服务。为确保合理、有序竞争,避免产生盲目报岗现象,及时做好协调工作,确保了职工队伍和群众情绪的稳定。同时,积极落实水管企业人员的养老保险、医疗保险、失业保险等社会保障政策,尽力解决维修养护人员的后顾之忧。

第六节　管养分离

一、人员分离

本次改革,黄委所属单位共有 12 829 人参加,改革后,管理岗位上岗 6 275 人,维修养护企业上岗 3 455 人,3 099 人分流到其他企业,每个职工都找到了适合自己的工作岗位,激发了职业的爱岗敬业精神和工作热情,为今后工作的开展奠定了基础。

二、离退休人员社会保障

改革后部分职工分流到企业,职工的社会保障问题在很大程度上制约着新体制与机制的建立。因此,黄委积极落实水管企业人员的社会保障政策,解决维修养护人员的后顾之忧。2003 年 10 月,黄委 16 个企业单位的 2 405 名职工及 913 名离退休人员纳入所在地省级管理的企业基本养老保险统筹。2005 年 10 月 17 日,试点改革的水管企业 3 909 名在职职工、233 名离退休人员经劳动和社

会保障部批准纳入所在地省级基本养老保险。目前,正在积极开展对 2006 年实施改革的水管企业职工的纳入省级基本养老保险工作。

三、资产划分与界定情况

本次改革,将原县级河务局及其所属单位按照事企分开、产权清晰、权责明确、管理规范的原则,分离为由市级河务局管理的县级河务局、维修养护公司和其他企业,实现三者之间的机构、人员、资产的彻底分离。黄委在《黄河水利工程管理体制改革指导意见》中对资产的界定和划分工作进行了规范,国家所配备的机动抢险队专用设备所有权不变,由县级河务局负责管理。县级河务局应当将维修养护相关的房屋、建筑物、机械设备和工器具等转交维修养护单位,其中 70% 划转至市级河务局或其授权的同级经济管理单位,30% 划转至省级河务局或其授权的同级经济管理单位,然后由其分别作为对外投资交付给维修养护单位。

目前,黄委 76 个改革单位所划转资产,经过资产评估机构评估后,正在按照国有资产"非经营性资产转经营性资产"有关规定,办理逐级上报申请批准手续。

四、维修养护企业组建情况

改革完成后,黄委以市局为单位共组建了 19 个维修养护公司,维修养护公司全部为国有有限责任公司,实行独立核算,自负盈亏,人员共 3 455 人。具体情况如下:山东黄河河务局 8 个市级河务局,河南黄河河务局 6 个市级河务局,山西、陕西黄河河务局,三门峡库区各管理局各组建一个维修养护公司。人员最少的公司 39 人,最多的 428 人。各维修养护公司根据市级河务局所辖的工程类别、数量、分布、地域特点及专业化维修养护要求,分别确定了维修养护队伍的布局,设立了维修养护分公司。维修养护分公司的设置与水管单位不要求一一对应,一般是 30 人以上组建一个维修养护分公司,部分较小单位联合组建了维修养护分公司。

第七节　运行机制的研究与建立

一、内部制度改革

县级河务局依照国家公务员制度管理的工作人员按照《公务员管理条例》和《黄委依照国家公务员制度管理的各级机关工作人员管理暂行办法》的有关规定进行管理。对事业岗位人员实行聘用制,签订聘用合同,执行国家统一的事业单位工资制度,建立严格的目标考核制度,与依照国家公务员制度管理的工作人员统一考核、统一管理。维修养护公司、施工企业和其他企业按照现代企业管理制度的要求,逐步建立新的内部分配制度。

二、运行机制的建立

管理体制改革完成后,水管单位实行事企彻底分开,管理和养护业务分离,工程管理和维修养护工作要在新体制下按照新的运行机制运行。为适应新体制要求,规范水管单位的工程管理和维修养护企业的维修养护工作,使工程管理和维修养护有章可循、有规可依,有效推动水管体制改革工作深入进行,黄委于2005年3月开始组织开展了黄河工程管理运行机制总体框架研究。

运行机制研究打破了黄河工程管理长期以来的运行模式,按照水管体制改革后管理方与维修养护方合同管理关系,对工程管理和维修养护业务流程中的各关键环节,重新制定了工作标准和相关管理办法,根据运行管理需要,结合黄河工程维修养护工作特点,先后颁发了《黄河水利工程维修养护标准》、《黄河水利工程维修养护合同示范文本》、《黄河水利工程维修养护质量管理规定》、《黄河水利工程维修养护项目验收管理规定》和《黄河水利委员会维修养护经费使用管理有关规定》等15项配套管理办法,内容涵盖程序、计划、职责、标准、质量、考核、验收、经费管理、责任追究等方面,明确了责任主体和工作标准等,初步建立了新体制下的运行机制。

在新的运行机制中,提出了新体制下工程管理和维修养护规范的工作程序,保证了各项工作有序运作;研究制定了维修养护合同示范文本,规范了管养双方的合同行为;研究制定了工程维修养护标准;明确界定了“管养分离”后工程管理管养双方的业务范围,使双方职责清晰,权责明确;建立了系统的工程维修养护质量管理体系,明确了各方的质量责任,为确保工程维修养护质量提供了保障;建立了工程维修养护项目验收制度;规范了新体制下的工程运行观测与维修养护技术资料管理;规范了维修养护经费的管理与使用等。

为使建立的新的运行机制尽快应用到工程维修养护实际工作中去,黄委先后组织举办了四期培训班,对水管单位、维修养护单位的主要负责人员450多人进行了工程管理运行机制培训,使水管单位及维修养护单位主要管理人员尽快掌握了编制维修养护计划、合同管理、维修养护标准、质量管理、监理管理、技术资料管理、项目验收、责任追究等维修养护实施全过程的知识,为规范水管单位与维修养护队伍之间的合同化管理,尽快构筑起“管理科学,经营规范”的新的黄河工程管理运行机制打下了坚实基础。目前,黄委水管单位的工程管理和维修养护工作正按照新的运行机制规范运作,已经正式步入了新机制运行轨道。

第八节　改革成效

一、理顺了管理体制,运行机制充满活力

通过改革,实现了管理单位和维修养护单位、其他企业的人员、机构和财产的彻底分离,建立了产权清晰、权责明确的管理体制。按照适应社会主义市场经济体制要求,以管理科学、运作规范为目标建立的新的运行机制,充满了生机与活力。

二、畅通了工程管理和维修养护经费来源渠道

水管体制改革后,过去长期制约黄河工程管理发展的经费问题得到解决。改革后,黄委76个水管单位的工程管理和维修养护经费约5.7亿元已经初步得到落实。

三、优化了管理人员结构,提高了管理队伍素质

此次改革,实行了个人多岗竞聘和双向选择的做法,实现了人才合理、有序流动,促进了人力资源优化配置。改革中,一批有知识、有能力的年轻干部走上领导岗位,管理单位的组织结构和领导班子、中层干部的年龄、知识结构得到优化,整体素质明显提高。如山东黄河河务局,改革后30个县级河务局领导班子由162人减少为134人,平均年龄由45.5岁下降为44.3岁,本科学历所占比例由54.3%上升到64.9%;中层干部由724人减少为470人,平均年龄由41.6岁下降为40.3岁,本科学历所占比例由24.4%上升到34.9%。所辖8个维修养护公司经理层平均年龄仅为39岁,本科以上学历占70%;中层干部平均年龄仅为34岁,均为本科以上学历,实现了干部队伍的年轻化、知识化、专业化。

四、提高工程管理水平,改善工程面貌

改革后,管理体制理顺了,新的运行机制建立了,维修养护经费得到了落实,各水管单位根据黄委党组提出的把防洪工程建成"防洪保障线,抢险交通线,生态景观线"的要求,坚持高标准开展工程管理工作,一大批具有生态、景观功能的防洪工程展现在黄河两岸。平坦的柏油堤顶,整齐划一的行道林,规整平顺的植草堤坡,带状的防浪林,等等,使黄河工程面貌得到很大改善。以市局为单位成立的维修养护公司,对所辖防洪工程实施专业化维修养护,提高了工程维修养护质量,使工程面貌焕然一新。

第十九章　水管体制改革看濮阳一局

　　濮阳第一河务局(简称濮阳一局)承担着河南省濮阳县境内黄河防汛、工程管理等职能。所辖黄河堤防 59.51 km,河道长 61 km,2004 年获国家二级水管单位称号。2005 年,濮阳一局作为黄委首批 25 个水管体制改革试点单位之一,圆满地完成水管体制改革任务,建立了精简高效的管理运行机制。改革 7 年来,该局各项工作步入了快速发展的轨道,工程面貌发生了翻天覆地的变化。

第一节　改革前基本情况

　　2005 年水管体制改革前,濮阳一局属行政事业单位,是专门从事濮阳县境内黄河防洪工程管理的治河机构,职工人数 708 人,其中在职职工 471 人,离退休人员 237 人。机关设置办公室、人事劳动教育科、工务科、水政科、财务科、防汛办公室、工会、滞洪科 8 个职能部门。下设机关服务中心、信息中心、经济管理办公室、濮阳第二机动抢险队、工程管理养护处 5 个部门。另有内部施工企业 1 个,即河南省中原水利水电集团有限公司第四工程处。

　　水管体制改革前濮阳一局管理人员经费、工程管理经费靠国家拨款,远远不能满足工程维修养护和职工生活的需要。如 2003 年上级拨付事业经费 707.28 万元,实际在职人员支出 887.85 万元,缺口 180.57 万元;上级拨付岁修费 52.20 万元,无法满足需要。

第二节　水管体制改革进程

　　在社会主义市场经济体制改革深入进行的形势下,黄河"建设、管理、运行"于一体的管理模式已不合时宜,黄河水利工程体制改革势在必行。2005 年 3 月,黄河水管体制改革开始了破冰之举。5 月 3 日,濮阳一局水管体制改革正式拉开了序幕。

　　一、制订实施方案、核定编制

　　根据国务院《水利工程管理体制改革实施意见》,水利部、财政部颁发的《水利工程管理单位定岗标准(试点)》和《关于开展水利工程管理体制改革试点工作的通知》(黄办〔2005〕12 号)精神,进行了深入的讨论,并以《濮阳第一河务局水利工程管理体制改革方案的请示》行文上报。河南黄河河务局 2005 年 4 月 26 日以《关于濮阳第一河务局和渠村分洪闸管理处水利工程管理体制改革实施方案》(豫黄人劳〔2005〕36 号)进行了批复,核定事业编制 194 人,其中机关编制 55 人(含公务员编制 26 人),二级机构人员编制 124 人,辅助类人员编制 15 人。

二、组织实施

为保证改革顺利进行,濮阳黄河河务局成立了水管体制改革领导小组,全程监督指导濮阳一局水管体制改革工作。在实施过程中,召开了水管体制改革动员大会;局领导班子研究安排了公务员和机关各科室召集人,报请濮阳黄河河务局党组审批;濮阳黄河河务局对机关副科级岗位进行竞聘,对养护公司、建筑公司总经理和副总经理进行招聘;对两公司部门经理、副经理进行竞聘;机关一般岗位及辅助岗位竞聘上岗;两公司一般岗位竞聘上岗,顺利完成了改革任务。

2006 年按照河南黄河河务局《关于濮阳黄河河务局水利工程管理体制改革实施方案的批复》(豫黄人劳〔2006〕28 号)要求,对涵闸管理体制进行了改革,成立了渠村闸管所,编制 37 人,隶属濮阳供水分局。

在改革过程中,濮阳一局以"公开、公平、公正"为原则,以深入细致的思想政治工作为保障,强化措施,落实责任,确保了改革期间干部职工思想稳定,做到了思想不散、秩序不乱、工作不断,使改革和各项治黄工作得以顺利完成,实现了水管单位与维修养护单位、工程施工单位的人、财、物的彻底分离,新的管理格局已经形成。

第三节　管养分离

分离原则是将管理单位、维修养护单位和其他企业的机构、人员、资产进行彻底分离,按照分离原则将原濮阳一局分离为由濮阳黄河河务局管理的濮阳一局,由濮阳黄河水利工程维修养护有限公司管理的第一养护分公司,由河南黄河河务局供水局濮阳供水分局管理的渠村闸管所。

管理单位机构设置和人员编制如下:濮阳一局设置机关办公室(含辅助类)、水政水资源科、工程管理科、防汛办公室、人事劳动教育科、财务科、党群工作科 7 个职能科室,人员编制 70 人。下设二级机构运行观测科,人员编制 124 人。

按照《关于濮阳第一河务局和渠村分洪闸管理处水利工程管理体制改革实

施方案》(豫黄人劳〔2005〕36 号)批复精神,2005 年 8 月 11 日,组建了濮阳市承禹黄河水利工程维修养护有限责任公司,公司编制 100 人,并完成资产划转、产权变动、工商注册、税务登记工作。

按照《黄河水利工程维修养护单位组建的指导意见》和《黄河水利工程管理体制改革财务和资产管理的有关规定》的要求,以及国务院《水利工程管理体制改革实施意见》及上级批复要求,除防洪工程外,凡与工程维修养护有关的设施、设备和工程管理专用器具等资产,于 2005 年 9 月将固定资产账面原值139.89 万元,经评估后价值为 126.37 万元由濮阳黄河河务局调出。

养护公司注册资金 126.37 万元,由河南黄河河务局经济发展管理局和濮阳黄河河务局共同出资,其中河南黄河河务局经济发展管理局占总资本的 30%,濮阳黄河河务局占总资本的 70%,实行独立核算,自负盈亏。2006 年 6 月,养护公司更名为濮阳黄河水利工程维修养护有限公司第一分公司,成建制划入濮阳黄河水利工程维修养护有限公司。

分离后成立的渠村闸管理所 37 人,隶属于濮阳供水分局。

第四节　新体制下的工程管理

水管体制改革后,按照黄委有关规定、标准,制定了《政治学习和业务学习制度》、《会议制度》、《请销假制度》、《财务管理制度》、《安全生产管理制度》、《车辆管理制度》等一系列管理制度,使各项管理步入精细化、规范化管理轨道。

在新的工程管理运行机制中,濮阳一局与维修养护单位签订维修养护合同,监督检查合同的执行,保证工程完整、工程安全和效益的发挥;维修养护单位严格按照合同约定,承担相应合同责任,完成维修养护作业,使工程管理逐步向专业化、标准化、规范化迈进。

水管体制改革后,严格按照上级的批复精神及水利工程维修养护程序流程,安排部署维修养护工作计划及工程量,由养护公司负责组织实施;运行观测科、监理共同负责监督养护公司完成维修养护任务,对管理工作中出现的问题,依据管理工作报告,在维修养护计划中予以调整。对于维修养护计划中的单项维修养护工作,参照基建程序进行。

维修养护合同签订按照《黄河水利工程维修养护合同示范文本(试行)》及《黄河水利工程维修养护合同编号规则》,及时与濮阳黄河水利工程维修养护有限公司分别签了《黄河水利工程维修养护合同》、《黄河水利工程维修养护专项合同》。合同签订后,严格按照合同条款实行合同化管理,在合同执行中,遵循"分工明确、权责清晰、管理科学、操作规范"的原则进行实施。

　　为了全面保证工程养护质量,首先从养护项目抓起,重点控制质量,及时检查效果,掌握质量动态,一经发现质量问题,随时处理。其次,与河南黄河水利工程质量监督站签订了工程质量监督书,由该站具体负责对养护公司分部工程的质量控制,并定期或不定期地对工程质量进行监督检查;在此期间运行观测科抽专人对专项施工全过程监督指导;工程管理科不定期地对养护工作质量进行技术指导及监督。监理单位负责对工程进度、质量、资金进行控制,月底由濮阳一局、监理公司、养护公司共同组成验收组,按签订的合同进行验收,确定养护工作完成的工程量和质量。

　　水管体制改革理顺了管理体制,畅通了资金渠道,缓解了经费困难,为治黄事业发展注入了新的活力,如今濮阳一局所辖的百里长堤,魅力四射,自然景观与人文景观交相辉映,"绿色工管"、"魅力工管"、"活力工管"的目标正逐步实现。濮阳一局 2005 年被评为黄委"'十五'工程管理先进单位",2006 年被评为"河南黄河河务局十佳单位"第一名,2007 年被评为"河南黄河河务局先进单位",2008 年进入河南黄河河务局工程管理"十佳单位"行列,2009 年被评为河南省国土绿化"模范单位"和河南黄河河务局工程管理"先进单位", 2010 年被评为黄委"'十一五'工程管理先进单位"。

参 考 文 献

[1]黄河水利委员会河务局.黄河水利管理技术论文集[C].郑州:黄河水利出版社,2001.

[2]胡一三.黄河卷(中国江河防洪丛书)[M].北京:中国水利水电出版社,1996.

[3]黄河水利委员会.建设数字黄河工程[M].郑州:黄河水利出版社,2002.

[4]董哲仁.堤防除险加固实用技术[M].北京:中国水利水电出版社,1998.

[5]张宝森,郭全明.黄河河道整治工程险情分析[J].地质灾害与环境保护,2003(3):23-25.

[6]胡一三,等.黄河下游游荡性河段河道整治[M].郑州:黄河水利出版社,1998.

[7]张俊华,许雨新,等.河道整治及堤防管理[M].郑州:黄河水利出版社,1998.

[8]李国英.建设"数字黄河"工程//2002年黄河年鉴.郑州:黄河水利委员会黄河年鉴社,2002.

[9]汪自力,张宝森,田治宗,等.黄河堤防漏洞形成与发展机理初探[J].人民黄河,2002(1):32-33.

[10]朱太顺.防汛抢险关键技术研究[J].人民黄河,2003(3):19-21.

[11]苗长运,杨明云,苏娅雯.黄河下游防汛与工程管理[M].郑州:黄河水利出版社,2003.

[12]崔建中,卢杜田,李斌,等.黄河水利工程管理技术[M].郑州:黄河水利出版社,2005.

[13]刘红宾,李跃伦.黄河防汛基础知识[M].郑州:黄河水利出版社,2001.